刘勇 主编　　邹广慧 副主编

网络基础

计算机

清华大学出版社

北京

内 容 简 介

本书内容涵盖了计算机网络和数据通信领域的基础知识、原理和技术。全书分为9章，主要内容包括计算机网络概论、数据通信基础、网络体系结构、局域网技术、网络互联和广域网、网络互联协议TCP/IP、Internet及应用、网络管理与安全。本书编写遵循"宽、新、浅、用"的原则，通俗易懂地阐述计算机网络相关的基本概念与原理，内容条理清晰，图文并茂，容易理解。书中还提供了若干个实验项目，各章配有题型多样的习题，读者可通过完成实验和习题加深对所学知识的理解。

本书不仅可以作为高等院校、高职高专院校计算机及相关专业计算机网络基础课程的教材，也适用于继续教育网络课程的教学，同时也可作为计算机网络培训和自学参考书。

图书在版编目（CIP）数据

计算机网络基础 / 刘勇主编. -- 北京：清华大学出版社，2016(2024.8重印)
ISBN 978-7-302-43349-1

Ⅰ. ①计… Ⅱ. ①刘… Ⅲ. ①计算机网络 Ⅳ.①TP393

中国版本图书馆CIP数据核字(2016)第062832号

责任编辑：陈绿春　战晓雷
封面设计：潘国文
责任校对：徐俊伟
责任印制：杨　艳

出版发行：清华大学出版社
　　　　　网址：https://www.tup.com.cn, https://www.wqxuetang.com
　　　　　地址：北京清华大学学研大厦A座　　　　　邮编：100084
　　　　　社总机：010-83470000　　　　　邮购：010-62786544
　　　　　投稿与读者服务：010-62776969, c-service@tup.tsinghua.edu.cn
　　　　　质量反馈：010-62772015, zhiliang@tup.tsinghua.edu.cn
　　　　　课件下载：https://www.tup.com.cn, 010-83470236
印　装　者：三河市君旺印务有限公司
经　　销：全国新华书店
开　　本：188mm×260mm　　印　张：19.5　　字　数：487千字
版　　次：2016年8月第1版　　印　次：2024年8月第22次印刷
定　　价：49.00元

产品编号：066067-02

随着计算机网络技术的发展，特别是因特网在全球范围内迅速普及，计算机网络突破了人们在以往信息交流中受到的时空限制，已经成为人们获取信息、交换信息的重要途径和不可缺少的工具，对社会的发展、经济结构及人们日常生活方式产生了深刻的影响与冲击。目前计算机网络知识已成为计算机类专业及相关专业必须掌握的理论和技术基础，同时也是广大从事计算机应用和信息管理的人员应该掌握的基本知识。

本书是在作者多年从事计算机网络相关课程教学、网络组建及网络维护的实际经验的基础上，结合当前计算机网络和数据通信领域的常用技术和最新成果，遵循"宽、新、浅、用"的原则编写的，旨在使读者系统地学习计算机网络的基础知识，了解计算机网络运行的基本机制、基本技术和实现原理，对计算机网络形成一个整体的概念与理解，在具体网络应用实践中，不仅知道"怎么做"，更重要的是知道"为什么"，为以后的专业技术学习打下较为扎实的基础。

本书编写时主要考虑了内容的层次、顺序，还有课程讲授时的便利。主要内容安排按照层次，先基础后应用，循序渐进地介绍计算机网络的基础知识、局域网、广域网和网络互联技术、网络互联协议 TCP/IP 和 Internet 及应用、网络管理与安全。

全书共分为 9 章、5 个知识模块。

第 1~3 章介绍计算机网络的基础知识，包括网络概论、数据通信基础和网络体系结构等内容，其中最主要的是数据通信基础和网络体系结构。数据通信基础介绍了计算机网络中数据通信的基础知识和在数据通信系统中如何将数据变成可以传输的信号，信号如何在传输介质上传输和如何进行差错控制的主要技术；网络体系结构按层次介绍计算机网络应具备的功能，网络体系结构是计算机网络的核心内容，理解了网络体系结构，就等于理解了计算机网络的全部内容。

第 4 章和第 5 章介绍了具体的计算机网络技术，包括局域网、广域网和网络互联技术。局域网内容包括局域网基础知识、局域网的主要技术、几种不同类型的局域网和网络操作系统，以及在局域网中可使用的网络协议。广域网内容包括广域网基础知识、广域网的主要技术、几种不同类型的广域网；网络互联主要介绍网络互联要解决的问题及不同网络互联设备的功能与区别。

第 6 章和第 7 章介绍网络互联协议 TCP/IP 和 Internet 及应用。网络互联协议内容包括TCP/IP 体系结构、各层的主要协议和 IPv6；Internet 及应用内容包括 Internet 工作模式、域名系统、Internet 提供的主要服务和接入 Internet 的方式。

第 8 章概括了网络管理和安全的基本知识，包括网络管理体系结构、简单网络管理协议、常见的网络攻击与防范、计算机病毒以及防火墙技术。

计算机网络基础

第 9 章提供了若干个网络实验。

本书作为计算机网络入门图书，特别注意知识的先后顺序，后面的内容往往以前面的知识作为支撑。因此，建议读者按照章节顺序依次学习，特别是前 3 章的内容，更是正确理解和掌握其他章节内容的前提。本书的编写特色如下：

※ 重视基础，在阐明基本概念和基本原理的基础上，注重理论与实际应用兼顾。

※ 基础理论叙述简练，避免过多的抽象内容，并多辅以示意图，以帮助读者理解。

※ 实验项目含有实验目的、基础知识、实践设备、实验内容及步骤等内容，便于组织实施。

※ 每章开始列出本章的知识点，每章结束有本章小结，使读者在学习前明确需要学习的内容，学习后总结重点内容。

※ 每章均附有题型丰富、难度适当的习题，便于读者复习巩固本章的主要知识点。

本书配有免费的电子课件，有需要者可与清华大学出版社联系。

本书由刘勇主编，并对全部初稿做了修改和定稿，邹广慧任副主编，参加本书编写的教师还有王国霞、王京京和朱红。第 1、2、3、6 章由刘勇编写，第 4 章由王国霞、王京京编写，第 5、7 章由邹广慧编写，第 8 章由朱红编写，第 9 章由王京京编写。

本书的编写得到了"十二五"期间高等学校本科教学质量与教学改革工程建设项目和北京科技大学教材建设经费资助。同时，编者在编写过程中还得到了同事和朋友的关心与帮助，在此一并致谢！

由于编者水平有限，书中难免有不足或疏漏之处，敬请同行和广大读者批评指正。

编者

2016 年 6 月

目录
CONTENTS

第1章
计算机网络概述

计算机网络是利用通信线路和通信设备，把地理上分散并且具有独立功能的多个计算机系统互相连接，按照网络协议进行数据通信，通过功能完善的网络软件实现资源共享的计算机系统集合。

本章要点

※ 计算机网络的产生与发展

※ 计算机网络的基本概念与逻辑结构

※ 计算机网络的拓扑结构

※ 计算机网络的分类

1.1 计算机网络的产生与发展

计算机网络是随着计算机技术和通信技术的发展而不断发展的，其发展速度异常迅猛，从 20 世纪 70 年代兴起，直到 20 世纪 90 年代形成全球互联的因特网，计算机网络已成为 IT 界发展最快的技术领域之一，对信息时代的人类社会发展产生着巨大影响。

1946 年世界上第一台电子数字计算机 ENIAC 诞生时，计算机技术与通信技术并没有直接的联系，随着计算机应用的发展，用户希望通过多台计算机互连实现资源共享。20 世纪 50 年代初，由于美国军方的需要，美国半自动地面防空系统 (SAGE) 的研究开始了计算机技术和通信技术相结合的尝试，当时 SAGE 系统将远距离的雷达和测控设备的数据经过通信线路传到一台 IBM 计算机上进行处理。而世界上公认的第一个最成功的现代计算机网络是由美国国防部高级研究计划署（Advanced Research Project Agency，ARPA）组织并成功研制的 ARPAnet 网络。ARPAnet 最初建成的是具有 4 个接入点的试验网络，1971 年 2 月建成具有 15 个接入点、23 台主机的网络并投入使用，这就是通常认为的现代计算机网络的起源，同时也是 Internet 的起源。

计算机技术与通信技术的相互结合主要体现在两个方面：一方面，通信技术为多台计算机之间的数据传输、信息交流和资源共享提供了必要的通信手段；另一方面，计算机技术反过来又应用于通信技术的各个领域，大大提高了通信系统的性能，并在用户应用需求的促进下得到进一步发展。随着计算机技术和通信技术的不断发展，计算机网络也经历了从简单到复杂、从单机到多机的发展过程，其演变过程经过了以下 4 个阶段：面向终端的计算机通信网、以共享为目标的计算机网络、开放式标准化的计算机网络，以及互联网络与高速网络。

1.1.1 面向终端的计算机通信网

从 20 世纪 50 年代到 20 世纪 60 年代末，计算机技术与通信技术初步结合，形成了计算机网络的雏形。此时的网络指以单台计算机为中心的远程联机系统，利用分时多用户系统支持多个用户通过多台终端共享单台计算机的资源，如图 1-1 所示，使一台主机可以让几十个甚至上百个用户同时使用。美国在 1963 年投入使用的飞机订票系统 SABRE-1 就是这类系统的典型代表之一，此系统以一台中心计算机为主机，将全美国范围内的 2000 多个终端通过电话线连接到中心计算机上，实现并完成订票业务。

随着联机的终端数增多，这种系统存在两个明显的缺点：一是在每个终端和主机之间都有一条专用的通信线路，线路的利用率比较低；二是主机负担较重。为了减轻承担数据处理的中心计算机的负担，在通信线路和中心计算机之间设置了一个前端处理机（Front End Processor，FEP），专门负责中心计算机与终端之间的通信控制，中心计算机则专门负责数据处理，从而体现了通信控制和数据处理的分工，更好地发挥了中心计算机的数据处理能力。另外，使用集中器连接多个终端，使多台终端共用一条线路与主机通信，提高了线路的利用率。

严格地说，这类简单的"终端 - 通信线路 - 计算机"联机系统与以后发展成熟的计算机网络相比，存在着根本的不同。这样的系统除了一台中心计算机外，其余的终端设备都没有数据处理功能，因此还不能说是计算机网络。为了更明确地区别后来发展的多个有独立处理能力的计算机系统互联在一起的计算机网络，所以称这种系统为"面向终端的计算机通信网"。

1.1.2 以共享为目标的计算机网络

第二代计算机网络是以共享为目标的计算机网络。面向终端的通信网只能在终端和主机之间进行通信，计算机之间无法通信。从 20 世纪 60 年中期开始，在计算机通信网的基础上，完成了计算机体系结构与协议的研究，可以将分散在不同地点的计算机通过通信设备互联在一起，相互共享资源，开创了"计算机 - 计算机"网络通信时代，如图 1-2 所示。1969 年诞生了世界上第一个计算机网络——ARPAnet，标志着计算机网络的兴起，实现了真正意义上的计算机网络。

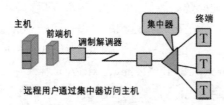
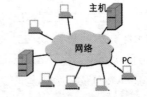

图 1-1 面向终端的计算机通信网　　　　图 1-2 以共享为目标的计算机网络

ARPAnet 的主要目标是借助通信系统，使网内各个计算机系统之间能够共享资源。此外，ARPAnet 网络提出了资源子网和通信子网的两级结构概念，将一个计算机网络从逻辑上划分为通信子网和资源子网两大部分，将数据传输和数据处理从业务功能上分开。通信子网负责数据传输和转发的通信任务；资源子网负责全网的面向应用的数据处理，并向网络用户提供各种网络资源和网络服务。当今的计算机网络仍沿用这种组合方式。ARPAnet 还提出了报文分组交换的数据交换方法，它是一种分组交换网，分组交换技术使计算机网络的概念、结构和网络设计都发生了根本的变化。ARPAnet 是计算机网络技术发展中的一个里程碑，对后继的计算机网络技术的发展起到了重要的作用，并为 Internet 的形成奠定了基础。

ARPAnet 的主要特点是资源共享、分散控制、分组交换，并采用专门的通信控制处理机、分层的网络协议。这些特点往往被认为是现代计算机网络的典型特征。20 世纪 70 年代中期，随着个人计算机（PC）的问世，使个人或者企业可以很容易地拥有一台或多台计算机，出现了计算机局域网，促进了计算机网络的进一步发展。

1.1.3　开放的国际标准化计算机网络

第三代计算机网络是开放式的国际标准化计算机网络。这个阶段解决了计算机网络间互联标准化的问题，要求各个网络具有统一的网络体系结构，并遵循国际开放式标准，以实现"网与网互联，异构网互联"。计算机网络是非常复杂的系统，计算机与计算机之间相互通信涉及许多复杂的技术问题，为了实现计算机网络通信，采用的是分层解决网络技术问题的方法。但是，由于一些大的计算机公司已经开展了计算机网络研究与产品开发工作，提出了各自的分层体系和网络协议，如 IBM 公司的 SNA（System Network Architecture）、DEC 公司的 DNA(Digital Network Architecture) 等，它们的产品之间很难实现互联。为此，20 世纪 70 年代后期加速了体系结构与协议国际标准化的研究与应用。依据标准化水平可分为两个阶段：各计算机制造厂商网络结构标准化阶段和国际网络体系结构标准 ISO/OSI 阶段。

国际标准化组织（ISO）的计算机与信息处理标准化技术委员会成立了一个专门机构，研究和制定网络通信标准，在解决了计算机联网和网络互联标准的基础上，提出了开放系统互联参考模型及相应协议。1984 年 ISO 正式颁布了一个称为"开放系统互联基本参考模型"国际标准 ISO 7498，简称 OSI RM（Open System Interconnection Basic Reference Model），即著名的 OSI 七层模型，使网络体系结构实现了国际标准化，形成了具有统一的网络体系结构、遵循国际标准化协议的计算机网络。遵循国际标准化协议的计算机网络具有统一的网络体系结构，厂商需按照共同认可的国际标准开发自己的网络产品，从而保证不同厂商的产品可以在同一个网络中进行通信，这就是"开放"的含义。OSI RM 及标准协议的制定和完善大大加速了计算机网络的发展。很多大的计算机厂商相继宣布支持 OSI 标准，并积极研究和开发符合 OSI 标准的产品。

20 世纪 80 年代以后，随着局域网技术的不断成熟和互联技术及通信技术的高速发展，出现了 TCP/IP 协议支持的全球互联网 Internet，在世界范围内得到广泛应用，并向高速、智能的方向发展。目前存在着两种处于主导地位的网络体系结构：一种是国际标准化组织 ISO 提出的 OSI 参考模型；另一种是 Internet 所使用的事实上的工业标准 TCP/IP 参考模型。

1.1.4　互联网络和高速计算机网络

第四代计算机网络是互联、高速计算机网络。进入 20 世纪 90 年代形成了全球的网络——Internet，计算机网络技术和网络应用得到了迅猛发展，各种类型的网络全面互联，并向宽带化、高速化、智能化方向发展。主要表现在发展了以 Internet 为代表的互联网和发展高速网络。

1993 年美国政府公布了国家信息基础设施（National Information Infrastructure，NII）行动计划，即信息高速公路计划。这里的"信息高速公路"是指数字化大容量光纤通信网络，用以把政府机构、企业、大学、科研机构和家庭的计算机联网。美国政府又分别于 1996 年和 1997 年开始研究发展更加快速、可靠的"互联网 2"和下一代互联网。以下一代互联网为中心的新一代网络成为新的技术热点，目前 IPv6 技术的研究和发展成为构建高性能的下一代网络的基础工作。可以说，网络互联和高速计算机网络正成为最新一代计算机网络的发展方向。

1.2 计算机网络的概念与功能

1.2.1 计算机网络的概念

现代计算机网络系统又简称"计算机网络"，对"计算机网络"这个概念的理解和定义随着网络技术的发展有各种不同的观点。现在对计算机网络比较通用的定义是：利用通信线路和通信设备，把地理上分散并且具有独立功能的多个计算机系统互相连接，按照网络协议进行数据通信，通过功能完善的网络软件实现资源共享的计算机系统的集合。在计算机网络系统中，每台计算机都是独立的，它们之间的关系是建立在通信和资源共享的基础上，没有主从关系，还可以将处于不同地理位置的计算机网络系统通过互联设备和传输介质在更大的范围内连接在一起，组成互联网络，连接在网络上的计算机可以通过数据通信相互交换信息。网络定义的基本内容可以理解为：

※ 计算机网络是用通信线路把分散布置的多台独立计算机及专用外部设备互联，并配以相应的网络软件所构成的系统。

※ 建立计算机网络的主要目的是实现计算机资源的共享，使广大用户能够共享网络中的所有硬件、软件和数据等资源。

※ 联网的计算机必须遵循统一的协议进行通信。

1.2.2 计算机网络的功能

计算机网络的主要功能是数据通信、资源共享、负荷均衡和分布处理。

1．数据通信

数据通信是计算机网络最基本的功能，也是实现其他功能的基础。它用于实现不同地理位置的计算机与终端、计算机与计算机之间的数据传输。现有的很多网络应用就是通过网络的数据传输功能实现的，如电子邮件、IP 电话，以及将来要推广使用的网络多媒体通信等。

2．资源共享

资源是指网络中所用的软件、硬件和数据资源。共享是指网络中的用户可以部分或全部使用网络中的资源。资源共享包括网络中软件、硬件和数据资源的共享，这是计算机网络最主要和最有吸引力的功能。

※ 硬件共享：网络中的用户可以使用任意一台计算机所连接的硬件设备，包括利用其他计算机的中央处理器来分担用户的处理任务。例如，同一网络中的用户共享打印机、硬盘空间等。

※ 软件共享：用户可以使用远程主机的软件，既可以将相应的软件调入本地计算机执行，

也可以将数据送至对方主机中，运行软件，并返回结果。可供共享的软件包括各种语言处理程序和各类应用程序。

※　数据共享：网络用户可以使用其他主机和用户的数据，可供共享的数据主要是网络中设置的各种专门数据库。

3. 负荷均衡和分布处理

负荷均衡是指网络中的负荷被均匀地分配给网络中的各个计算机系统。当网络中某台计算机负担过重时，或该计算机正在处理某项工作时，网络可以将新任务转交给空闲的计算机来完成，使网络中的负荷被均匀地分配给网络中的各个计算机系统，从而提高处理的实时性。

在具有分布处理能力的计算机网络中，可以将同一任务分配到多台计算机上同时进行处理。对于复杂的、综合性的大型任务，可以采用合适的并行算法，将任务分散到网络中不同的计算机上去执行，由网络来完成对多台计算机的协调工作，构成高性能的计算机体系，这种协同工作、并行处理要比单独购置高性能的大型计算机便宜得多。这种协同计算机网络支持下的分布式系统是网络研究的一个重要方向。

1.3　计算机网络的组成与逻辑结构

从系统构成的角度看，计算机网络由网络硬件和网络软件两大部分组成；从系统功能的角度看，计算机网络逻辑上由通信子网和资源子网两大部分构成。

1.3.1　计算机网络系统的组成

计算机网络系统包括硬件和软件两大部分。硬件负责数据处理和数据转发，包括计算机系统、通信设备和通信线路；软件负责控制数据通信和各种网络应用，包括网络协议和网络软件。组成计算机网络的四大要素为计算机系统、通信线路与通信设备、网络协议和网络软件。

（1）计算机系统。具有独立功能的计算机系统是网络的基本模块，是连接的对象，负责数据信息的收集、处理、存储和提供共享资源。

（2）通信线路与通信设备。计算机网络的硬件部分除了计算机本身以外，还要有用于连接这些计算机的通信线路和设备，即数据通信系统。其中，通信线路指的是传输介质及其介质连接部分，包括光缆、双绞线、同轴电缆、无线电等。通信设备指的是网络连接设备、互联设备，包括网卡、集线器、中继器、交换机、网桥和路由器。通信线路和通信设备在计算机之间建立一条物理通路，用于数据传输。通信线路与通信设备负责控制数据的发出、传送、接收或转发，包括信号转换、编码与解码、差错控制和路由选择等。

（3）网络协议。在网络中为了使网络设备之间能成功地发送和接收信息，必须制定相互都能接受并遵守的约定和通信规则，这些规则的集合就称为"网络通信协议"，如 TCP/IP、SPX/IPX、NetBEUI 等。协议通常包括所传输数据的格式、差错控制方案，以及在计时与时序上的有关约定。在网络上的通信双方必须遵守相同的协议，才能正确地交换信息。例如，Internet 使用的协议是 TCP/IP。协议的实现由软件和硬件配合完成，有些部分由网络设备来完成。

（4）网络软件。网络软件是控制、管理和使用网络的计算机软件。为了协调系统资源，需要通过软件对网络资源进行全面的管理、调度和分配，并采取一系列安全保密措施，防止用户对数据和信息不合理地访问，以防数据和信息的破坏与丢失。根据软件的功能，网络软件主要包括网络系统软件和网络应用软件。

※ 网络系统软件是控制和管理网络运行，提供网络通信，分配和管理共享资源的网络软件，它包括网络操作系统、网络协议软件、通信控制软件。

※ 网络操作系统是负责管理和调度网络上的所有硬件和软件资源的程序。它使各个部分能够协调一致地工作，为用户提供各种基本网络服务，并提供网络系统的安全性保障。常用的网络操作系统有 Windows Server、NetWare、UNIX、Linux 等。

※ 网络协议软件是实现各种网络协议的软件。这是网络软件中的核心部分，任何网络软件都要通过协议软件才能发挥作用。

※ 网络应用软件是基于计算机网络应用而开发并为网络用户解决实际问题的软件，如远程教学系统、销售管理系统、Internet 信息服务软件等。网络应用软件为用户提供访问网络、信息传输、资源共享的手段。

1.3.2 计算机网络的逻辑结构

从网络系统自身功能上看，计算机网络应该能够实现数据处理与数据通信两大基本功能，所以，将应用与通信功能从逻辑上分离，产生了通信子网与资源子网的概念。计算机网络从逻辑上分为资源子网和通信子网两大部分，二者在功能上各负其责，通过一系列网络协议把二者紧密结合起来，共同实现计算机网络的功能。如图 1-3 所示。资源子网负责面向应用的数据处理，实现网络资源的共享；通信子网负责面向数据通信处理和通信控制。

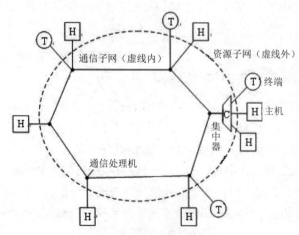

图 1-3 计算机网络的逻辑结构

※ 资源子网是网络中数据处理和数据存储的资源集合，负责数据处理和向网络用户提供网络资源，实现网络资源的共享。它由拥有资源的用户主机、终端、外设和各种软件资源组成。

※ 通信子网是网络中数据通信部分的资源集合，主要承担着全网的数据传输、加工

和变换等通信处理工作。它是由通信控制处理机 CCP、传输线路和通信设备组成的独立的数据通信系统。通信控制处理机 (Communication Control Processor, CCP) 作为通信子网中的网络结点，一方面作为资源子网的主机、终端的接口，将主机和终端连入通信子网内；另一方面又作为通信子网的数据转发结点，完成数据的接收、存储、校验和转发等功能，实现将源主机的数据准确发送到目的主机的作用。

电信部门提供的网络（如 X.25 网、DDN 网、帧中继网等）一般都作为通信子网，企业网、校园网中除了服务器和计算机外的所有网络设备和网络线路构成的网络也可称为通信子网。通信子网与具体的应用无关。

1.4　计算机网络的拓扑结构

网络拓扑结构是指网络中连接网络设备的物理线缆铺设的几何形状，用以表示网络形状。网络拓扑结构影响着整个网络的性能、可靠性和成本等重要指标，特别是在局域网中，网络拓扑结构与介质访问控制方法密切相关，或者说，局域网使用什么协议在很大程度上和所使用的网络拓扑结构有关。在设计和选择网络拓扑结构时，应考虑以下因素：功能强，技术成熟，费用低，灵活性好，可靠性高。

网络拓扑结构有总线型、星形、环形、树状和网状等几种。局域网的常用网络拓扑结构有星形、总线型、树状和环形，广域网大多采用不规则的网状结构。拓扑结构示意图如图 1-4 所示。

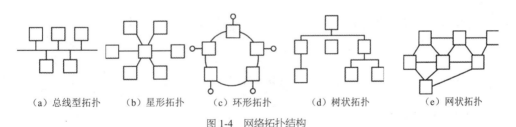

（a）总线型拓扑　　（b）星形拓扑　　（c）环形拓扑　　（d）树状拓扑　　（e）网状拓扑

图 1-4　网络拓扑结构

1.4.1　总线型拓扑结构

总线型结构（bus topology），是指所有入网设备共用一条物理传输线路，所有主机都通过相应的硬件接口连接在一根传输线路上，这根传输线路被称为总线（bus），如图 1-4(a) 所示。在总线结构中，网络中所有主机都可以发送数据到总线上，并能够由连接在线路上的所有结点接收，但由于所有结点共用同一条公共通道，所以在同一时刻只能准许一个结点发送数据。公用总线上的信号多以基带形式串行传递，其传递方向总是从发送信息的结点开始向两端扩散的，如同广播电台发射的信息一样，因此又称"广播式计算机网络"。各结点在接收信息时都进行地址检查，查看是否与自己的工作站地址相符，相符则接收网上的信息。

总线型结构的优点：

※　网络结构简单灵活，可扩充性好。需要增加用户结点时，只需要在总线上增加一个分支接口即可与分支结点相连，扩充总线时使用的电缆少。

※ 有较高的可靠性，局部结点的故障不会造成全网的瘫痪。

※ 易安装，费用低。

总线型结构的缺点：

※ 故障诊断和隔离较困难，故障检测需要在网上各个结点上进行。

※ 总线的长度有限，信号随传输距离的增加而衰减。

※ 不具有实时功能，信息发送容易产生冲突，站点从准备发送数据到成功发送数据的时间间隔是不确定的。

1.4.2 星形拓扑结构

星形拓扑（star topology）结构中有一个唯一的中心结点，每个外围结点都通过一条点对点的链路直接与中心结点连接，如图 1-4(b) 所示。各外围结点间不能直接通信，所有的数据必须经过中心结点。

星形结构的优点：

※ 结构简单，容易实现，在网络中增加新的结点也很方便，易于维护、管理。

※ 故障诊断和隔离容易，可以逐一地隔离开外围结点与中心结点的连接线路，进行故障检测和定位。某个外围结点与中心结点的链路故障不影响其他外围结点间的正常工作。

星形结构的缺点：

※ 通信线路专用，电缆长度和安装工作量可观。

※ 中心结点负担较重，形成"瓶颈"。

※ 可靠性较低，中心结点发生故障就会造成整个网络的瘫痪。

1.4.3 环形拓扑结构

环形拓扑结构（ring topology）由网络中若干结点通过环接口连在一条首尾相连形成的闭合环的通信链路上，如图 1-4(c) 所示。这种结构使用公共传输电缆组成环形连接，数据在环路中沿着一个方向在各个结点间传输，信息从一个结点传到另一个结点，直到目标结点为止。环形网络既可以是单向的，也可以是双向的。双向环形网络中的数据能在两个方向上传输，因此，设备可以和两个邻近结点直接通信。如果一个方向的环中断了，数据还可以在相反的方向从另一个环传输，最终到达目标结点。

环形结构的优点：

※ 结构简单，容易实现，各结点之间无主从关系。

※ 当网络确定时，数据沿环单向传送，其延时固定，实时性较强。

环形结构的缺点：

※ 可靠性低，只要有一个结点或一处链路发生故障，则会造成整个网络的瘫痪。

※　结点的加入和撤出复杂，不便于扩充。

※　维护难，对分支结点故障定位较难。

1.4.4　树状拓扑结构

树状结构（tree topology）可以看作是星形结构的扩展，是一种分层结构，具有根结点和各分支结点，如图 1-4(d) 所示。除了叶结点之外，所有根结点和分支结点都具有转发功能，其结构比星形结构复杂，数据在传输的过程中需要经过多条链路，时延较大。任何一个结点送出的信息都可以传遍整个传输介质，也是广播式传输。它适用于分级管理和控制系统，是一种广域网常用的拓扑结构。

树状结构的优点：

※　与星形结构相比，树状结构的通信线路总长度较短，成本较低，结点易于扩充。

※　故障隔离容易，容易将故障分支与整个系统隔开。

树状结构的缺点：

※　结构较复杂，数据在传输的过程中需要经过多条链路，时延较大。

※　各结点对根结点的依赖性大，如果根结点发生故障，则全网不能工作。

1.4.5　网状拓扑结构

网状结构（net topology）是一种不规则的结构。该结构由分布在不同地点、各自独立的结点经链路连接而成，每一个结点至少有一条链路与其他结点相连，两个结点间的通信链路可能不止一条，需进行路由选择，如图 1-4(e) 所示。其优点是：可靠性高，灵活性好，结点的独立处理能力强，信息传输容量大；缺点是结构复杂、管理难度大、投资费用高。网状结构是一种广域网常用的拓扑结构，互联网大多采用这种结构。

以上介绍了几种常用的拓扑结构，在计算机网络中还有其他类型的拓扑结构，如总线型与星形混合等。应当指出，在实际组网中，拓扑结构不一定是单一的，通常是几种结构的混用。不管是局域网还是广域网，其拓扑的选择需要考虑诸多因素：网络既要容易安装，又要易于扩展；网络的可靠性也是需要考虑的重要因素，要易于进行故障诊断和隔离，以使网络始终能保持正常运行。网络拓扑的选择还会影响到传输介质的选择及介质访问控制方法的确定，这些因素又会影响、决定一个网络的主要性能。

1.5　计算机网络的分类

计算机网络的分类标准有很多，根据不同的分类标准，可以把计算机网络分为不同类型。常用的几种计算机网络分类的划分方式如下：按拓扑结构划分为星形网、总线型网、环形网、网状网等；按数据交换方式划分为电路交换网、报文交换网、分组交换网；按信号传播方式划分为基带网和宽带网；按传输技术划分为广播式网络和点对点式网络；按网的覆盖范围划分为局域网、广域网、城域网。

上述每种分类标准只给出了网络某方面的特征，并不能全面反映网络的本质，从不同的角度观察计算机网络，有利于全面了解计算机网络的特性。下面介绍两种最常用的网络分类方法，即根据网络的传输技术分类和根据覆盖范围分类。

1.5.1 按网络的传输技术分类

网络采用的传输技术决定了网络的主要技术特点，因此根据网络所采用的传输技术对网络进行分类是一种很重要的方法。在通信技术中，数据通过通信信道进行传输，通信信道分为两种类型：广播信道和点对点信道。在广播信道中，多个通信结点共享一个通信信道，一个结点广播信息，其他结点都能接收信息。而在点对点通信信道中，一条线路只能连接一对结点，一个结点发送数据，另一个结点接收数据。

计算机网络要通过通信信道完成数据传输任务，因此按网络采用的传输技术可以分为两类，即广播方式和点对点方式，相应的计算机网络也可以分为两类。

1. 广播式网络

在广播式网络中，所有联网的计算机都共享一个公共传输信道。当一台计算机利用公共信道发送数据时，所有其他的结点计算机都会收到这个数据。但由于发送的数据中带有目的地址和源地址，所以只有与目的地址相同的计算机才真正接收数据，其他与目的不相符的结点计算机丢弃该数据。在广播式网络中，目的地址可以有 3 类：单一结点地址、多结点地址和广播地址。

2. 点对点式网络

与广播式网络相反，在点对点网络中，每条物理线路连接一对计算机。假如两台计算机之间没有直接连接的线路，那么它们之间的数据传输就要通过中间结点转发。

1.5.2 按网络的覆盖范围分类

计算机网络按照其覆盖范围的地理范围进行分类，可以很好地反映不同类型网络的技术特征。由于网络覆盖的地理范围不同，采用的传输技术也就不同。按网络的覆盖范围可以分为 3 类：局域网、广域网、城域网。

1. 局域网

局域网（Local Area Network，LAN）的覆盖范围小，从几十米到几千米，一般限制在一个房间、一栋大楼、一个单位内，通信距离一般小于 10km。由于覆盖范围有限，所以数据传输速率快。普通局域网的数据传输速率可以达到 10Mb/s，千兆位以太网的数据传输速率更可以达到 1000Mb/s。局域网的另一个特点是，在通信中发生错误的概率（误码率）低，局域网误码率都在 10^{-9} 以下。局域网组建方便，使用灵活。

局域网多采用广播式的传输技术。在广播式网络中，所有联网计算机都共享一个公共通信信道来进行通信，结果就可能在一条信道上同时出现几个不同的信号，这些信号的互相重叠产生信号"冲突"，从而导致通信的错误。在局域网中，必须采用特殊的通信协议来对信道访问权进行控制，防止"冲突"的发生，因此如何控制对传输介质的访问是关键问题。

2. 广域网

广域网（Wide Area Network，WAN）的作用范围通常为几十千米到几千千米，覆盖范围可以跨越城市、国家甚至几个国家。广域网主要提供面向通信的服务，支持用户使用计算机进行远距离的信息交换；由电信部门或公司负责组建、管理和维护，并向全社会提供面向通信的有偿服务、流量统计和计费管理。由于广域网覆盖范围广，通信的距离远，需要考虑的因素增多，如媒体的成本、线路的冗余、媒体带宽的利用和差错处理等。其通信速率要比局域网低得多，而信息传输误码率要比局域网高得多。

广域网由资源子网和通信子网组成，通信子网可以使用公用电话网，现在多数使用某种类型的数据通信网，如分组交换网、DDN 网、帧中继网、ATM 等。广域网包含许多复杂的网络设备，通过通信线路连接起来，构成网状结构。由于广域网多采用点对点的传输技术（点对点传播指网络中每两台主机、两台结点交换机之间或主机与结点交换机之间都存在一条物理信道），因此如何实现通信子网中的数据分组、路由选择和存储转发是其关键的问题。广域网与局域网相比，不仅投资高，而且运行管理费用也很大。

3. 城域网

城域网（Metropolitan Area Network，MAN）的规模介于广域网与局域网之间，是在一个城市范围内所建立的计算机通信网。它是 20 世纪 80 年代末在 LAN 的发展基础上提出的，在技术上与 LAN 有许多相似之处，而与广域网区别较大。之所以将 MAN 单独列出的一个主要原因是它已经有了一个标准：分布式队列双总线（Distributed Queue Dual Bus，DQDB），即 IEEE 802.6。DQDB 是由双总线构成的，所有的计算机都连接在上面。城域网的传输媒介主要采用光缆，传输速率在 l00Mb/s 以上。所有联网设备均通过专用连接装置与媒介相连接，只是媒介访问控制在实现方法上与 LAN 不同。

MAN 的一个重要用途是用作骨干网，通过它将位于同一城市内不同地点的主机、数据库以及 LAN 等互相连接起来，这与 WAN 的作用有相似之处，但两者在实现方法与性能上有很大差异。城域网设计的目标是满足几十千米范围内的大量企业、机关、公司的多个局域网互联的需求，以实现大量用户之间的数据、语音、图形与视频等多种信息的传输功能。由于各种原因，城域网技术没有得到广泛推广，加上广域网技术和网络互联技术的不断成熟，通常使用广域网技术和网络互联方式去构建与城域网规模相当的网络。

目前，覆盖范围最大的计算机网络是国际互联网——Internet。但 Internet 不是一种具体的物理网络，而是将不同的物理网络按照 TCP/IP 协议互联起来的网络技术。广域网之间、局域网之间、广域网和局域网之间都可以互联，达到局部处理和远程处理相结合、有限地域资源和广大地域范围资源共享相结合的效果。Internet 是各种不同的计算机网络通过相同的通信协议进行连接和通信的一种互联网络。与其说 Internet 是一种网络类型，不如说是计算机网络的一种体系结构，在 Internet 中的通信者使用相同的通信协议。可以组建一个局域网或者广域网，但不可能新建一个 Internet，而只能将新建的网络或已有的网络连接到 Internet 中，使之成为 Internet 的一部分。20 世纪 80 年代中期人们开始认识到 Internet 的重要作用；20 世纪 90 年代是其发展最快的时期，其主要应用有 Email、WWW、TELNET、FTP 等，随着规模和用户的不断增加，Internet 上的应用在不断地拓宽。从用户的角度看，Internet 是全球范围的信息资源网；从网络结构角度看，Internet 是由路由器互连起来的大型网际网。

本章小结

本章介绍了计算机网络的基本知识，对计算机网络的形成与发展做了简要的回顾，详细介绍了计算机网络的基本概念、功能、组成、结构及分类。本章的内容使学习者对计算机网络有一个正确的理解和初步认识。

1. 计算机网络的形成与发展

计算机技术和通信技术的结合形成了计算机网络，随着计算机技术和通信技术的不断发展，计算机网络也经历了从简单到复杂的、从单机到多机的发展过程，其演变过程经过了以下 4 个阶段：面向终端的计算机通信网、以共享为目标的计算机网络、开放式标准化的计算机网络和互联网络与高速网络。

2. 计算机网络的概念

计算机网络是利用通信线路和通信设备，把地理上分散并且具有独立功能的多个计算机系统互相连接，按照网络协议进行数据通信，通过功能完善的网络软件实现资源共享的计算机系统的集合。

3. 计算机网络的功能与组成

计算机网络提供给用户的功能是资源共享、数据传输、均衡负载和分布式处理，其中最主要的功能是资源共享和数据传输。计算机网络组成包括计算机系统、通信线路与通信设备、网络软件和网络协议。如果从网络自身功能上看，计算机网络逻辑上由资源子网和通信子网两大部分组成，二者在功能上各负其责。资源子网负责面向应用的数据处理，实现网络资源的共享，通信子网负责面向数据通信处理和通信控制。

4. 计算机网络的拓扑结构与分类

网络拓扑结构是指网络中连接网络设备的物理线缆铺设的几何形状，用以表示网络形状。拓扑结构有总线型、星形、环形、树状和网状等几种，局域网的常用网络拓扑结构有星形、总线型、树状和环形，广域网大多采用不规则的网状结构。

计算机网络的分类标准有很多，根据不同的分类标准，可以把计算机网络分为不同类型。最常用的分类是按网络的覆盖范围划分，可分为局域网、广域网、城域网。

习题

一、概念解释

计算机网络，拓扑结构，资源子网，通信子网。

二、单选题

1. 计算机网络是现代计算机技术和（　　）密切结合的产物。

　　A. 网络技术　　B. 通信技术　　C. 电子技术　　D. 人工智能技术

2. 世界上第一个计算机网络是（　　）。

  A. ARPAnet   B. Internet   C. ChinaNet D. CERNET

3. 计算机网络最突出的优点是（　　）。

  A. 精度高   B. 共享资源   C. 可以分工协作 D. 传递信息

4. 以下关于计算机网络的分类中，（　　）不属于按覆盖范围的分类。

  A. 局域网   B. 广播网   C. 广域网   D. 城域网

5. 网络拓扑是指（　　）。

  A. 网络形状   B. 网络操作系统 C. 网络协议   D. 网络设备

6. 广域网经常采用的网络拓扑结构是（　　）。

  A. 总线型   B. 环形   C. 网状   D. 星形

7. 下列对星形拓扑的描述不正确的是（　　）。

  A. 所需电缆多，安装、维护工作量大 B. 中心结点的故障可能造成全网瘫痪

  C. 各结点的分布处理能力较差   D. 故障诊断和隔离困难

三、填空题

1. 计算机网络是现代_____技术和_____技术密切结合的产物。

2. 计算机网络的发展和演变可概括为面向终端的计算机通信网、以共享为目标的计算机网络、_____和_____4 个阶段。

3. 计算机网络的组成包括计算机系统、通信线路与通信设备、_____和_____。

4. 计算机网络从功能角度看，其逻辑结构由_____子网和_____子网组成。

5. 计算机网络的主要功能为_____、用户之间数据的_____。

6. 按网络采用的传输技术可以分为两类，即_____和_____。

7. 网络拓扑结构是指_____，网络拓扑结构有_____、_____、_____、_____、_____。

四、简答题

1. 计算机网络的发展可划分为哪几个阶段？每个阶段有何特点？

2. 计算机网络可分为哪两大子网？各子网的功能是什么？由哪些部件组成？

3. 简述计算机网络的功能。

4. 计算机网络有哪些拓扑结构？各自的特点是什么？并用简图表示。

第 2 章

数据通信基础

数据通信是计算机网络中的一种主要技术，对于计算机网络来说，首先要解决的是计算机之间的通信问题，这是实现计算机网络化的基础。要想深层次地理解计算机网络，首先必须对数据通信技术的基础知识有一定的了解，数据通信是学习计算机网络所必需的入门基础知识。

本章要点

※ 数据通信的基本知识

※ 数据编码和数据传输方式

※ 多路复用技术和数据交换技术

※ 差错控制技术和传输介质

2.1 数据通信的基本知识

2.1.1 信息、数据和信号

在数据通信技术中，信息、数据、信号是十分重要的概念。数据通信的目的就是要交换信息，信息的载体可以是数字、文字、语音、图形和图像等，为了传送这些信息，首先要将数字、文字、语音、图形和图像信息用二进制代码的数据（数字数据）来表示，然后用信号进行传输，即数据是通过信号传输的。

1. 信息、数据和信号

信息是人脑对客观事物的反映，是数据的内容和解释。信息可以是语音、图像、文字等各种形式，是人们要通过通信系统传输的内容，通信的目的就是要传输信息。信息总是与一种形式相联系并存储的，这种形式实体就是数据。

数据是承载信息的实体，是描述物体的数字、字母或符号。在计算机网络中，数据常被广义地理解为可以存储、处理和传输的二进制数字编码。语音信息、文字信息、图像信息均可以转换为二进制数字编码在网络中存储、处理和传输。数据分为模拟数据和数字数据。模拟数据是在某个区间内连续变化的值，例如声音和电压是幅度连续变化的波形；数字数据是在某个区间内离散的值，例如二进制数据只有离散的 0 和 1 两种状态。使用相应的技术可以实现模拟数据和数字数据之间的相互转换。

信号是数据在传输过程中的表现形式，即数据的电磁编码。信号是以其某种特性参数的变化来代表数据的，信号的频谱宽度就称为该信号的带宽。根据信号参数取值的不同，信号分为模拟信号和数据信号。

信息、数据和信号三者之间的关系如下：数据是信息的载体，信息是数据的内容和解释，信号则是数据在传输过程中的电磁波表示形式。

通信的根本目的是传送信息，而信息往往以具体的数据形式来表现，数据通过传输媒体传送时又必须转换为一定形式的信号（模拟信号或数字信号），因此，通信就是在一定的传输媒体上传送信号，从而实现传送数据、交换信息的目的。

2. 模拟信号和数字信号

模拟信号是幅度连续变化的电磁波，如图 2-1（a）所示。它的取值可以有无限多个，是某些物理量的测量结果，信号波形模拟随着信息的变化而变化。如电话线上传递的语音信号，这种信号可以不同的频率在传输媒体上传输。

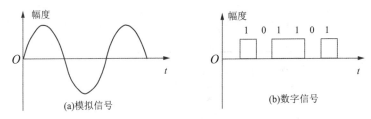

图 2-1　模拟信号和数字信号

数字信号是指利用某一瞬间的状态来表示数据，是一系列离散的脉冲序列。它可用恒定的正电压和负电压表示二进制的 0 和 1，如图 2-1（b）所示。

这种电脉冲可以按照不同的位速率在传输媒体上传输。其特点是幅值被限制在有限个数值之内，它不是连续的而是离散的，如计算机的输出结果、数字仪表的测量结果。如图 2-2（a）所示是二进码，每一个码元只取两个状态幅值 (0，A)；如图 2-2（b）所示是四进码，每个码元取 4 个状态幅值 (3、1、−1、−3) 中的一个。

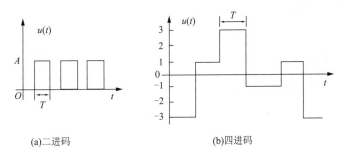

图 2-2　数字信号

3. 模拟数据和数字数据的表示

模拟数据是时间的函数，并占有一定的频率范围，即频带。这种数据可以直接利用占有相同频带的电信号（即模拟信号）来表示。例如，语音数据的可懂频率范围仅为 300~3400Hz，这个频率范围已经足够使语音清晰传输了。

模拟数据也可以用数字信号表示。对于语音数据来说，完成将模拟数据转换成数字信号的设备是编码解码器（Coder/Decoder，CODEC）。CODEC 将表示声音的模拟信号编码转换成用二进制位流表示的数字信号，而线路另一端的 CODEC 则将二进制位流解码恢复成原来的模拟数据。

数字数据可以直接用二进制形式的数字脉冲信号来表示，但为了改善其传播特性，一般先要对二进制数据进行编码。

数字数据也可以用模拟信号来表示，此时要利用调制解调器（Modulator/Demodulator，MODEM）将数字数据调制转换成模拟信号，使之能在适合于此种模拟信号的介质上传输。在线路的另一端，MODEM 再把模拟信号解调还原成原来的数字数据。

模拟数据和数字数据都可以用模拟信号或数字信号来表示，因而无论信源产生的是模拟数据还是数字数据，在传输过程中都可以利用适合于信道传输的某种信号形式来传输。

模拟数据、数字数据的模拟信号、数字信号的传输描述如图 2-3 所示。

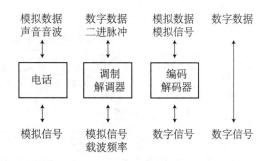

图 2-3　模拟数据、数字数据的模拟信号、数字信号的传输

2.1.2　数据通信系统

1. 通信系统模型

信息的传递是通过通信系统来实现的，为了完成通信任务所需要的技术设备和传输介质构成的总体就称为通信系统。先来看一个利用公共电话网来进行数据通信的通信系统实例，如图 2-4 所示，两个计算机之间通过公共电话网进行数据通信。

图 2-4　通信系统实例

观察这个通信系统实例会产生以下问题：发送端计算机中的数据是如何转换成信号的？信号是如何传输的？从发送端到接收端之间既有模拟信道又有数字信道，信号又分为模拟信号和数字信号，不同类型的信号为在不同类型的信道上传输是如何转换的？一条传输介质上可以同时传输几路信号？信号在传输过程中遇到噪声干扰怎么办？等等。一个通信系统集成了很多的通信技术，这些通信技术将会在本章各节中阐述。

实际的通信系统虽然形式和用途各不相同，但从传输的角度来看，在本质上有许多共同之处。如图 2-5 所示是上述点对点的通信系统实例的抽象模型，反映了通信系统的共性。

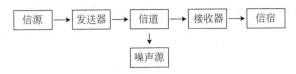

图 2-5　通信系统模型

通信系统模型的主要组成部分如下：

※ 信源和信宿。信源指的是发送信息的发送者，信宿指的是信息的接收者。在计算机网络中，信源和信宿是计算机或终端等设备。

※ 发送器和接收器。发送器将信源发出的信息变换成适合在信道上传输的信号。对应不同的信源和信道，发送器有着不同的组成和变换功能。如计算机通信中的调制解调器就是一种发送器。接收器提供与发送器相反的功能，将从信道上接收的电（或光）信号变换成信宿可以接收的信息。

※ 信道。信道是传输信号的通路，一般表示向某一个方向传输一路信号的通路，由传输介质和相关设备组成，主要有有线信道和无线信道两类。从传输信号形式上看，信道又可分为模拟信道和数字信道。传输介质指用来连接网络中各个通信设备的物理介质。信道建立在传输介质之上，但包括了传输介质和通信设备，同一传输介质上可提供多条信道，一条信道允许一路信号通过。

※ 噪声源。传输信号受到的干扰，分内部和外部噪声。通信系统中不能忽略噪声的影响，通信系统的噪声可能来自各个部分，包括发送或接收信息的周围环境、各种设备的电子器件、信道外部的电磁场干扰等。

2. 数据通信系统

在通信领域，信息一般可以分为语音、图像和数据三大类型，随着计算机技术的发展，数据通信已经成为继语音、图像传输后的第三种主要通信业务。

为了区别电话网中的语音通信，在计算机网络中，数据通信是指在计算机之间、计算机与终端之间传送表示字符、数字、语音、图像的二进制代码 0、1 比特序列的通信方式。它传送数据的目的不仅是为了交换数据，更主要的是为了利用计算机来处理数据，从而给用户提供及时准确的数据。可以将计算机之间的通信称作数据通信，它使通信技术和计算机技术相结合，计算机直接参与通信是数据通信的重要特征。

数据通信系统是利用通信系统对二进制编码的字母、数字、符号以及数字化的声音、图像信息所进行的传输，实现数据传输、交换、存储和处理的系统。其主要提供数据服务，传送的是数据信息，即以数字数据为主。比较典型的数据通信系统主要由数据终端设备、数据通信设备与通信线路构成数据通信系统。

根据在传输媒体上传输的是模拟信号还是数字信号，可以相应地将数据通信系统分为模拟数据通信系统和数字数据通信系统两种。在模拟信道进行的数据通信称为模拟数据通信，例如目前广泛使用的利用公用模拟电话线路来传输计算机数字数据对应的模拟信号。用数字信道进行的数据通信称为数字数据通信，由于计算机使用二进制数字信号，因而计算机与其外部设备之间以及计算机局域网大多直接采用数字数据通信。

数字数据通信系统是数据通信系统的子集，以传送数字信号为主。但在实际应用中，数据通信系统的概念会有延伸，如通过模拟电话信道传输计算机输出的数字信号，也归入数据通信的讨论范围。广义上讲，除去利用模拟信号传输模拟数据的通信方式，其他通信系统都可以看作是数据通信系统的研究范畴。

无论是模拟通信还是数字通信，在通信业务中都得到了广泛应用。但是近年来数字通信发展十分迅速，在大多数通信系统中已经替代了模拟通信，成为当代通信系统的主流。与传统的模拟通信相比较，数字通信具有下列优点：

※ 抗干扰能力强，抗干扰性优于模拟系统，在远距离数字通信中，可通过中继器放大和整形来保证数字信号的完整及不累积噪声。

※ 便于加密，使用加密技术可有效增强通信的安全性。

※ 数字信号便于存储、处理，也便于和计算机连接。

※ 数字通信系统中的设备便于集成化和微型化。

2.1.3　数据通信系统的连接方式

数据通信系统的连接方式有两种，点对点连接方式和多点连接方式。不同连接方式使用的传输技术不同。

1. 点对点连接

在点对点连接的连接方式中，通信双方一旦连通之后，线路被通信双方独占，如图 2-6 所示。

图 2-6　点对点连接

2. 多点连接

在多点连接的连接方式中，各个通信终端共用一条通信线路，如图 2-7 所示。其特点是节省线路，缺点是需要解决多个终端同时通信时产生的线路争用问题。

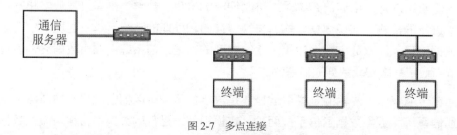

图 2-7　多点连接

2.1.4　数据通信系统的主要性能指标

衡量和评价一个数据通信系统的好坏，必须涉及系统的性能指标问题。数据通信系统的主要性能指标是衡量传输数据的有效性和可靠性的依据。有效性是指数据传输的速度，可靠性指传输数据的质量。在数字通信系统中，一般使用数据传输速率和误码率来分别衡量传输有效性和传输质量的好坏。在模拟通信系统中，常使用带宽和信噪比来衡量系统传输的有效性和可靠性。

1．码元传输速率和数据传输速率

传输速率是指数据在传输线路上的传输速度，根据不同的传输单位，有码元传输速率和数据传输速率两种表示方法。

1）码元传输速率

携带数据信息的信号（波形）单元叫作码元。码元传输速率为单位时间内通过信道传输的码元数，单位为波特，记作 Baud，也称信号传输速率、调制速率或波特率。计算公式如下：

$$B=1/T \qquad\qquad (2\text{-}1)$$

式中 T 为信号码元的宽度，单位为秒。

【例 1】一个连续信号的频率 f=1200Hz，则信号传输速率为

$$B=1/T=1200\ \text{Baud}$$

2）数据传输速率

也称信息传输速率或比特率，指单位时间内传输二进制数据的位数，单位为"位 / 秒"，记作 bps 或 b/s。计算公式如下：

$$S=1/T \times \log_2 N \qquad\qquad (2\text{-}2)$$

式中 T 为一个数字脉冲信号的宽度 (全宽码) 或重复周期 (归零码)，单位为秒。N 为一个码元所取的状态（离散值）个数。数字信号由码元组成，码元携带一定的二进制信息量，一个数字脉冲也称为一个码元，例如二进制数字 1010011 是由 7 个码元组成的序列，常称为码字。通常 N 取 2 的整数次方值，$N=2^K$，K 为二进制信息的位数，$K=\log_2 N$。若一个码元只可取 0 和 1 两种状态，则该码元携带 1 位二进制信息；若一个数字脉冲可取 00、01、10、11 四种状态，则该码元就能携带 2 位二进制信息。以此类推，若一个码元可取 N 种离散值，则该码元就能携带 $\log_2 N$ 位二进制信息。

当 N=2 时，S=1/T，表示数据传输速率等于码元脉冲的重复频率。

【例 2】一个连续信号的频率 f=1200Hz，每个信号可表示 4 个不同的状态（离散值个数为 4），则该信号的数据传输速率为

$$S=1/T \times \log_2 N=1200 \times \log_2 4=2400\text{b/s}$$

3）数据传输速率和码元传输速率的关系

数据传输速率（比特率）和码元传输速率（波特率）都是衡量信息在传输线路上传输快

慢的指标，但二者针对的对象不同，数据传输速率针对的是二进制位数传输，码元传输速率针对的是信号波形的传输。由式（2-1）、式（2-2）两者之间存在如下关系：

$$S=B \times \log_2 N \qquad\qquad (2\text{-}3)$$

若一个码元只可取 0 和 1 两种状态（$N=2$），即该码元携带 1 位二进制信息，则比特率和波特率在数值上是相等的。

【例 3】采用四相调制方式，即 $N=4$，且 $T=833 \times 10^{-6}$s，则

$B=1/T=1/(833 \times 10^{-6})=1200$ (Baud)

$S=1/T \times \log_2 N=1/(833 \times 10^{-6}) \times \log_2 4=2400$b/s

通过例 3 可见，数据传输速率和信号传输速率都是描述通信速度的指标，但它们是完全不同的两个概念。可以这样理解，假设信号传输速率是公路上单位时间经过的货车数，那么数据传输速率便是单位时间内经过的货车所装运的货物箱数。如果一辆车装一箱货，则单位时间内经过的货车数与单位时间内货车所装运的货物箱数相等；如果一辆车装多箱货，则单位时间内货车所装运的货物箱数要大于单位时间内经过的货车数。即：一个信号可取的离散值（状态）个数越多，它所携带的二进制位数就越多，数据传输速率就越快。

2. 信道容量与信道带宽

信道容量指信道传输信息的最大能力，对于数字信道一般用单位时间可以传输的最大二进制位（比特）数来表示，对于模拟信道则由信道的带宽表示。

1）傅里叶分析与带宽

傅里叶分析是数据通信的基础理论，19 世纪初法国数学家傅里叶指出：任何一个基频为 f 的周期函数 $F(t)$ 都可以表示为无数个正弦函数和余弦函数之和。如果给定这些正弦函数、余弦函数的频率分别为 f、$2f$、$3f$、$\cdots$、nf、$\cdots$，其中 f 称作基频率，n 是自然数且趋于正无穷大，就可以把此周期函数展开成傅里叶级数的形式：

$$F(t) = 0.5c + \sum [a_n \sin(2 \prod nft) + b_n \cos(2 \prod nft)] \quad n = 1, 2, 3, \cdots$$

数据以信号的形式传输，实际上就是通过电压或电流等物理量在线路上连续变化来传递数据信息。电流或电压都是时间的单值函数，可以利用傅里叶级数表示其特性。

也就是说，对于在信道上传播的电磁波信号，可以表示成若干个正弦 / 余弦函数之和的形式，则对应地可以确定组成该信号的正弦 / 余弦函数频率范围，这些函数的频率分别为 f、$2f$、$3f$、$\cdots$。而任何实际的信道所能通过的信号频率都有一定的有效频率范围，即信道是有一定带宽限制的。

信道所能传送电磁波的有效频率范围就是信道带宽（bandwidth），即信道所能传输信号的最高有效频率和最低有效频率之差。例如，一条传输线路可以接受从 300Hz 到 3000Hz 的频率，则在这条传输线上传送频率的带宽就是 2700Hz。

所以上述正弦 / 余弦函数只能有部分通过信道传播，这部分信号的频率为 f、$2f$、$3f$、$\cdots$、nf，超过信道带宽的高频函数（频率大于 nf 的函数）会被丢弃。这里，将 n 称作信道所能通

过的谐波数。显然,信道通过的谐波数越多,原函数所表示的信息丢失就越少,信号失真就越小。

图 2-8 给出了原始二进制数字信号 01100010 传输时信号在信道上传输失真程度的变化情况。在图 2-8 中,图(a)表示原始二进制数字信号 01100010;图(b)是信道通过一次谐波的波形,即只有频率 f 的函数可以通过信道,其波形与原始信号相差甚远;图(c)是通过 2 次谐波的波形,其波形略微可以看出原始信号的形状;图(d)和图(e)分别为通过 4 次和 8 次谐波的波形,信号失真程度越来越小。

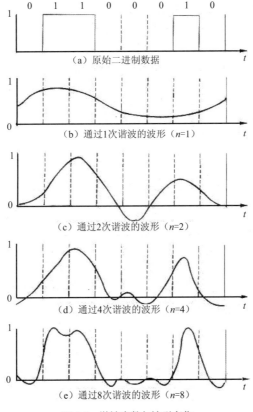

图 2-8　谐波次数与波形变化

理论分析证明,在信道带宽一定的情况下,数据传输速率越高,基频 f 的值就越大,该信号的有效带宽越宽,则信道所能通过的谐波数就会越少,信号失真就大,直到信号无法被正确识别。限制了信道带宽,就限制了数据传输速率,信道的带宽越大,信道传输速率就越高,所以人们可以用带宽去取代速率。例如,人们常把网络的高数据传输速率用高带宽表述。这也是为什么总是努力提高通信信道带宽的原因。

按信道频率范围的不同,通常可将模拟信道分为窄带信道(0 ~ 300Hz)、音频信道(300 ~ 3400Hz)和宽带信道(3400Hz 以上)3 类。

2)信道容量

信道容量表示一个信道的最大数据传输速率,单位为"位 / 秒"(b/s)。信道容量与数据传输速率的区别是,前者表示信道的最大数据传输速率,是信道传输数据能力的极限;而后者是实际的数据传输速率。两者的关系可以比作公路上的最大限速与汽车实际速度的关系。

通过傅里叶分析已经知道信道的最大数据传输速率是受信道带宽制约的。那么，它们之间存在着一种什么样的制约关系呢？奈奎斯特（Nyquist）和香农（Shannon）先后对此进行了研究，分别推导出了不同条件下的关系表达式：奈奎斯特公式和香农公式。

（1）奈奎斯特公式

1924 年，奈奎斯特就发现了信道传输速率的上限，给出了有限带宽、无噪声条件下信道的最大传输速率公式。

奈奎斯特公式，即无噪信道最大传输速率公式如下：

$$C=2B \log_2 N$$

式中，B 为信道的带宽，即信道能传输的上、下限频率的差值，单位为 Hz；N 为码元信号可取的状态数。

由上式可见，如果信道传输的是二进制的数据信号，信号仅有两种状态，分别表示 0 和 1，无噪声信道的最大传输速率不可能超过信道带宽的两倍，最大传输速率为 $2B$。要提高数据传输速率，就要采取特殊的编码方法提高码元可取的状态数。

【例 4】普通电话线路带宽约 3kHz，若信号可取的离散值的个数为 16（即 $N=16$），则信道最大数据传输速率 $C=2 \times 3k \times \log_2 16=24kb/s$。

（2）香农公式

奈奎斯特公式仅解决了理想情况下的最大传输速率的问题，实际信道不可能没有噪声，而且随着噪声的变化，最大传输速率会有很大的变化。1948 年，香农进一步研究了受噪声干扰的信道情况，给出了有噪声信道的最大传输速率与带宽的关系——香农公式：

$$C=B \times \log_2(1+S/N)$$

式中，B 为信道的带宽；S 为信号功率；N 为噪声功率；S/N 为信噪比，通常把信噪比表示成 $10 \lg(S/N)$ dB(分贝)。

需要特别注意的是，在实际使用中，信道的信噪比都足够大，人们并不直接使用 S/N 本身的值，而常使用 $10 \lg(S/N)$ 分贝的值为单位计量。所以在使用香农公式时，要把分贝值换算成 S/N 的信噪比值，如信噪比是 30dB 的 S/N 值从 $10 \lg(S/N)=30$ 的式中求得，$S/N=1000$。

【例 5】已知模拟电话系统信噪比为 30dB，带宽为 3kHz，求信道的最大数据传输速率。

因为 $10 \lg(S/N)=30$ 所以 $S/N=10^3=1000$

所以 $C=3 \times \log_2(1+1000) \approx 3 \times \log_2(1024)=30kb/s$

这个理论值说明，实际的传输速率都要低于 30kb/s。

3. 误码率

误码率是衡量数据通信系统在正常工作情况下的传输可靠性的指标。它是指二进制数据位传输时出错的概率。在计算机网络中，一般要求误码率低于 10^{-6}，若误码率达不到这个指标，可通过差错检错和纠错来降低误码率。

误码率计算公式如下：

$$P_e=N_e/N$$

式中，N_e 为其中出错的位数，N 为传输数据的总位数。

2.2　数据编码

数据通信是在信源与信宿之间进行信息交流，信息在信源 / 信宿处以模拟 / 数字数据形式存在，而在信道中以模拟 / 数字信号形式存在，数据要在信道上传输首先要转变成信号。

数据有数字数据和模拟数据，数字数据在模拟信道上传输需要进行模拟信号的编码，数字数据在数字信道上传输需要进行数字信号的编码，模拟数据在数字信道上传输需要进行数字信号的编码。本节主要讲述数据如何用电信号表示的问题。

2.2.1　数字数据的模拟信号编码

数字数据的模拟信号编码即将数字数据转换为模拟信号的编码方法。为了利用公共电话交换网实现计算机之间的远程通信，必须将发送端的数字信号变换成能够在公共电话网上传输的音频信号，经传输后再在接收端将音频信号逆变换成对应的数字信号。实现数字信号与模拟信号互换的设备称作调制解调器（modem）。

模拟信号传输的基础是载波（正弦波），载波信号可以表示为正弦波形式：

$$f(t)=A\sin(\omega t+\varphi)$$

其中幅度 A、频率 ω 和相位 φ 的变化均影响信号波形。

因此，通过改变这 3 个参数可实现对模拟信号的编码。相应的调制方式分别称为幅移键控（Amplitude-Shift Keying，ASK）、频移键控（Frequency-Shift Keying，FSK）和相移键控（Phase-Shift Keying，PSK），如图 2-9 所示。综合 ASK、FSK 和 PSK 可以实现高速调制，常见的组合是 PSK 和 ASK 的结合。

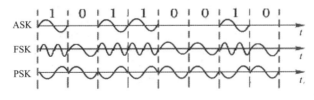

图 2-9　数字调制的 3 种基本形式

1. 幅移键控（ASK）

在 ASK 方式下，用载波的两种不同幅度来表示二进制的两种状态。ASK 方式容易受增益变化的影响，是一种低效的调制技术。在电话线路上，通常只能达到 1200b/s 的速率。

2. 频移键控（FSK）

在 FSK 方式下，用载波频率附近的两种不同频率来表示二进制的两种状态。在电话线路上，使用 FSK 可以实现全双工操作，将电话频带分为 300 ～ 1700Hz 和 1700 ～ 3000Hz 两个频带，一个用于发送，另一个用于接收。FSK 通常能达到 1200b/s 的速率。

3. 相移键控（PSK）

在 PSK 方式下，用载波信号相位移动来表示数据。图 2-9 中的 PSK 是一个二相系统，用 0° 相移频率表示 0，用反相 180° 的频率表示 1。PSK 可以使用二相或多于二相的相移，利用这种技术，可以对传输速率起到加倍的作用。

由 PSK 和 ASK 结合的相位幅度调制（PAM）是相移数已达到上限时提高传输速率的有效方法。

2.2.2 数字数据的数字信号编码

数字数据的数字信号编码，即将数字数据转换为数字信号编码的方法，就是要解决数字数据的数字信号表示问题。由计算机、数据终端产生的原始数字信号一般不直接送到信道上进行传输，通常要经过编码后才送入信道，这就是数字数据的数字信号编码。不直接使用原始数字数据的高、低电平加到物理信道上传输主要有以下原因：

（1）编码更有利于在接收端区分 0 和 1 的值。

（2）编码可以在传输信号中携带时钟，可以不必再传输专用的同步信号。

（3）采用合适的编码方式，可以充分利用信道的传输能力，达到更高的传输速度。

数字信号编码的工作由网络上的硬件完成，可用的通信编码方案很多，最常用的通信编码有如下几种：不归零编码、曼彻斯特编码和差分曼彻斯特编码，如图 2-10 所示。

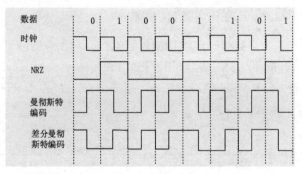

图 2-10 数字数据的 3 种数字信号编码

1. 不归零编码（Non-Return to Zero，NRZ）

不归零编码的编码规则为：在每一码元时间内，用低电平表示数字 0，用高电平表示数字 1，即数字信号由矩形脉冲组成。用于表示数字 0 的低电平不能使用 0V 电平，否则无法区分信道上是数字 0 还是没有信号在传输。不归零是指编码在发送 0 或 1 时，在一码元的时间内不会返回初始状态（零）。

不归零编码的缺点是难以判断一位的开始和结束，为了保持收发双方的时钟同步，需要额外传送同步时钟信号。另一个缺点是存在直流分量，难以在传输中使用交流耦合器件和变压器。计算机串口与调制解调器之间采用的是不归零编码。

2. 曼彻斯特编码（Manchester）

曼彻斯特编码是自含时钟编码（自同步码），所谓自含时钟编码是指编码在传输信息的同时，将时钟同步信号一起传输过去。这样，在数据传输的同时就不必通过其他信道发送同步信号。局域网中的数据通信常使用自含时钟编码，典型代表是曼彻斯特编码和差分曼彻斯特编码。

曼彻斯特编码规则为：将每比特周期 T 分为前 $T/2$ 和后 $T/2$，从高电平到低电平的跳变表示数字 1，从低电平到高电平的跳变表示数字 0。

该编码方法的特征是：每一位的中间（$1/2T$ 处）有一次跳变，它有两个作用：一是作为同步方式的内带时钟，该跳变作为时钟信号（同步），即自含时钟编码；二是用于表示数据信号，从高到低的跳变表示数字 0，从低到高的跳变表示数字 1。

曼彻斯特编码的优点有两个，一是自含时钟编码，不需要另外的同步信号；二是不含直流分量。

3. 差分曼彻斯特编码（difference Manchester）

差分曼彻斯特编码是对曼彻斯特编码的改进，规则是：每一位的中间（$1/2T$ 处）有一个跳变，但是，该跳变只有一个作用，即作为同步时钟信号，与数据信号无关。而数据信号则根据每位开始时有无跳变进行取值：有跳变表示数字 0，无跳变表示数字 1。

两种曼彻斯特编码是将时钟和数据包含在数据流中，在传输代码信息的同时，也将时钟同步信号一起传输给对方，每位编码中有一个跳变，不存在直流分量，因此具有自同步能力和良好的抗干扰性能。但每一个码元都被调成两个电平，所以数据传输速率只有调制速率的50%。

上述编码技术常用在 10Mb/s 局域网中，近年来发展起来的快速以太网使用的是不同的编码技术，例如，100Mb/s 局域网采用 4B/5B 或 8B/6T 等编码技术，这里就不详细介绍了。

2.2.3　模拟数据的数字信号编码

模拟数据的数字信号编码即将模拟数据转换为数字信号的方法。由于数字信号传输失真小，误码率低，传输速率高，因此在网络中除了计算机直接产生的数字之外，语音、图像信息的数字化已成为发展趋势。

将模拟数据转换为数字信号最常用方法是脉冲编码调制（Pulse code modulation，PCM），PCM 的典型应用是语音数字化，用数字信道传输模拟信息。语音可以用模拟信号的形式通过电话线路传输，但是在网络中将语音与计算机产生的数字、文字、图形和图像同时传输，就必须首先将语音信号数字化。发送端通过 PCM 编码器将语音信号变换为数字化信号，通过通信信道传输到接收端，接收端再通过 PCM 解码器将它还原成语音信号。数字化语音信号传输速率高，失真率小，可以存储在计算机中，并进行必要的处理。因此，在网络通信中，首先要利用 PCM 技术将语音数字化。

1. PCM 的理论基础

PCM 是以采样定理为基础的，该定理从数学上证明：若对连续变化的模拟信号进行周期性采样，只要采样频率大于等于有效信号最高频率或带宽的两倍，则采样值便可包含原始信号的全部信息，通过低通滤波器从这些采样中可重新构造出原始信号。

设原始信号的最高频率为 $F_{\max}$，采样频率为 F_s，则采样定理表达公式为

$$F_s \geqslant 2F_{\max} \text{ 或 } F_s \geqslant 2B_s$$

式中，T_s 为采样周期；$B_s(=F_{\max}-F_{\min})$ 为原始信号的带宽。

2．PCM 工作步骤

PCM 的基本工作包括采样、量化和编码 3 个步骤：

（1）采样。根据采样频率，每隔一定的时间采集模拟信号的幅度值，在时间上把模拟信号离散化，如图 2-11 所示。

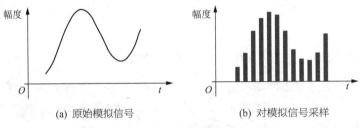

(a) 原始模拟信号   (b) 对模拟信号采样

图 2-11　采样

（2）量化。通过将采样所得样本与预先规定的量化级（本例采用 8 个量化级）进行比较，进行取整定级。经过量化后的样本幅度为一系列的离散值，如图 2-12(a) 所示。

量化级的多少取决于量化的精度。级数越多，量化精度越高，但所需的编码位数相应越多。

（3）编码。将量化后的离散值数字化，得到一系列二进制值；然后对二进制值进行编码。经过上面的处理过程，原来的模拟信号经 PCM 编码后得到如图 2-12(b) 所示的系列二进制数据。量化级数越多，所需的编码位数越多。例如，8 级量化需要 3 位编码，16 级量化需要 4 位编码，128 级量化需要 7 位编码。

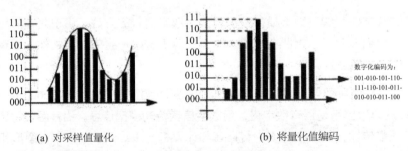

数字化编码为：
001-010-101-110-
111-110-101-011-
010-010-011-100

(a) 对采样值量化   (b) 将量化值编码

图 2-12　量化与编码

在发送端经过这样的变换过程，即可把模拟信号转换成二进制脉冲序列，然后经过信道传输。在接收端先进行译码，将二进制数码转换成代表原来模拟信号的幅度不等的量化脉冲，然后经过滤波，即可使幅度不同的量化脉冲还原成原来的模拟信号。

模拟数据（如语音）经过 PCM 编码转换成数字信号后，即可和计算机中的数字数据统一采用数字传输方式进行传输了。

2.3 数据传输方式

数据传输方式是数据在信道上传送所采取的方式。若按数据传输的顺序可以分为并行传输和串行传输；在串行传输时，若按通信两端的同步方式可分为同步传输和异步传输；若按数据传输的方向可以分为单工、半双工和全双工传输；若按照传输信号的频率范围可分为基带传输和频带传输。本节主要讲解数据信号如何在信道上传输的问题。

2.3.1 并行传输和串行传输

根据组成字符的各个二进制位是否同时传输，字符编码在信源/信宿之间的传输分为并行传输和串行传输两种方式。

1. 并行传输

并行传输中有多个数据位，同时在两个设备之间传输，如图 2-13 所示。发送设备将这些数据位通过对应的数据线传送给接收设备，还可附加一位数据校验位。接收设备可同时接收到这些数据，不需要做任何变换即可直接使用。计算机内的总线结构就是并行通信的例子。这种方法的特点是传输速度快，通信成本高，每位传输要求一个单独的信道支持；并行方式主要用于近距离通信，由于信道之间有电容感应，远距离传输时可靠性较低。

2. 串行传输

串行数据传输时，数据是一位一位地在通信线上传输的，先由计算机内的发送设备将几位总线的并行数据经并/串转换硬件转换成串行方式，再逐位经传输线到达接收站的设备中，并在接收端将数据从串行方式重新转换成并行方式，以供接收方使用，如图 2-14 所示。串行数据传输的特点是：通信成本低，只需一个信道；支持长距离传输，但是速度慢，需进行串/并转换。这种通信方式适合长距离的信号传输，例如，用电话线进行通信，就必须使用串行传输方式。

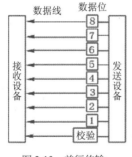

图 2-13 并行传输

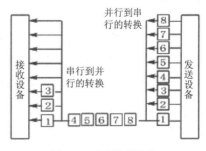

图 2-14 串行数据传输

数据串行通信有一个重要问题，即同步问题。在串行通信中，介质每次传送一位数据，发送器和接收器对这些数据必须有时序控制，才能保证接收方准确地接收每一位数据，即接收方必须知道它接收的每一位的开始时间和持续时间。用来控制时序的同步技术有异步传输和同步传输两种方式，将在 2.3.2 节讨论。

2.3.2　异步传输和同步传输

1．串行传输中的同步技术

在远距离传输数据时通常使用串行传输，通信双方之间的数据沿着单根通信线路传输，此时要考虑的问题之一就是收发两端的数据同步，同步是串行传输中必须解决的一个重要问题。所谓"同步"，就是接收端按照发送端所发送数据的速率及起止时间来接收数据，使得收发双方在时间基准上保持一致，从而保证接收的数据与发送的数据一致。如果不采用数据传输的同步技术则有可能产生数据传输的误差，同步不良会导致通信质量下降。根据同步单位的大小不同，可以分为位同步、字符同步和帧同步。

（1）位同步。在数据通信中最基本的同步方式就是位同步。位（比特）是数据传输的最小单位。位同步的目的是为了将发送端发送的每一个比特都正确地接收下来。

位同步是指接收端和发送端的二进制位信号在时间基准上保持一致，使接收到的每一位都与发送端的每一位保持一致。位同步的基本含义是收、发两端的时钟频率必须同频、同相，这样接收端才能正确接收和判决发送端送来的每一个码元。实现位同步的方法有外同步法和内同步法两种。

外同步方法是指接收端的同步时钟信号事先由发送端送来，接收端以此作为接收处理的时钟。即在发送数据之前，发送端先向接收端发出一串同步时钟脉冲，接收端按照这一时钟脉冲频率和时序锁定自己的接收频率，以达到同步，这样，接收端在接收数据时，就能以和发送端同步的时钟频率来接收数据。也就是说，接收端的时钟不是从数据信号本身提取出来的，而是根据发送方送来的同步时钟信号来确定的，这也是其被称为外同步法的原因。

外同步法是一种较为简单的同步方法，它只是在通信开始时进行时钟同步，在以后的过程中就以此为准了。所以，这就要求接收端必须严格做到同步，否则，即使有很小的误差，也会随着时间的积累而使误差达到不能正确接收数据的程度。

内同步法是指接收端从数据信号波形中提取同步时钟信号的方法，也称自同步法。它与外同步法的区别主要是：接收端是从收到的数据信号波形中提取同步时钟脉冲的。因此，采用这种同步方法的系统中，发送端都要用编码器对要发送的数据进行特殊的编码，例如曼彻斯特编码，以便接收端能从编码信号的码元中提取出同步时钟脉冲信号。

（2）字符同步。在串行数据通信中，位同步是最基本的同步，但位同步仅仅能够区分出每个二进制码元，传输时还要确定各个由位组成的字符的边界，以便能正确地识别出各个字符，达到字符同步。如果不能实现字符同步，即便是每个二进制码元的传输是无误的，但不能区分出每个字符，也会使传输无效。接收端从串行数据流中正确地区分出一个个字符所采取的措施称为字符同步。实现字符同步的传输方式采用异步传输。

（3）帧同步。在串行数据通信中，接收端从串行数据流中正确地区分出由位组成各个数据块（帧）的边界，以便能正确地识别出一个帧的起始和结束所采取的措施称为帧同步，实现帧同步的传输方式采用同步传输。

2．异步传输和同步传输

在串行传输时，根据接收端从串行数据流中正确地区分出是字符还是数据块（帧），可将数据传输分为异步传输和同步传输两种方式。

1）异步传输

异步传输。又称起止式传输，实现的是字符同步。它以字符作为独立的传输单位，在每一个被传输的字符的前后各增加一位起始位和一位停止位，用起始位和停止位来指示被传输字符的开始和结束，在接收端，去除起、止位，中间就是被传输的字符。

每个传输字符由 4 部组成：起始位、数据位、校验位（可选项）和停止位，具体如下：

（1）1 位起始位，以逻辑 0 表示。

（2）5~8 位数据位，即要传输的字符内容。

（3）1 位奇偶校验位，用于检错。

（4）1~2 位停止位，以逻辑 1 表示，用作字符间的间隔。

异步传输的工作过程如图 2-15 所示。无数据传输时，传输线处于空闲停止状态，即高电平；当检测到传输线状态从高电平变为低电平时，即检测到起始位时，接收端启动定时机构，按收发双方约定的时钟频率对约定的字符比特数（5 ~ 8b）进行接收，并以约定的校验算法进行差错控制；待传输线状态从低电平变为高电平时，即检测到终止位时，接收结束。

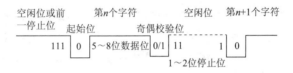

图 2-15 异步传输工作过程

异步传输过程中，字符同步是基于位同步的，发送端与接收端要采用相同的数据格式和相同的传输速率，依靠起始位和停止位来实现字符定界，在字符内按约定的频率进行位的接收。字符间的异步定时与字符内各位间的同步定时是异步传输的特征。异步传输的特点如下：

※　以字符作为独立的传输单位。

※　用独特的起始位和停止位标识字符的开始和结束。

※　传输字符之间的时间间隔任意。

异步传输的优点是实现简单，但数据传输额外开销大（每个字符需加起始位和停止位）。因此，这种方式主要用于低速设备，如键盘和某些打印机等。

2）同步传输

同步传输方式不是对每个字符单独进行同步，而是对数据块进行同步，实现的是帧同步。为使接收方能判定数据块的开始和结束，必须在每个数据块的开始和结束处加特殊的同步标志，组成数据帧后传输。如果数据块由字符组成，则以一个或多个同步字符（SYN）作为同步标志，即采用面向字符的方案；如果数据块是由位组成的位串，则以特殊模式的位组合（如0111110）作为同步标志，即采用面向位的方案。

面向字符的同步传输方式是指对字符组成组连续地传送。在一组字符之前加入同步字符（SYN），这一控制字符与传输的任何字符都要有明显的区别，表示一组字符的开始，同步字符之后可以连续发送任意多个字符。数据帧的组成如图 2-16 所示。

| SYN | SYN | F | E | ... | B | SYN | SYN |

图 2-16　面向字符的同步传输数据帧的组成

传输的工作原理是：发送前，收发双方先约定同步字符的个数，以便实现接收与发送的同步；接收端一旦检测到同步字符 SYN，即可按双方约定的时钟频率接收数据，并以约定的算法进行差错校验，直至帧结束标志出现。

面向字符的同步传输由字符同步和位同步共同构成，但是它要求串行线路两端都要保持严格的同步，字符间的任何停顿都会使接收端后续接收的字符失去同步。IBM 公司的二进制同步规程就是这样一种面向字符的同步传输方案。

面向位的同步传输方式是把数据块作为位流而不是作为字符来处理的。用特殊的位组合（如 01111110）作为同步标志，数据帧的组成如图 2-17 所示。其传输的工作原理与面向字符的同步传输工作原理基本相同。现代远程串行通信中广泛采用的高级数据链路控制规程（HDLC）采用的就是这种技术。

| 01111110 | 110110001···01101 | 01111110 |

图 2-17　面向位的同步传输数据帧的组成

同步方式中，整个数据块作为一个单元传输，不需要对每个字符添加表示起始和停止的控制位。所以数据传输额外开销小，传输效率高。但是当所传输的数据块中出现与同步字符或同步标志位相同的比特序列时，需提供解决方案（如转义字符、位填充技术）。

同步方式实现复杂，传输中的一个错误将影响整个数据块，而异步传输中的同样错误只影响一个字符的正确接收。同步方式主要用于需高速数据传输的设备。

2.3.3　单工、半双工和全双工传输

按照数据的传输方向可将数据传输分为 3 种：单工、半双工和全双工，如图 2-18 所示。

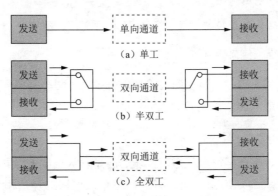

图 2-18　单工、半双工和全双工传输

1. 单工传输

单工传输只支持数据在一个方向上传输，数据传送只能在一个固定的方向上进行，任何时候都不能改变方向，例如无线电广播。

2. 半双工传输

半双工传输允许数据在两个方向上传输,但是,在某一时刻只允许数据在一个方向上传输,它实际上是一种切换方向的单工通信。传统的对讲机使用的就是半双工通信方式。

3. 全双工传输

全双工传输允许数据同时在两个方向上传输,即有两个信道,因此允许同时进行双向传输。全双工通信是两个单工通信方式的结合,要求收发双方都有独立的接收和发送能力。全双工通信效率高,控制简单,但造价高。计算机之间的通信就是全双工方式的。

2.3.4 基带传输和频带传输

基带传输和频带传输是数据的两种基本传输方式。在计算机网络中,基带传输是指计算机数据的数字信号传输,频带传输是指计算机数据的模拟信号传输。

1. 基带信号与基带传输

在数据通信中,表示计算机中的二进制数字序列的最方便的电信号形式为矩形方波,即1、0分别用高、低电平或低、高电平来表示。这种由计算机或终端产生的0、1数字脉冲信号称作基带信号,人们把矩形脉冲信号的固有频带称作基本频带,简称基带。基带传输就是在数字信道上直接传送0、1数字脉冲信号的方法。数字信号可以直接采用基带传输。

一般情况下,基带传输的过程为:在发送端要将信源的数据经过编码器变换,转化为适于直接传输的数字基带信号,然后通过基带信道传送到接收端;接收端通过译码器解码,恢复成与发送端相同的数据并送给信宿。

基带传输在不改变数字数据信号波形的情况下直接传输数字信号,具有速率高和误码率低等优点,但由于线路上的电容和电感的影响,基带信号容易发生畸变,所以传输距离受到限制。在基带传输中,整个信道只传一路信号,通信信道利用率低。它是一种最基本、最简单的传输方式,近距离通信的局域网都采用基带传输。基带传输时,需要解决的问题是数字数据的数字信号表示及收发两端之间的信号同步两个方面。

2. 频带传输

远距离通信信道多为模拟信道,例如,传统的电话信道只适用于传输音频范围(300 ~ 3400Hz)的模拟信号,不适用于直接传输频带很宽,但能量集中在低频段的数字基带信号。为了利用模拟语音通信的电话交换网实现计算机的数字数据信号的传输,必须先将数字信号转换成模拟信号,把数据的数字信号调制成电话系统模拟信道频率范围内的模拟信号,再进行传输。这就是所谓的频带传输。

频带传输就是先将基带信号调制成便于在模拟信道中传输的、具有较高频率范围的模拟信号(称为频带信号),再将这种频带信号在模拟信道中传输。频带传输不仅解决了利用电话系统传输数字信号的问题,而且可以实现多路复用,提高了信道的利用率。基带信号与频带信号的转换是利用调制解调技术完成的,如图2-19所示。计算机网络的远距离通信通常采用的是频带传输。

图 2-19　频带传输

频带传输的优点是：可以利用现有的大量模拟信道，价格便宜，容易实现。用户拨号上网就属于这一类通信，它的缺点是速率低，误码率高。

2.4　多路复用技术

在远距离通信时，某些大容量的电缆、微波以及光缆都有比较宽的可传输频率带宽，远远大于单一信号源所需的带宽。为了有效地利用资源，提高线路的利用率，节省电缆的成本、安装与维护的费用，人们希望通过同时携带多个信号来高效率地使用传输介质。把许多个单个信号在一个信道上同时传输的技术就是所谓的多路复用技术。实现多路复用功能的设备称为多路复用器。多路复用系统的结构如图 2-20 所示。

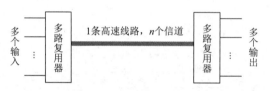

图 2-20　多路复用系统结构

多路复用技术就是把许多单个信号在一个信道上同时传输的技术。常用的多路复用方法有频分多路复用（FDM）、时分多路复用（TDM）和波分多路复用（WDM）。

2.4.1　频分多路复用

频分多路复用（Frequency Division Multiplexing，FDM）就是在物理信道的可用带宽超过单个原始信号所需带宽情况下，可将该物理信道的总带宽分割成若干个与传输单个信号带宽相同（或略宽）的子信道，每个子信道传输一路信号，这就是频分多路复用，如图 2-21 所示。

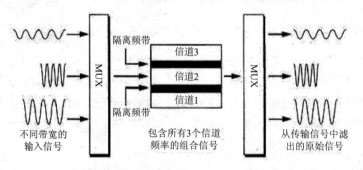

图 2-21　频分复用

多路原始信号在频分复用前，先要通过频谱搬移技术将各路信号的频谱搬移到物理信道频谱的不同频段上，使多路信号在整个物理信道带宽允许的范围内实现频谱上的不重叠，从而共用一个信道。为了防止多路信号之间的相互干扰，使用隔离频带来隔离每个子信道。使用 FDM 的前提是：物理信道的可用带宽要远远大于各原始信号的带宽。FDM 技术成熟，实现简单，主要用于模拟信道的复用，广泛用于广播电视等领域，也可用于宽带计算机网络。

2.4.2 时分多路复用

若物理信道能达到的位传输速率超过各路信号源所要求的数据传输速率，可采用时分多路复用技术。

时分多路复用（Time Frequency Division Multiplexing，TDM），即将一条该物理信道的传输时间划分成若干短的时隙（时间片），每路信号占用一个时隙传输数据，并将若干个时隙组成时分复用帧轮流地分给多路信号使用，使多路信号按时隙轮流使用物理信道的全部带宽。

简单地说，当采用基带信号时，如果让各路信号按时间顺序瞬时地分别占有线路的整个频带，并周期性地重复此过程，该线路就按时间分隔成了多个逻辑信道，达到各路信号互相分开、互不干扰的目的，如图 2-22 所示。

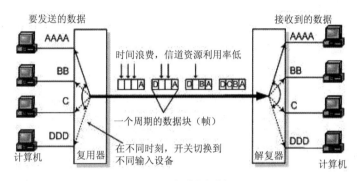

图 2-22 同步时分多路复用

这样，当有多路信号准备传输时，每路信号按时隙交替地使用物理信道，一条物理信道上就能在不同的时隙传输多路信号。

对于频分复用，频带越宽，则在此频带宽度内所能划分的子信道就越多；对于时分复用，时隙长度越短，则每个时分复用帧中所包含的时隙数就越多，因而所划分的子信道也越多。FDM 主要用于模拟信道的复用，TDM 主要用于数字信道的复用。

根据时隙的分配方法，时分多路复用可分为同步时分多路复用和异步时分多路复用。

在同步时分多路复用中，时隙是预先分配好的，而且是固定不变的，即每个时隙与一个信号源对应，而不管此时是否有信息发送。在接收端，根据时隙序号可判断出是哪一路信号，如图 2-22 所示。同步时分复用的缺点是：如果某用户无数据发送，其他用户也不能占用该时隙，将会造成带宽浪费。

异步时分多路复用技术允许动态分配信道的时隙，用户不固定占用某个时隙，如果某路信号源没有信息发送，则允许其他信号源占用这个时隙，有空槽就将数据放入。这样可以大大提高信道的利用率，异步时分复用又称为统计时分复用。异步时分多路复用是目前计算机网络中广泛应用的多路复用技术。

随着 PCM 和 TDM 技术的发展，利用 PCM 和 TDM 技术结合，作为两个模拟局间的数字中继线，既解决了语音数字化，改善了音质音量，又实现了线路的多路复用，效果显著。目前世界上流行两种 PCM 制式，一种是美、日等国发展的 PCM24 路一次群设备，称为 T1 标准；另一种是由西欧国家发展的 PCM30/32 路一次群设备，称为 E1 标准，目前我国采用 E1 标准。

　　T1 标准就是时分复用技术，将 24 路语音 PCM 信号装配成时分复用帧后，再送往线路上一帧一帧地传输。每路语音信号首先要经脉冲编码调制（PCM）进行数字化。PCM 的编码解码器每秒采样 8000 次，即采样一次的时间为 125 μs。然后 24 路语音信号用 TDM 技术组成 1 帧复用帧信号，如图 2-23 所示。即每路语音信道依次在其使用的时隙内插入 8 位（7 位数据，1 位控制）。从图中可看出，一个复用帧共分为 24 个话路时隙，另有 1 位用来传送帧同步码。

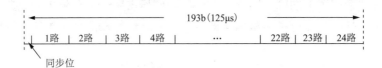

图 2-23　T1 系统复用帧格式

　　这样，每一个复用帧包含 $24 \times 8+1=193b$，每一帧用 125 μs 时间传送。因此，T1 系统的数据传输速率为 193/125=1.544Mb/s。

　　欧洲的 E1 标准也采用时分复用技术，它的每一时分复用帧结构在 T=125 μs（一个周期）内共有 32 个时隙，其中有 30 个话路时隙（即 30 路 8 位数据）、1 个同步时隙（8 位，用作同步）和 1 个信令时隙（8 位，用作信令）。

　　这样，在一个取样周期内共有 $8 \times 32 = 256b$，每秒取样 8000 次，即每一帧用 125 μs 时间传送。故可计算出 E1 系统的数据传输速率为 256b/125 μs=2.048Mb/s。

2.4.3　波分多路复用

　　波分复用（Wave Division Multiplexing，WDM），事实上是将频分复用技术用于光纤信道，它主要用在全光纤网组成的通信系统中，指在一根光纤上能同时传送多个波长不同的光载波的复用技术（参见图 2-24）。

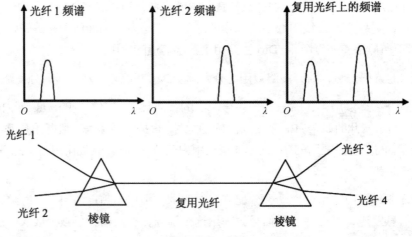

图 2-24　波分复用

　　其基本原理与电的频分多路复用十分类似，唯一的区别是 WDM 使用光调制解调设备将不同信道的信号调制成不同波长的光，并复用到光纤信道上。在接收端，采用波分设备分离出不同波长的光。值得一提的是，单根光纤的带宽很宽（25 000GHz），但由于光电转换速度所限，单根光纤的带宽不能充分利用，复用是提高效率的好办法。波分多路复用技术将是今后计算机网络系统主干信道的复用技术之一。

2.4.4　码分多路复用

码分多路复用（Code Division Multiplexing，CDM）是在数字技术的分支——扩频通信技术上发展起来的一种崭新而成熟的无线通信技术，主要用于移动通信系统。

CDM 技术的基础是微波扩频通信。所谓扩频，简单地说就是把频谱扩展，即将需传送的具有一定信号带宽的信息数据用一个带宽远大于信号带宽的高速伪随机码进行调制，使原数据信号的带宽被扩展，再经载波调制并发送出去。接收端使用完全相同的伪随机码，对接收的带宽信号做相关处理，把宽带信号换成原信息数据的窄带信号，即解扩，以实现信息通信。

CDM 的复用原理是基于码型分割信道，利用扩频通信中的不同码型的扩频码之间的相关性，为每个用户分配一个扩频编码，以区别不同的用户信号。不同用户传输信息所用的信号不是依据频率不同或时隙不同来区分的，而是用各自不同的编码序列来区分的。发送端可用不同的扩频编码分别向不同的接收端发送数据。接收端用相关器可以在多个 CDM 信号中检出其中使用预定码型的信号，即可得到不同发送端送来的数据，实现了多址通信。

前面介绍的 FDM 技术是以频段不同来区分不同信号的，其特点是信道不独占，而时间资源共享，每一子信道使用的频带互不重叠；TDM 的特点是独占时隙，信道资源共享，每一个子信道使用的时隙不重叠；而 CDM 的特点是所有子信道在同一时间可以使用整个信道进行数据传输，它在信道与时间资源上均为共享，因此，信道的效率高，系统的容量大。

引入多路复用概念之后，对传输媒体和信道之间的区别和关系应有更加清晰的认识。传输媒体是传送信号的物理链路，而信道则提供了传输某种信号所需的带宽。一个传输媒体可以同时提供多个信道，一个信道也可能是由多个传输媒体级联而成的。

2.5　数据交换技术

对于计算机和终端之间的通信，交换是一个重要的问题。如果使用相距遥远的计算机，最简单的形式是采用点对点的通信，用传输媒体将两个端点直接连接起来进行数据传输。但是，任何两端都采用直接连接的形式是不可能的。为避免建立多条点对点的信道，就必须使计算机和某种形式的交换设备相连，利用中间结点将通信双方连接起来，以此实现通信。这种交换通过某些交换中心将数据进行集中和转送的方式可以大大节省通信线路。如图 2-25 所示为一个交换网络的拓扑结构。

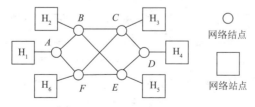

图 2-25　交换网络的拓扑结构

（1）结点：交换设备，用于数据交换的中间设备。结点不关心被传输的数据内容，仅执行交换的动作，具有数据交换的功能，将数据从一个端口交换到另一端口，继而传输到另一个中间结点，直至目的地。

（2）站点：发送和接收数据的终端设备。

数据在通信子网中各结点间的传输过程称为数据交换。数据交换是多结点网络中实现数据传输的有效手段，一个通信网的有效性、可靠性和经济性直接受网中所采用的交换方式的影响。数据交换方式可分为两大类：线路交换和存储转发交换，其中存储转发交换又可分为报文交换和分组交换。

2.5.1　电路交换

电路交换又称为线路交换，它类似于电话系统，希望通信的计算机之间必须事先建立物理连接。整个线路交换的过程包括建立线路、占用线路并进行数据传输、电路拆除 3 个阶段。

1. 电路交换的 3 个阶段

（1）电路建立。在传输任何数据之前，要先经过呼叫过程建立一条端到端的物理连接，这个连接过程实际上就是一个个站点的连接过程。如图 2-26 所示，若 H_A 站要与 H_B 站连接，典型的做法是，主机 H_A 是主呼叫用户，先发出呼叫请求信号，然后经由结点 A、B、C、D，沿途接通一条物理链路后，再由主机 H_B 作为被叫用户发出应答信号给主机 H_A，这样，A 与 D 之间就有一条专用线路 $ABCD$，用于 H_A 站与 H_B 站之间的数据传输。

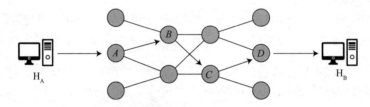

图 2-26　线路交换方式中建立的物理连接

（2）数据传输。线路 $ABCD$ 建立以后，两站点就可以经过中间结点的数据交换而进行数据传输了。数据既可以从主叫用户发往被叫用户，也可以由被叫用户发往主叫用户。在整个数据传输过程中，所建立的电路必须始终保持连接状态。本次建立起的物理链路资源属于主机 H_A 和主机 H_B 两个站点，且仅限于本次通信，在该物理链路被释放之前，即使某一时刻线路上没有数据传输，其他站点也无法使用该线路。

（3）电路拆除。数据传输结束后，由某一方（主叫方或被叫方）发出拆除请求信号，然后逐结点拆除到对方的连接，以便重新分配资源。

2. 电路交换技术的特点

电路交换的优点是：实时性好，一旦线路建立，通信双方的所有资源均用于本次通信，只有少量的传输延迟，数据传输迅速；数据传输过程中不会出现失序现象；线路交换设备简单，不提供任何缓存装置。其缺点是：独占性，线路接通后即为专用信道，线路空闲时，信道容量被浪费，因此线路利用率低；线路建立时间较长，在短时间数据传输时电路建立和拆除所用的时间得不偿失，例如，只有少量数据要传送时，也要花不少时间用于建立和拆除电路。电路交换适用于高负荷的持续通信和实时性要求较强的场合，如会话式通信，不适合突发性通信。

2.5.2　存储转发交换

当端点间交换的数据具有随机性和突发性时，采用电路交换方式会浪费信道容量和有效时间。采用存储转发交换方式不存在这种问题。

存储转发交换工作原理是：在交换过程中，交换设备将接收到的数据先存储在缓冲区，待输出信道空闲时再转发出去，一级一级地中转，直到目的地。这种交换方式与电路交换相比，具有可以动态使用线路、线路利用率高、可进行差错控制等优点；但其实时性不好，传输延迟大。对一些实时性要求不高的场合，可以采用存储转发交换方式。根据交换的数据单位不同，存储转发交换又可分为报文交换和报文分组交换。

1. 报文交换（message switching）

报文交换工作的原理是：不需要在两端之间建立一条专用通道，当一个站要发送报文时，它将一个目的地址附加到报文上发送出去，每个中间结点先接收整个报文，检查无误后暂存这个报文（存储），然后根据报文的目的地址，利用路由信息找出下一个结点的地址，再将整个报文传送（转发）给下一个相邻结点，从而逐个结点地转送到目的结点。

报文交换方式的数据传输单位是报文，报文是站点一次性要发送的数据块，其长度不限且可变。每个报文包括报头、报文正文和报尾 3 部分，报头由发送端地址、接收端地址及其他辅助信息组成。报文交换中，若报文较长，需要较大容量的存储器，若将报文放到外存储器中时，会造成响应时间过长，增加了延迟时间，一个报文在每个结点的延迟时间等于接收报文所需的时间加上向下一个结点转发所需的排队延迟时间之和。与电路交换相比，报文交换有如下优点：

※　线路利用率高，多个用户的数据可以通过存储和排队共享一条线路。

※　数据传输的可靠性高，每个结点在存储转发中都进行差错控制。

※　交换结点能在存储转发时进行速率和报文数据格式的转换，以方便接收。

※　支持多点传输，报文交换系统可以把一个报文发送到多个目的地，而电路交换网络很难做到这一点。

※　在报文交换网络上，通信量大时仍然可以接收报文，只是传送延迟会增加；而在电路交换网络上，当通信量变得很大时，就不能接收新的呼叫。

报文交换的不足之处如下：

※　由于"存储 - 转发"和排队的问题，不同长度的报文要求不同长度的处理和传输时间，报文经过网络的延迟时间长且不定，不能满足实时性交互式的通信要求。

※　报文长度未作规定，报文大小不一，造成结点缓冲区管理复杂。

※　发出的报文不按顺序到达目的端，而且出错后需要重发整个报文。

2. 报文分组交换（packet switching）

报文分组交换简称分组交换，也叫包交换，它是 1964 年提出来的，最早应用在 ARPPAnet 上。分组交换是对报文交换的改进，仍然采用"存储 - 转发"的方式，但不像报文交换方式那样以报文为交换单位，而是把报文"裁成"若干比较短的、大小相等的分组，或者称为包（packet），以分组为单位进行存储转发。报文和分组的数据格式如图 2-27 所示。

图 2-27　报文和分组的格式

在原理上，分组交换类似于报文交换，但它规定了分组的长度。通常，分组的长度远小于报文的长度。如果站点要传送的数据超过规定的分组长度，该数据必须被分为若干个分组，数据以分组为单位进行传输。

进行分组交换时，发送端先要将传送的数据分割成若干个规定长度的数据块，再装配成一个个分组。装配过程中要对各个分组进行编号，并附加上源端和目的端的地址，以及约定的其他信息，这样每个分组都带有一个分组头和校验序列。然后将各个分组分别送入通信子网中进行交换传输。当这些分组到达目的端后，被重新组装成原来的报文，递交给用户。

从表面看来，分组交换只是缩短了网络传输中的信息长度，与报文交换相比没有特别的地方。但实质上，这个微小的变化却大大提高了交换网络的性能。由于以较小的分组为传输单位，因此可以大大降低对网络结点存储容量的要求，还可以利用结点设备的内存储器进行存储转发处理，无须访问外存储器，处理速度加快，从而可以提高传输速率。又由于分组较短，在传输中出错的几率减小，即使出错，重发的数据也只是一个分组而非整个报文。此外，在分组交换中，多个分组可在网络中的不同链路上传输，这又可以提高传输速率和线路的利用率。但分组交换在发送端要对报文进行分组，在接收端要对分组进行拆包并组成报文（重装），这会增加报文的处理时间。

分组交换实现的关键是分组的长度选择，分组越短，分组中的控制信息等冗余量的比例越大，将影响传输效率；而分组越大，传输中的出错几率也越大，增加重发次数，同样也影响传输效率。经统计分析，分组长度与传输质量和传输速率有关。对一般的线路质量和低传输速率，分组的长度在 100~200B 较好，如 X.25 分组交换网的分组长度为 131B，包括 128B 的用户数据和 3B 的控制信息；对于较好的线路质量和较高的传输速率，分组长度可有所增加，如以太网中分组的长度为 1500B 左右。一般情况下，分组长度可选择一千至几千比特。与报文交换相比，分组交换具有如下优点：

※　有限长度的分组对中继结点存储量要求较小，可用高速缓存技术来暂存转发分组。

※　转发延时降低，适用于准交互式通信。

※　数据传输灵活，各分组独立地向下一个结点转发，相比一个大的报文要灵活。

※　不同站点的数据分组可以交织在同一线路上传输，线路的利用率高。

※　在传输中出错的概率减小，即使出错，重发的数据也只是一个分组而非整个报文。

分组交换适用于计算机网络，在实际应用中分组交换提供了两种服务方式：数据报服务和虚电路服务，这些将在以后的章节中介绍。

3. 三种交换技术的比较

电路交换在数据传送开始之前必须先设置一条完整的通路，在线路释放以前，该通路将被一对用户独占，线路利用率低。电路交换适用于实时通信，而对于突发式的通信效率不高。

采用报文交换时，报文从源点传送到目的地采用存储转发的方式，在传送报文时，动态占用线路，线路利用率高。在交换结点中报文需要缓冲存储和排队，延迟大。因此，报文交换不能满足实时通信的要求。

分组交换采用存储转发的方式，但报文被分成分组传送，缩短了延迟，能满足一般的实时信息传送。分组交换技术是在数据网络中使用最广泛的一种交换技术。

2.5.3 高速交换技术

目前常用的数据交换方式主要是电路交换和分组交换，但由于网络的应用越来越广泛，人们对通信线路数据传输速率的需求越来越高，现有的交换技术已经不能满足日益增长的网络应用的要求，例如交互式的会话对实时性要求很高，延迟要很小；高清晰度电视图像及多媒体实时数据的传送都要求高速的通信网，为满足高速传输的要求，高速交换技术应运而生。

帧中继（frame relay）是目前使用的一种在分组交换技术上发展起来的高速分组技术。典型的帧中继通信系统以帧中继交换机作为结点组成高速帧中继网，再将各个计算机网络通过路由器与帧中继网络中的某一结点相连。与一般分组交换在每个结点均要对组成分组的各个数据帧进行检错等处理不同的是：帧中继交换结点在接收到一个帧时就转发该帧，并大大减少（并不完全取消）接收该帧过程中的检错步骤，从而将结点对帧的处理时间缩短一个数量级，因此称为高速分组交换。

最有发展前途的高速分组交换技术是异步传输模式(Asynchronous Transfer Mode, ATM)，它是建立在电路交换与分组交换基础上的一种新的交换技术。它同时提供电路交换和分组交换服务，也称混合交换方式。混合交换采用动态时分复用技术，将一部分带宽分配给电路交换使用，而将另一部分带宽分配给分组交换使用。这两种交换所占带宽的比例是动态可调的，以便这两种交换都能得到充分利用，可提供多媒体传输服务。

2.6 传输介质

传输介质是指传送信息的载体，是数据传输系统中发送方和接收方之间的物理通路。计算机网络中采用的传输介质分有线介质和无线介质两大类。有线传输介质是指在两个通信设备之间实现的物理连接部分，常用的有线传输介质主要双绞线、同轴电缆和光纤；在无线通信中，在两个通信设备之间不使用任何物理连接，而是通过空间传输，目前用于无线通信的传输介质主要有微波、红外线和激光等。不同的传输介质，其特性也各不相同。不同的特性对通信质量和通信速度有较大影响，这些特性如下。

※ 物理特性：指传输介质的物理组成特征。

※ 传输特性：包括信号形式、信道容量及传输的频带范围。

※ 覆盖地理范围：指在不用中继设备的情况下，无失真传输所能达到的最大距离。

※ 抗干扰特性：指防止噪声对传输信息影响的能力。

2.6.1 双绞线

双绞线（Twisted Pair，TP）由两根具有绝缘保护层的铜导线组成。把两根绝缘的铜导线按一定密度互相绞在一起，可降低信号干扰的程度，每一根导线在传输中辐射的电波会被另一根导线上发出的电波抵消。在 3 种有线传输介质中，双绞线的覆盖地理范围最小，抗干扰性最低，但价格最便宜，可以传输模拟信号和数字信号，是局域网综合布线中最常用的一种传输介质。双绞线一般分为非屏蔽双绞线和屏蔽双绞线。

1. 非屏蔽双绞线（Unshielded Twisted Pair，UTP）

非屏蔽双绞线如图 2-28 所示，由 4 对铜导线组成，每两条线相互绞成一对，用塑料套管套装组成双绞线电缆。电器工业协会（EIA）为双绞线定义了 6 类不同的质量级别。

图 2-28　非屏蔽双绞线

第 1 类：主要用于传输语音，不用于数据传输。

第 2 类：传输频率为 1MHz，用于语音传输和最高传输速率 4Mb/s 的数据传输，常见于使用 4Mb/s 规范令牌传递协议的旧的令牌网。

第 3 类：传输频率为 16MHz，用于语音传输及最高传输速率为 10Mb/s 的数据传输。

第 4 类：传输频率为 20MHz，用于语音传输和最高传输速率 16Mb/s 的数据传输。

第 5 类：该类电缆增加了绕线密度，外套一种高质量的绝缘材料，传输频率为 100MHz，主要用于最高传输速率 100Mb/s 的数据传输。这是最常用的以太网电缆。

第 6 类：用于支持 1000Mb/s 以太网的传输介质。

UTP 具有成本低、重量轻、易弯曲、安装简单、阻燃性好、适合于结构化布线等优点。因此，在局域网建设中被普遍采用。但它也存在传输时有信号辐射、容易被窃听的缺点。所以，在保密级别要求高的场合，还需要采取一些辅助屏蔽措施。

2. 屏蔽双绞线（Shielded Twisted Pair，STP）

屏蔽双绞线是在一对或多对双绞线的外面加上一个用金属丝编织成的屏蔽层，然后再放入一个绝缘套管。屏蔽双绞线具有抗电磁干扰能力强、传输质量高等优点，但其接地要求高，安装复杂，价格比非屏蔽双绞线高。STP 有 3 类和 5 类两种形式。

2.6.2 同轴电缆

同轴电缆（coaxial-cable）以单根铜导线为内芯，外裹一层绝缘材料，外覆密集网状金属屏蔽层，最外面是一层保护套，如图 2-29 所示。金属屏蔽层能将磁场反射回中心导线，同时也使中心导线免受外界干扰，故同轴电缆比双绞线具有更高的带宽和更好的噪声抑制特性。

同轴电缆具有辐射小和抗干扰能力强等特点，常用于传送多路电话和电视信号，也是局域网中最常见的传输介质之一，现已不常使用。

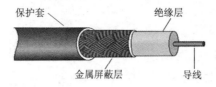

图 2-29　同轴电缆结构

同轴电缆可用于点对点连接或多点连接，在 3 种有线传输介质中，同轴电缆的地理范围中等，抗干扰性为中等，价格比双绞线贵一些，但其抗干扰性能比双绞线强。同轴电缆从用途上分可分为基带同轴电缆和宽带同轴电缆。

1．基带同轴电缆

基带同轴电缆的屏蔽线是用铜制成的网状结构，特征阻抗为 50Ω，仅用于传输基带数字信号。基带同轴电缆按直径大小分为粗缆（RG-11）和细缆（RG-58）两种。

粗缆的直径为 1.27cm，最大传输距离达到 500m。由于直径较粗，因此它的弹性较差，不适合在室内狭窄的环境内架设。由于粗缆的强度较高，最大传输距离也比细缆长，因此，其主要用于网络主干，用来连接数个由细缆接成的网络。

细缆的直径为 0.26cm，最大传输距离为 185m，线材价格和连接头成本都比较便宜，安装也比较简单，造价低。

2．宽带同轴电缆

宽带同轴电缆的屏蔽层通常是用铝冲压成的，特征阻抗为 75Ω，它既可传输频分多路复用的模拟信号，也可传输数字信号。使用有线电视电缆 CATV 进行模拟信号传输的同轴电缆系统被称为宽带同轴电缆。宽带这个词来源于电话业，指比 4kHz 宽的频带。然而在计算机网络中，宽带电缆却指任何使用模拟信号进行传输的电缆网。

2.6.3　光纤

光导纤维简称光纤（optical fiber），它由能传导光波的石英玻璃纤芯和包层构成。纤芯传输光信号，光信号中携带用户数据。包层的折射率比纤芯低，可使光信号在纤芯内反射传输。塑料外套用于保护光纤。

因为光在不同物质中的传播速度是不同的，所以光从一种物质射向另一种物质时，在两种物质的交界面处会产生折射和反射。光从高折射率的介质射向低折射率的介质时，其折射角将大于入射角，当入射光的角度达到或超过某一角度时，折射光会消失，入射光全部被反射回来，这就是光的全反射。光纤通信就是基于以上全反射原理而形成的。

光缆通常由多根光纤构成，外面有外壳保护，以保证光缆有一定的强度。光纤与铜缆相比，其优点是高带宽，衰减小，抗干扰能力强，细且重量轻，安全性好；缺点是单向传输，且价格比较昂贵。按光在光纤中的传输模式可将光纤分为单模光纤和多模光纤。

多模光纤的中心玻璃芯较粗（芯径一般为 $50\mu m$ 或 $62.5\mu m$），采用发光二极管（LED）

作为光源产生荧光，定向性较差，在给定波长上，通过全反射，允许多条不同入射角度的光线在一条光纤中传输，即以多种模式进行传输，如图 2-30 所示。在无中继条件下，多模光纤的传输距离可达几千米。

单模光纤的中心玻璃芯较细（芯径一般为 $9\,\mu m$ 或 $10\,\mu m$），采用注入型激光二极管作为光源产生激光，激光的定向性强，在给定的波长上，光纤直径减小到只能传输一种模式的光波，只允许一条光线在一条光纤中直线传输，如图 2-31 所示。在无中继条件下，传播距离可达几十千米。单模光纤和多模光纤特性的特性对比如表 2-1 所示。

图 2-30　多模光纤示意图

图 2-31　单模光纤示意图

表 2-1　单模光纤和多模光纤特性对比

单模光纤	多模光纤
用于高速率、长距离	用于低速率、短距离
成本高	成本低
纤芯窄，采用激光源	纤芯宽，采用 LED 光源
损耗极小，采用效率高	损耗大，采用效率低

2.6.4　无线传输

前面介绍的 3 种传输介质属于有线传输，如果通信线路要通过很难铺设线路的地方，此时使用无线传输成为必然。无线传输是指利用电磁波在自由空间的传播进行通信。它常用于电缆铺设不便的特殊地理环境，或者作为地面通信系统的备份和补充。

从如图 2-32 所示的电磁波谱中可以看出，按照电磁波频率由低向高排列，不同频率的电磁波可以分为无线电、微波、红外线、可见光、紫外线和 X 射线等。不同的传输媒体可以传输不同频率的信号，双绞线可以传输低频到中频信号，同轴电缆可以传输特高频信号，光纤可以传输可见光。目前用于无线通信的传输介质主要有微波、红外线和激光等。

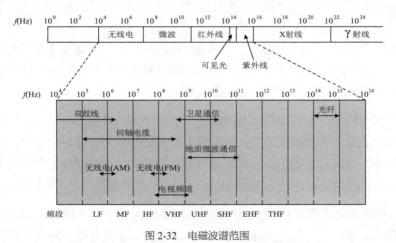

图 2-32　电磁波谱范围

1. 微波通信与卫星通信

微波是一种频率很高的电磁波，主要使用 2~40GHz 的频率范围作为载波频率。微波既可以传输模拟信号，也可以传输数字信号。微波通信是把微波作为载波信号，用被传输的模拟信号或数字信号来调制它，进行无线传输。

微波能穿透电离层而不反射到地面，所以只能沿直线传播，而地球表面是曲面的，因此微波在地面上的传输距离有限，一般为 50km 左右。若采用 100m 高的天线塔，传输距离才能达到 100km。这样，微波通信就有两种主要方式，地面微波接力通信和卫星通信。

为了实现远距离的传输，就要在微波通信的两个端点之间建立若干个中继站，中继站把前一站的信号放大后，再送到下一站，经过多个中继站的"接力"，可将信息从发送端传输到接收端，这就是所谓的地面微波接力通信。

卫星通信是利用地球同步卫星作为中继站来转发微波信号的一种特殊微波通信形式。卫星通信用卫星上的中继站接收地面发来的信号，加以放大后再发回地球。其主要特点是：通信距离远，而投资费用和通信距离无关；工作频带宽，通信容量大，适用于多种业务的传输；具有线路稳定可靠、通信质量高等优点。卫星通信可以克服地面微波通信距离的限制，3 个同步卫星可以覆盖地球上的全部通信区域。

2. 红外通信和激光通信

红外通信和激光通信要把传输的信号分别转换为红外光信号和激光信号后进行传输。与微波通信一样，红外光信号和激光信号有很强的方向性，都是沿直线传播的。红外线信道有一定的带宽，当数据传输速率为 100kb/s 时，通信距离可大于 16km；传输速率 1.5Mb/s 时，通信距离下降为 1.6km。红外通信很难被窃听、插入和干扰，但易受雨、雾和障碍物等环境影响，所以传输距离有限。

激光通信必须配置一对激光收发器，而且要安装在视线范围内。激光的频率比微波更高，因而可获得更高的带宽。激光难被窃听和干扰，但同样易受境影响，传输距离有限。激光通信与红外通信都是全数字的，不能传输模拟信号。

2.7　差错控制技术

2.7.1　差错的产生及其控制

所谓"差错"，就是接收端收到的数据与发送端实际发出的数据出现不一致的现象。传输过程中数据出现差错是不可避免的，所以如何对差错进行控制是数据通信中的重要技术之一。

一般来说，传输中的差错都是由噪声引起的，通信信道的噪声分为热噪声和冲击噪声两种。热噪声是由传输介质导体的电子热运动产生的，它的特点是：时刻存在，幅度较小，是一类随机噪声。由热噪声引起的传输差错称为随机差错。冲击噪声是由外界事件（如电源开关的跳火、闪电、外界强电磁场的变换等）引起的，它的特点是：呈突发状，会引起相邻的多个数据位出错（突发长度）。冲击噪声引起的传输差错称为突发差错。与热噪声相比，冲击噪声幅度较大，是引起传输差错的主要原因，计算机网络中的差错主要是突发差错。

一个实用的数据通信系统要在数据通信过程中尽可能地把差错检测出来，并能采取措施进行纠正，将差错限制在尽可能小的允许范围内，这就是差错控制。所以差错控制要解决两个问题，一是检测、发现差错；二是纠正差错。差错检测是通过差错控制编码来实现的，而差错纠正是通过差错控制方式来实现的。

2.7.2　差错控制编码

最常用的差错检测方法是差错控制编码，即将要发送的数据重新编码。差错控制编码的原理是：数据信息位在向信道发送之前，先按照某种规则附加上一定的冗余位（校验位），构成一个码字后再发送，这个过程称为差错控制编码过程。接收端收到该码字后，检查信息位和附加的冗余位之间的关系是否符合约定的规则，以发现传输过程中是否发生差错，这个过程称为校验过程。

衡量差错控制编码性能的一个主要参数是编码效率 E，它是编码码字中数据信息位所占的比例。例如，若码字中数据信息位为 m 位，编码后加入的冗余位为 r 位，则编码后得到的码字长度为 $n=m+r$ 位，$E=m/n=m/(m+r)$。显然 E 越大，即效率越高，信道用来传输数据信息码元的有效利用率就越高。校验位越长，附加的冗余信息在整个编码中所占的比例越大，编码的检错，能力越强，编码/解码越复杂；传输的有效成分越低，传输的效率越低。

差错控制编码可分为检错码和纠错码。检错码是指能自动发现差错的编码；而纠错码不仅能发现差错，而且能自动纠正差错的编码。常用的检错编码有奇偶校验码和循环冗余码。

1．奇偶校验码

奇偶校验码是一种最简单的检错码，它的编码规则是在发送的数据块后增加一位校验位构成传输码字，该位的取值由采用的校验方法和原数据块中 1 的个数之和决定。例如，数据信息为 1101010，采用偶校验时，增加的一位校验位为 0，将传输码字变为 11010100，即偶校验就是通过增加一位校验位使传输码字中的 1 的个数成为偶数。奇校验就是通过增加一位校验位使传输码字的 1 的个数成为奇数，传输码字变为 11010101。接收端接收传输码字时检查是否符合偶数或奇数规律，如不符合就判为出错。

这种方法的校验能力较低，编码效率为 $E=m/(m+1)$，能检出所有奇数个错，但检不出偶数个错，漏检率约为 50%。但是其容易实现，设备简单。

2．循环冗余码

循环冗余码 CRC（Cyclic Redundancy Code），简称循环码，是一种通过多项式除法检测错误的方法。CRC 码特征是信息字段和校验字段的长度可以任意选定，检错能力强，且实现编码和校验的电路相对简单，是数据通信领域中最常用的一种差错校验码。

CRC 是一种检错码，其编码过程涉及多项式知识。多项式和位串有一定的对应关系，任意一个由二进制位串组成的代码都可以和一个系数仅为 0 和 1 取值的多项式一一对应。例如，二进制代码 1010111 对应的多项式为 $x^6+x^4+x^2+x+1$，而多项式为 $x^5+x^3+x^2+x+1$ 对应的代码为 101111。

1）CRC 的检错原理

收发双方约定一个生成多项式 $G(x)$（其最高阶和最低阶系数必须为 1，例如，

$G(x)=X^4+X^3+1$）。在发送端产生一个冗余码 $R(x)$（校验和），附加在信息位 $K(x)$ 后面一起形成实际传输码字 $T(x)$，使带冗余码的传输码字的多项式 $T(x)$ 能被 $G(x)$ 整除，发送到接收端。接收端收到实际传输码字 $T(x)$ 后，用生成多项式 $G(x)$ 除传输码字多项式 $T(x)$，即（$T(x)$ $/G(x)$），若无余数则传输无错，若有余数则传输有错。

由上面所述可知，用 CRC 进行编码的码字是由信息位和冗余位组成的，即：实际传输码字 $T(x)=$ 信息位 + 冗余位（加号表示连接），信息位是要发送的数据位串，是已知的，要计算产生的是冗余位 $R(x)$。

2）发送端冗余位 $R(x)$ 的生成

要生成冗余位 $R(x)$，需要确定两个问题即可，一是冗余位是几位的；二是冗余位各位的二进制值。可用下列方法得到：

（1）将要发送的二进制数据位串（k 位比特序列），对应一个 k-1 阶多项式 $K(x)$。例如，要传输的信息位为 1010001，对应的多项式为 $K(x)=x^6+x^4+1$。

（2）再选取一个收发双方预先约定的 r 阶生成码多项式 $G(x)$。例如，$G(x)=X^4+X^2+X+1$ 即对应的位串为 10111。

（3）在原数据尾添加 r 个 0，即，$x^rK(x)$。

（4）进行 $R(x)=x^rK(x)/G(x)$，求得余数 $R(x)$。$R(x)$ 为冗余位，即校验和。

这里的除法是模 2 除法，在进行基于模 2 运算的多项式除法时，只要部分余数首位为 1，便可上商 1，否则上商 0。然后按模 2 减法求得余数，模 2 减法和模 2 加法的运算规则相同，都是异或运算，即：0+0=0，0+1=1，1+0=1，1+1=0；0-0=0，0-1=1；1-0=1，1-1=0。这是一种不考虑加法进位和减法借位的运算。

3）实际传输码字的形成

用 $R(x)$ 替代 $x^rK(x)$ 最后的 r 个 0，即 $x^rK(x)+R(x)$，数据位加校验位，得实际传送的码字多项式 $T(x)$。实际传输的码字为 $T(x)=x^rK(x)+R(x)$

4）接收端的检验过程

设实际接收到的码字为式 $T'(x)$，进行校验：$T'(x)/G(x)$，求得余数。若余数为 0，则正确；若余数不为 0，则出错。

发送方和接收方使用的 $G(x)$ 要一致，这里的除法也是模 2 除法。

$G(x)$ 有各种标准，目前广泛使用的主要有以下几种标准的生成多项式：

CRC16=$x^{16}+x^{15}+x^2+1$（IBM 公司）

CRC16=$x^{16}+x^{12}+x^5+1$（CCITT）

CRC32=$x^{32}+x^{26}+x^{23}+x^{16}+x^{11}+x^{10}+x^8+x^7+x^5+x^4+x^2+x+1$

循环冗余校验码的特点是，根据 CRC 性质，若适当选取 $G(x)$，则由此 $G(x)$ 作为生成多项式产生的 CRC 码，可检测出所有的双位错、奇数位错、突发长度小于或等于校验位长度 r 的突发错。

【例1】已知要传输的信息码为110011，即信息多项式为 $K(X)=X^5+X^4+X+1$，生成多项式为 $G(X)=X^4+X^3+1(r=4)$，即生成码11001。求循环冗余码和传输码字。

（1）求发送端生成循环冗余码的过程如下：

信息多项式：$K(X)=X^5+X^4+X+1$

$x^rK(x)=X^4(X^5+X^4+X+1)=X^9+X^8+X^5+X^4$，对应的码是1100110000。

$R(x)=x^rK(x)/G(X)$（按模2算法）。由计算结果知冗余码是1001。

（2）求实际发送的码字 $T(x)$：

$T(x)=x^rK(x)+R(x)=x^4K(x)+R(x)=1100111001$。实际发送的码字就是1100111001。

【例2】已知接收码字1100111001，即接收多项式为 $T(X)=X^9+X^8+X^5+X^4+X^3+1$，生成多项式为 $G(X)=X^4+X^3+1(r=4)$。检验接收端收的码字的正确性。若正确，指出冗余码和信息码的值。

解题过程如下。

（1）生成多项式为 $G(X)=X^4+X^3+1(r=4)$，则对应的生成码是11001。

用码字 $T(X)$ 除以生成码，$T(X)/G(X)=1100111001/11001$，余数为0，所以码字正确。

（2）因 r=4，所以冗余码是1001，信息码是110011。

2.7.3　差错控制方式

接收方通过上述的检错码可以进行校验后发现差错，下面的问题就是如何纠正错误。差错纠正是通过差错控制方式来实现的，利用差错控制编码进行差错控制的方式有自动请求重发和前向纠错两种。

自动请求重发简称 ARQ(Automatic Repeat reQuest)，是计算机网络中较常采用的差错控制方法。ARQ 采取反馈重发机制来纠正错误，原理是：发送方将要发送的数据附加上一定的冗余位构成检错码一并发送，接收方则根据检错码对数据进行差错检测，如发现差错，则接收方返回请求重发的信息，发送方在收到请求重发的信息后，重新传送数据；如没有发现差错，则发送下一个数据。ARQ 方法只使用检错码，必须是双向信道，发送方需设置缓冲器。

前向纠错简称 FEC(Forward Error Correction)，接收方不但能发现差错，而且能确定传输码中出错位的具体位置，这样将出错位取反就可以加以纠正了，因为二进制位中若某一位错码为0，则正确就为1，反之亦然。FEC 的原理是：发送方将要发送的数据附加上一定的冗余位构成纠错码一并发送，接收方则根据纠错码对数据进行差错检测，如发现差错，由接收方进行纠正。该方法使用纠错码，单向信道，发送方无须设置缓冲器。

虽然 FEC 方式有上述优点，但由于纠错码一般来说要比检错码使用更多的冗余位，因此编码效率低，而且纠错码的设备也比检错码的设备复杂得多，因而除非在单向信道或实时要求较高的场合，数据通信中使用更多的是反馈重发法。当然也可以将这两种方式混合使用，即当码字中的差错在纠正能力以内时，直接进行纠正；当码字中的差错个数超出纠正能力时，则采用反馈重发法来纠正错误。

本章小结

　　本章主要介绍了数据通信的相关概念和基础理论，包括数据编码技术、数据通信方式、多路复用技术、交换技术、物理传输介质和差错控制技术等。阐述了在一个成功的数据通信系统中需要解决的主要问题，一是发送端计算机中的数据是如何转换成信号传输的；二是信号如何利用传输介质进行传输，有哪些传输介质可以使用；三是信号在传输过程中遇到噪声干扰怎么办。

1. 数据通信基本知识

　　数据通信是指在计算机之间、计算机与终端之间传送表示字符、数字、语音、图像的二进制代码 0、1 比特序列的通信方式。它传送数据的目的不仅是为了交换数据，更是为了利用计算机来处理数据，从而给用户提供及时、准确的数据。计算机直接参与通信是数据通信的重要特征。

　　数据通信系统是利用通信系统对二进制编码的字母、数字、符号以及数字化的声音、图像信息所进行的传输，实现数据传输、交换、存储和处理的系统。

　　数据通信系统的连接方式有两种：点对点连接方式和多点连接方式。不同连接方式使用的传输技术不同。

　　数据通信系统的主要性能指标包括码元传输速率、数据传输速率、信道容量和信道带宽。

2. 数据编码

　　数据有数字数据和模拟数据，数据要在信道上传输，首先要转变成信号。数字数据在模拟信道上传输需要进行模拟信号的编码，使用的是调制技术——ASK、FSK 和 PSK；数字数据在数字信道上传输需要进行数字信号的编码，使用的技术是 NRZ、曼彻斯特编码、差分曼彻斯特编码等；模拟数据在数字信道上传输需要进行数字信号的编码，使用的技术是脉码调制（PCM）。

3. 数据传输方式

　　数据传输方式是数据在信道上传送所采取的方式。若按数据传输的顺序可以分为并行传输和串行传输；在串行传输时，若按通信两端的同步方式可分为同步传输和异步传输；若按数据传输的方向可以分为单工、半双工和全双工传输；若按照传输信号的频率范围可分为基带传输和频带传输。

4. 多路复用技术

　　多路复用技术就是在一个信道上同时传输许多单个信号的技术。常用的多路复用方法有频分多路复用（FDM）、时分多路复用（TDM）和波分多路复用（WDM）

5. 数据交换技术

　　数据在通信子网中各结点间的数据传输过程称为数据交换。数据交换方式可分为两大类：电路交换和存储转发交换，其中存储转发交换又可分为报文交换和分组交换。

6. 传输介质

传输介质是指传送信息的载体，是数据通信系统中发送方和接收方之间的物理通路。计算机网络中采用的传输介质分有线介质和无线介质两大类。常用有线传输介质主要有双绞线、同轴电缆和光纤；用于无线通信的传输介质主要有微波、红外线和激光等。

7. 差错控制技术

传输过程中数据出现查错是不可避免的，一个实用的数据通信系统要在数据通信过程中尽可能地把差错检测出来，并能采取措施进行纠正，将差错限制在尽可能小的允许范围内，这就是差错控制。所以差错控制要解决两个问题，一是检测发现差错；二是纠正差错。差错检测是通过差错控制编码来实现的，而差错纠正是通过差错控制方法来实现的。

习题

一、概念解释

数据通信，数据传输速率，码元传输速率，误码率，信道，信道带宽，信道容量，基带信号，基带传输，频带传输，ASK，FSK，PSK，PCM，多路复用，数据交换，差错控制。

二、单选题

1. 计算机网络通信系统是（　　）。

    A. 电信号通信系统　　　　　　　　B. 文字通信系统

    C. 语音通信系统　　　　　　　　　D. 数据通信系统

2. 数据传输速率在数值上等于每秒传输构成数据代码的二进制（　　）。

    A. 比特数　　　　　　　　　　　　B. 字符数

    C. 帧数　　　　　　　　　　　　　D. 分组数

3. 有关数据传输速率的叙述中不正确的是（　　）。

    A. 数据传输速率是指每秒传输的二进制信息的位数

    B. 数据传输速率的单位是 b/s

    C. 数据传输速率的单位是 baud

    D. 数据传输速率是信道的一个技术指标

4. 常用的数据传输速率单位有 kb/s、Mb/s、Gb/s。1Gb/s 等于（　　）。

    A. $1\times103\text{Mb/s}$　　　　　　　　B. $1\times103\text{kb/s}$

    C. $1\times106\text{Mb/s}$　　　　　　　　D. $1\times10^{9}\text{kb/s}$

5. 在码元速率为 1600baud 的调制解调器中，采用 8PSK（8 相位）技术，可获得的数据传输速率为（　　）。

  A. 2400b/s B. 4800b/s C. 9600b/s D. 1200b/s

6. 误码率描述了数据传输系统正常工作状态下传输的（　　）。

  A. 安全性 B. 效率 C. 可靠性 D. 延迟

7. 香农定理从定量的角度描述了"带宽"与"速率"的关系，在香农定理的公式中与信道的最大传输速率相关的参数主要有信道宽度与（　　）。

  A. 频率特性 B. 信噪比 C. 相位特性 D. 噪声功率

8. 数字数据可以通过编码技术转换为（　　）。

  A. 模拟信号   B. 数字信号

  C. 模拟信号或数字拟信号 D. 电信号

9. 一种用载波信号振幅变化来表示数字数据的调制方法称为（　　）。

  A. ASK B. FSK C. PSK D. NRZ

10. ASK、PSK、FSK 是下列（　　）技术中的三类方式。

  A. 数据编码 B. 复用技术 C. 差错控制 D. 数据交换

11. 在下列（　　）情况下使用调制解调器。

  A. 利用数字信号传输数字数据 B. 利用数字信号传输模拟数据

  C. 利用模拟信号传输数字数据 D. 以上 3 种都需要

12. 若在一个语音数字化脉码调制（PCM）系统中，在量化时采用了 128 个量化等级，则编码时相应的码长为（　　）位。

  A. 8 B. 128 C. 7 D. 256

13. 数据以成组的数据块方式进行传输是（　　）。

  A. 串行传输 B. 并行传输 C. 异步传输 D. 同步传输

14. 在数据通信中，利用电话交换网与调制解调器进行数据传输的方法属于（　　）。

  A. 频带传输 B. 宽带传输 C. 基带传输 D. IP 传输

15. （　　）是指在一条通信线路中可以同时双向传输数据的方法。

  A. 单工传输 B. 半双工传输 C. 同步传输 D. 双工传输

16. 在点到点的数据传输时钟同步中，内同步法是指接收端的同步信号是由（　　）。

  A. 自己产生的   B. 信息中提取出来的

C. 发送端送来的   D. 接收端送来的

17. 双绞线可以传输（   ）。

A. 数字数据   B. 模拟数据

C. 数字数据和模拟数据   D. 以上都不是

18. 在数字通信中广泛采用 CRC 循环冗余码的原因是 CRC 可以（   ）。

A. 检测出一位差错   B. 检测并纠正一位差错

C. 检测出多位突发性差错   D. 检测并纠正多位突发性差错

三、填空题

1. 在采用电信号表达数据的系统中，信号的表现形式有数字信号和_____两种。

2. 数字信号必须转换成模拟信号才能在模拟信道上传输，这一转换过程称为_____。

3. 调制的基本方法有_____、_____、_____。

4. 家用计算机利用电话线拨号上网，必须使用_____（设备名），它的作用是_____。

5. 曼彻斯特编码方式中，每一个位中间有_____次跳变，它有两个作用，一是_____；二是_____。

6. PCM 的 3 个步骤是_____、_____、_____。

7. 根据信号在线路上的传输方向，数据传输方式可分为_____、_____和_____。

8. 在数据串行通信传输中，为了保证数据被准确接收，必须采取统一收、发动作的措施，这就是所谓的_____技术。

9. 当一条信道的带宽越大，其通信容量就越_____。

10. 数据传输同步技术可以用_____和_____两种方法实现。

11. 异步传输将_____看成是一个独立的信息，字符中各个比特用固定的时钟频率传输，但字符间采用异步定时，即字符间的传输间隔是_____。每个传输字符由 4 部分组成，分别是_____、_____、_____、_____。

12. 当物理信道的可用带宽超过单个原始信号所需带宽时，使用_____技术可使每个子信道传输一路信号。

13. 为了充分利用信道的容量，提高信道的传输效率，可以使用多路复用技术，常用的信道复用技术有_____、_____和_____。

14. Bell 系统的 T1 载波同时利用_____和_____技术，使 24 路采样信号复用一个通道，数据速率可达_____Mb/s。

15. 数据交换技术分为_____、_____、_____3 种。

16. 传输介质分为_____和_____两大类；同轴电缆分为_____和_____；双绞线分为_____和_____。

17. 光纤是由能传导光波的_____和_____构成的，根据工艺的不同分成_____和_____。

18. 有两种基本差错控制编码：_____码和_____，循环冗余码（CRC）是_____码。

四、简答题与计算题

1. 画出通信系统模型，并简单解释其中的概念。

2. 什么是信号？它与数据有什么关系？

3. 解释数据传输速率和信号传输速率，两种传输速率的关系是什么？设有一个带宽为 3kHz 的理想低通信道，若一个码元携带 4b 信息量，求其最高数据传送速率。

4. 对于带宽为 6MHz 的信道，若用 4 种不同的状态来表示数据，在不考虑噪声的情况下，该信道的最大传输速率是多少？

5. 信道带宽与信道容量的区别是什么？增加带宽是否一定能增加信道容量？

6. 设信道带宽为 3kHz，信噪比为 30dB，则每秒能发送的比特数不会超过多少？

7. 数据信号在数字信道中传输为什么还要编码？常用的编码方式有哪几种？

8. 分别用曼彻斯特编码和差分曼彻斯特编码画出 01101001 的波形图。

9. 数据传输速率为 1200b/s。采用无校验位、1 位停止位的异步传输，问 1min 内最多能传输多少个汉字（双字节）？

10. 常用的交换技术有哪几种？各自的特点是什么？

11. 已知生成多项式为 $x^4+x^3+x^2+1$，求信息位 1010101 的 CRC 码。

12. 使用 CRC 校验的系统中，如果接收端收到的信息码字为 11101001001010101，利用生成多项式 $G(x)=x^4+x^2+x+1$ 对该码字进行校验，判断接收是否正确。

13. 比较 ARQ 和 FEC 方法的工作原理，说明它们的不同之处。

第3章

计算机网络体系结构

计算机网络是由各类具有独立功能的计算机系统和终端通过通信线路连接起来的复杂系统，网络中各计算机必须遵从通信规定才能相互协调工作。为了设计这样复杂的系统，网络工作者提出了分层实现计算机网络功能的方法。

本章要点

※ 协议与网络体系结构及其相关的基本概念

※ OSI/RM 的分层结构，以及各层的功能与服务

※ TCP/IP 体系结构

3.1 网络体系结构基本概念

网络通信协议和网络体系结构是计算机网络技术中重要的内容，要掌握计算机网络的基本原理，就必须对协议和网络体系结构的概念和相关知识有比较深入的了解。

3.1.1 通信协议

通信协议是计算机网络中为进行数据通信而制定的通信双方共同遵守的规则、标准或约定的集合。在网络中通信双方之间必须遵从相互可以接受的网络协议（相同或兼容的协议）才能进行通信，如目前因特网上使用的协议是 TCP/IP。

协议本质上是一系列规则和约定的规范性描述，它不仅定义了通信时信息必须采用的格式和这些格式的意义，而且还要对事件发生的次序做出说明。所以，任何一种网络协议都应包括如下 3 个要素。

※ 语法（syntax）：规定通信双方"如何讲"，是将若干协议元素和数据组合起来表达一个更完整的内容时所应遵循的格式，即数据与控制信息的结构、编码及信号电平等。

※ 语义（semantics）：规定通信双方"讲什么"，即协议元素的含义，如控制信息、执行的动作和返回的应答等。

※ 时序（timing，又称时序或定时）：规定通信双方"讲的顺序"或"应答关系"。即对事件实现顺序的说明，解决何时进行通信的问题。

协议的三要素看起来十分抽象，拿电报来做比喻，可以对它们有一个清晰的认识。拍电报时，必须首先规定好报文的传输格式、多少位的码长、什么样的码字表示开始、什么样的码字表示结束等，这种预先定好的格式就是语法，格式中的内容如发报人的名字和地址等就是语义，而电报收发的先后次序就是时序，这些要素构成了协议。

3.1.2　网络体系结构

体系结构是研究系统中各组成部分及其关系的一门学科，这个术语后来被计算机网络工作者所采用，为了使计算机网络系统能够在同一原则和方法下进行设计、构建和使用，提出了计算机网络体系结构的概念，对构成整个计算机网络的主要部分及应具备的功能给出了一组定义。要理解网络体系结构，首先必须了解分层的设计思想。

1. 体系结构的层次化

将一个复杂系统分解为若干个容易处理的子系统，然后"分而治之"，这种结构化设计方法是工程设计中常见的手段。计算机网络是由各类具有独立功能的计算机系统和终端通过通信线路连接起来的复杂系统，网络中各计算机或结点之间的数据通信，数据从发送端的处理、发送，到经中继结点的交换转发，再到接收端的接收，发送端和接收端必须相互协调工作，才能保证正常的相互通信。为了设计实现这样的复杂系统，人们提出了分层实现计算机网络功能的方法，将复杂的问题进行分解、简化，分而治之。

分层结构是指把一个复杂系统的设计分解成层次分明的局部问题，并规定每一层次所必须完成的功能。为了便于理解分层，以两个城市邮寄信件的工作过程为例来说明。

在如图 3-1 所示的分层结构中，一个寄信的过程被分成 3 个层次来完成，即寄信人、邮局和传输部门。各层只需要完成自己的功能，下层为上层提供服务，同时各层还必须遵守各层的约定，通过这种模式来完成信件的邮寄任务。类似信件投递的过程，为了便于对计算机网络的组成成分、功能及协议的描述、设计和实现，现在都采用分层的体系结构，如图 3-2 所示。

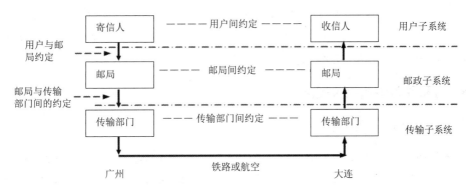

图 3-1　邮政系统分层结构

层次结构的好处在于每一层实现相对独立的功能。每一层不必知道下面一层是如何实现的，只要知道下层通过层间接口提供什么服务，以及本层应向上层提供什么服务，就能独立设计。系统经过分层后，每一层的功能相对简单且易于实现和维护。此外，若某一层需要改动或替代时，只要不改变它和上下层的服务关系，则其他层次都不会受到影响，因此具有很大的灵活性。每一层的功能和所提供的服务都有精确的说明，有助于标准化。

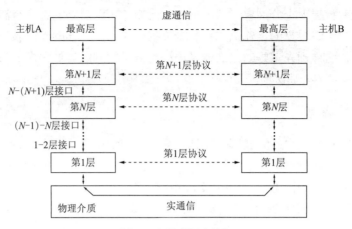

图 3-2　网络的层次结构

分层结构提供了一种按层次观察网络的方法，它描述了网络中任意两个结点间的逻辑连接和信息传输。同一系统分层结构中的各相邻层间的关系是：下层为上层提供服务，上层利用下层提供的服务完成自己的功能，同时再向更上一层提供服务。因此，上层是下层的用户，下层是上层的服务提供者。

2．网络体系结构的概念

计算机网络体系结构是从通信功能上来描述计算机网络结构的，网络体系结构为了完成计算机之间的通信，将通信的功能划分成定义明确的层次，规定了同层次进程通信的协议及相邻层之间的接口及服务。因此，将计算机网络的层次结构以及各层服务、协议的集合统称为计算机网络体系结构。

计算机网络体系结构是一个抽象的概念，是对网络通信所需要完成的功能的精确定义，只解决了"做什么"的问题，而不涉及"怎么做"。对于体系结构中所确定的功能用何种硬件或软件实现，如协议如何制定与实现，不属于网络体系结构的内容。可见体系结构是抽象的，是存在于纸上的，而实现则是具体的，是真正运行的计算机硬件和软件。

不同的网络体系结构，分层的数量、名称、功能、协议和接口可能不同，但是都遵守分层的原则，即各层完成的功能相对独立，某一层的内部变化不能影响到另一层，高层使用下层提供的服务时，下层服务的实现是不可见的。

3.1.3　分层结构中的相关概念

1．通信实体和对等实体

在网络通信中，通信实体是层功能实现的真正承担者（相应的软硬件），能发送和接收信息。例如，文件传输系统、电子邮件系统等，也可以是一块网卡、一个智能 I/O 芯片。系统中的各层次都存在一些实体，不同系统的相同层次称为对等层，对等层之间的通信称为对等层通信，而对等实体是指相互通信的两个不同系统上的同一层的通信实体。

2．服务和分层协议

网络服务是指相邻两层之间下层为上层所提供的操作功能或通信能力。由于网络分层的结构中的单向依赖关系，使下层总是向它的上层提供服务，上层可看成是下层的服务用户，下层是上层的服务提供者。N 层使用 N-1 层及以下各层所提供的服务，向更高的 N+1 层提供服务。

在网络分层结构中，通信协议相应地被分为各层协议，每一层都可能有若干个协议，因此，网络中提到的协议总是指某一层的协议。N 层协议规定了第 N 层对等实体之间进行的虚通信必须遵守的规则。对等层通信所遵守的规则或约定称为同层协议。

在网络体系结构中，常提到"功能""服务"和"协议"这几个术语，它们有着不同的含义。功能是本层内部的活动，是为了实现对外服务而从事的活动；而服务是本层提供给高一层使用的操作功能，属于外观的表象，只有那些能够被高一层看得见的功能才能称为服务；协议则相当于一种工具，对外的服务是依靠本层的协议实现的。

服务和协议的关系是：服务是"垂直的"，是下层为上层用户的需要而执行的一组操作，但并不规定这些操作是如何实现的；协议则是定义同层对等实体间信息交换的规则，所以协议是"水平的"。实体在实现其服务时必须遵守协议，但是只要不改变对用户而言可见的服务，对等实体可以选择或改变其协议。

3. 面向连接的服务和无连接的服务

从通信角度看，各层所提供的服务有两种服务形式——面向连接的服务和无连接的服务。所谓"连接"是指在对等层的两个对等实体间所设定的逻辑通路。

（1）面向连接的服务。利用建立的连接进行数据传输的方式就是面向连接的服务。面向连接的服务思想来源于电话系统，即在开始通话之前，发送方和接收方必须通过电话网络建立连接线路，然后开始通话，通话结束后再拆除连接线路。面向连接的服务过程可分为 3 个部分——建立连接、传输数据和撤销连接。面向连接的服务比较适合于数据量大、实时性要求高的数据传输应用场合。

（2）无连接的服务。无连接的服务过程类似于邮政系统。通信前，无须在两个对等层之间事先建立连接，通信链路资源完全在数据传输过程中动态地进行分配，无论何时，计算机都可以发送数据。此外在通信过程中，双方并非需要同时处于"激活"（或工作）状态，如同在信件传递中收信人没必要当时位于目的地一样。因此，无连接服务的优点是灵活方便，信道的利用率高，特别适合于短报文的传输。

与面向连接的服务不同的是，由于无连接服务在通信前没有建立"连接"，因此传输的每个分组中必须包括目的地址，同时由于无连接方式不需要接收方的应答和确认，在此服务方式的数据传输中可能会出现分组的丢失、重复或乱序等错误。

4. 接口和服务访问点

接口（interface）是同一系统相邻两层之间的边界，定义下层向上层提供的原语操作和服务。同一系统相邻两层实体交换信息的地方称为服务访问点 (Service Access Point，SAP)。SAP 很像常用的邮政信箱，它实际上是相邻两层实体的逻辑接口，也可以说 N 层的 SAP 就是 N+1 层可以访问 N 层的地方。SAP 有时也称为端口。任何层间服务都是在接口的 SAP 上进行的，每个 SAP 有唯一的识别地址，供服务用户之间建立连接之用，每个层间接口可以有多个 SAP。

5．服务原语

从上面的讲述可知，当上层实体向下层实体请求服务时，服务用户与服务提供者之间通过服务访问点进行信息交互，在信息交互时所要交换的信息由服务原语来描述。

服务原语用来在形式上描述层间提供的服务，并规定通过 SAP 所必须传递的信息。上层利用服务原语来通知下层要做什么；下层利用服务原语来通知上层已做了什么。服务原语是描述服务的一种简洁形式，类似编程时的程序调用和参数传递，但不是可执行的程序语言。一个完整的服务原语由原语名、原语类型和原语参数 3 部分组成。

例如，一个网络连接请求原语的写法是：N-CONNECT.Request（目的地址，源地址）。

这里 N-CONNECT 是原语名字，Request 是原语类型，中间用圆点隔开，而括号内的内容则是原语参数。服务原语类型有以下 4 种：

※ 请求（request）。由服务用户发往服务提供者，请求它完成某些操作的服务，如建立连接、发送数据、释放连接等。

※ 指示（indication）。由服务提供者发往服务用户，指示发生了某些事件，如连接指示、释放连接指示等。

※ 响应（response）。由服务用户发往服务提供者，作为对前面指示的响应，如接受连接、接收释放连接等。

※ 证实（confirm）。由服务提供者发往服务用户，作为对前面发生请求的证实。

服务分为有证实服务和无证实服务。有证实服务服务包括请求、指示、响应和证实 4 个原语，无证实服务只有请求和证实两个原语。

3.2 OSI 参考模型

3.2.1 OSI/RM 的制定

计算机网络体系结构的出现加快了计算机网络的发展，但在计算机网络产生之初，一些大的计算机厂商开展了计算机网络的研究与产品开发，提出了各自的网络体系结构和协议，多数网络都采用分层的体系结构。如 IBM 公司于 1974 年提出的系统网络结构 SNA，DEC 公司于 1975 年提出的数字网络体系 DNA，其他计算机厂商也分别提出了各自的网络体系结构，以适应本公司的生产和商业目的，因此，不同的网络使用不同的网络体系结构和通信协议，彼此不认识各自的数据格式，使不同厂家生产的网络设备之间很难相互通信，在一定程度上阻碍了计算机网络的发展和应用。

为了解决不同网络设备之间的互联问题，国际标准化组织（ISO）在 20 世纪 80 年代初提出了著名的开放系统互连参考模型 OSI/RM（Open Systems Interconnection Reference Model）。

OSI/RM 是根据比较成熟的分层体系结构理论，结合当时比较成功的体系结构的经验制定的。制定过程中所采用的方法是分层处理法，将整个庞大而复杂的问题划分为若干个容易处理的小问题。先根据网络的功能将网络划分成定义明确的层次，然后定义层间的接口及每层提供的功能和服务，最后定义每层必须遵守的规则，即协议。设计采用三级抽象技术，即体系结构、服务定义、协议规格说明。

第 1 级抽象：提出 OSI/RM，建立计算机网络在概念和功能上的框架，包括确定开放系统的层次结构，以及公共术语、子层功能等。

第 2 级抽象：服务定义，说明各个子层所提供的服务。

第 3 级抽象：协议规格说明，定义一组为确保子层服务的提供而应遵循的规则。

3.2.2 OSI/RM 结构及各层功能

1. OSI/RM 的结构

OSI 参考模型定义了计算机网络系统的层次结构、层次之间的相互关系及各层所包括的服务。它将网络通信功能划分为 7 个层次，规定了每个层次的具体功能。自顶向下的 7 个层分别是应用层、表示层、会话层、传输层、网络层、数据链路层和物理层，如图 3-3 所示。

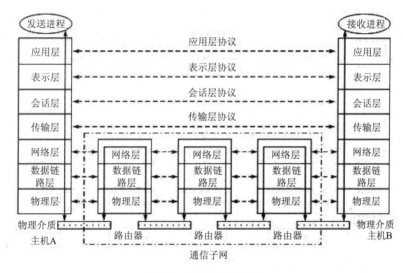

图 3-3 OSI/RM 示意图

从图 3-3 中可见，整个开放系统环境由资源子网中的主机和通信子网中的结点通过物理媒介连接构成。只有在主机中才可能需要包含所有 7 层的功能，而在通信子网一般只需要最低 3 层的功能。

OSI/RM 作为一个框架来协调和组织各层协议的制定，是对网络内部结构最精炼的概括与描述。它的最大特点是开放性，"开放"这个词表示只要遵循 OSI 标准，一个系统就可以和位于世界上任何地方的同样遵循 OSI 标准的其他任何系统进行连接。

OSI/RM 成功之处在于清晰地分开了服务、接口和协议这 3 个概念：服务描述每一层的功能；接口定义某层提供的服务如何被高层访问；而协议是每一层功能的实现方法。通过区分这些抽象概念，OSI/RM 将功能定义与实现分开，概括性高，具有普遍的适应能力。

应该注意的是，OSI/RM 并没有提供一个可以实现的方法，也就是说，OSI/RM 并不是一个标准，而只是一个在制定标准时所使用的概念性框架。在 OSI/RM 中只有各种协议是可以实现的，网络中的设备只有与 OSI/RM 有关协议相一致时才能互连。OSI/RM 模型有 7 层，但 OSI/RM 本身并不满足网络体系结构要求，按照定义，网络体系结构是网络的层次结构和分层协议的集合，OSI/RM 没有精确定义各层的协议，只是描述了每一层的功能与服务。然而，国际标准化组织还是对各层制定了标准，每一层都作为一个单独的国际标准来颁布，尽管这些标准不是 OSI/RM 本身的一部分。

OSI/RM 从理论上为网络的发展指明了方向，对计算机网络起到了规范和指导作用。但是，在实际应用中，完全符合 OSI/RM 的产品却很少。现在，实际使用的网络互联协议是 TCP/IP 协议集，随着以 TCP/IP 协议为基础建立的 Internet 的飞速发展，TCP/IP 协议已成为计算机网络事实上的工业标准，得到了相当广泛的实际应用。

2. OSI/RM 各层主要功能简述

※ 应用层：是 OSI/RM 的最高层，提供用户应用软件与网络之间的接口服务。

※ 表示层：主要解决用户信息的语法表示问题。它将欲交换的数据从适合于某一用户的抽象语法，转换为适合于网络系统内部使用的传送语法，即提供格式化的表示和转换数据服务。数据的压缩和解压缩、加密和解密等工作也由表示层负责。

※ 会话层：是"进程 - 进程"的层次，其主要功能是组织和同步不同的主机上各种进程间的通信（也称为对话）。不参与数据传输，但对数据传输进行管理。在会话层及以上的高层次中，数据传送的单位不再另外命名，统称为报文。

※ 传输层：是"端 - 端"层次，该层的任务是根据通信子网的特性，最佳地利用网络资源，并以可靠和经济的方式，为两个端系统（源站和目的站）的会话层之间提供建立、维护和取消传输连接的功能，负责可靠地传输数据。这一层数据传送单位是报文。

※ 网络层：是"结点 - 结点"层次，在计算机网络中进行通信的两个计算机之间可能会经过很多个数据链路，也可能还要经过很多通信子网。网络层主要负责如何使数据分组跨越通信子网从一个结点到另一个结点的正确传送，即在通信子网中进行路由选择。当分组要跨越多个通信子网才能到达目的地时，还要解决网际互联的问题。另外，为避免通信子网中出现过多的分组而造成网络拥塞，需要对流入通信子网的分组数量进行拥塞控制。这一层数据传送单位是分组。

※ 数据链路层：是相邻结点层次，主要功能是通过校验、确认和反馈重发等手段，将不可靠的物理链路改造成对网络层来说无差错的数据链路，为网络层在相邻结点间无差错的传送以帧为单位的数据。数据链路层还要协调收发双方的数据传输速率，即进行流量控制，以防止接收方因来不及处理发送方发来的高速数据而导致缓冲器溢出丢失。这一层的数据传送单位是帧。

※ 物理层：要传递数据就要利用一些物理媒体，如双绞线、同轴电缆等，但具体的物理媒体并不是物理层。物理层的任务是为它的上一层提供一个物理连接，定义了为建立、维护和拆除物理链路所需的机械的、电气的、功能的和规程的特性，其作用是确保原始的数据比特流能够在物理媒体上传输。在物理层数据的传送单位是位（bit）。

3.2.3　OSI/RM 中的数据传输

在 OSI/RM 中，每一层将上层传递过来的数据加上若干控制位后再传递给下一层，最终由物理层传递到对方物理层，再逐级上传，从而实现对等层之间的逻辑通信，如图 3-4 所示。不同主机对等层之间按相应协议进行通信，同一主机不同层之间通过接口进行通信。除了最低层的物理层是通过传输介质进行物理数据传输外，其他对等层之间的通信均为逻辑通信。图 3-4 中自上而下的实线表示的是数据实际的传送过程。

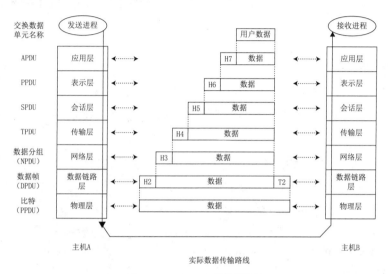

图 3-4　OSI/RM 中的数据传输

用户数据首先要经过发送方的应用层，应用层在用户数据前面加上本层的控制信息 H7，称作"头信息"。H7 加上用户数据一起传到表示层，表示层则将 H7 和原始用户数据当作一个整体数据部分对待。同样，表示层也在整体数据前面加上本层的控制信息 H6，传到会话层，并作为数据部分。这个过程一直进行到数据链路层，数据链路层除了增加头信息 H2 以外，还要增加一个尾信息 T2，然后整个作为数据传送到物理层。数据到物理层成为由 0 或 1 组成的数据比特流，然后再转换为电信号在物理媒体上传输至接收方。接收方收到数据后在向上传递时其过程正好相反，要逐层剥去发送方相应层加上的控制信息，其中数据链路层负责去掉 H2 和 T2，网络层去掉 H3，一直到应用层去掉 H7，最终把原始数据传递给了接收进程。

这个在发送方自上而下逐层增加头信息的过程称为数据的封装，而在接收方又自下而上逐层去掉头信息的过程称为数据的拆封。因接收方的某一层不会收到底下各层的控制信息，而高层的控制信息对于它来说又只是透明的数据，所以它只阅读和去除本层的控制信息，并进行相应的协议操作。发送方和接收方的对等实体看到的信息是相同的，就好像这些信息通过虚通信直接给了对方一样。

协议数据单元（Protocol Data Unit, PDU）是对等层实体之间通过协议传送的数据单元，包括应用层的协议数据单元 APDU（Application Protocol Data Unit）、表示层的协议数据单元 PPDU（Presentation Protocol Data Unit）……网络层的协议数据单元 NPDU（Network Protocol Data Unit）。通常人们把网络层的 PDU 称为分组或包（packet），数据链路层的 PDU 称为帧（frame），物理层是比特（bit）。

3.3 物理层

3.3.1 物理层功能与协议

物理层是 OSI/RM 中的最底层，是整个开放系统的基础。计算机网络中有许多物理设备和传输介质，但物理层不是指这些连接设备的具体传输介质，它是介于数据链路层和传输介质之间的一层，起着数据链路层到传输介质之间的接口作用。由于物理层的存在，使数据链路层感觉不到传输介质的差异，这样，数据链路层就可以不必考虑网络的具体传输介质，而只完成本层的服务。

1. 物理层的功能与服务

物理层的基本功能是负责实际或原始的数据"位"传送，目的是在通信设备 DTE 和 DCE 之间提供透明的比特流传输。物理层向数据链路层提供的服务是建立、维持和释放物理连接，并在物理连接上透明传输比特流。

另外，CCITT 在 X.25 建议书第 1 级（物理级）中也做了类似的定义：利用物理的、电气的、功能的和规程的特性，在 DTE 和 DCE 之间实现对物理信道的建立、保持和拆除功能。这里的 DTE(Date Terminal Equipment) 指的是数据终端设备，是对属于用户所有的连网设备或工作站的统称，它们是通信的信源或信宿，如计算机、终端等；DCE(Date Circuit Terminating Equipment 或 Date Communications Equipment) 指的是数据电路终接设备或数据通信设备，是对为用户提供入接点的网络设备的统称，如自动呼叫应答设备、调制解调器等。

2. 物理层协议

物理层协议规定了网络物理设备之间的物理接口特性及通信规则，即定义了为建立、维护和拆除物理链路所需的机械、电气、功能和规程特性。物理层协议实际上是 DTE 和 DCE 之间接口及传输比特的规则的一组约定，主要解决网络设备与物理信道如何连接的问题，其作用是确保比特流能够在物理信道上传输，DTE-DCE 接口如图 3-5 所示。例如，PC 上的 COM1 和 COM2 接口称为 RS-232 接口，使用的是典型的物理层协议 RS-232C。

图 3-5　DTE-DCE 接口

物理层协议用 4 个特性对网络设备和传输介质之间的接口进行定义。

※　机械特性：规定物理连接器的规格尺寸、插针或插孔的数量和排列方式等。

※　电气特性：规定传输二进制比特流有关的特性，如信号电压的高低、阻抗匹配、传输速率和距离限制等，通常包括发送器和接收器的电气特性，以及与电缆相关的规则等。

※　功能特性：规定各信号线的功能。信号线按功能可分为数据线、控制线、定时线和接地线等。

※　规程特性：定义 DTE 和 DCE 通过接口连接时，各信号线进行二进制位流传输的一组操作规程（动作序列），如怎样建立、维持和拆除物理连接，以及全双工或半双工操作等。

3.3.2　物理层协议举例

目前使用的计算机和调制解调器的串行接口 EIA RS-232C 就是物理层协议的一个例子。EIA RS-232C 是由美国电子工业协会（Electronic Industry Association，EIA. 在 1969 年颁布的一种串行物理接口。RS（Recommended StandarD. 的意思是"推荐标准"，232 是标识号码，而后缀 C 则表示该推荐标准已被修改过的次数。

RS-232C 的机械特性规定使用一个 25 针、接口形状为 D 型的标准连接器（DB-25），宽 47.04mm±0.13mm，每个插座有 25 个插头，编号为 1~25。

RS-232C 的电气特性规定逻辑 1 的电平为 -15 ~ -5V；逻辑 0 的电平为 +5 ~ +15V，即 RS-232C 采用 +15V 和 -15V 的负逻辑电平，+5V 和 -5V 之间为过渡区域，不做定义。允许的最大传输速率为 20kb/s，最长可驱动电缆 15m，如图 3-6 所示。

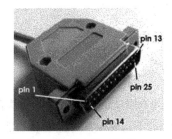

图 3-6　RS-232C 串行接口

RS-232C 的功能特性定义了 25 针标准连接器中的 20 根信号线，其中包括 2 根地线、4 根数据线、11 根控制线、3 根定时信号线，剩下的 5 根线作为备用或未定义。表 3-1 给出了其中最常用的 10 根信号线的功能特性。

表 3-1　RS-232C 功能特性

引脚号	功能说明	信号线型	连接方向
1	保护地线 (GND)	地线	
2	发送数据 (TD)	数据线	→ DCE
3	接收数据 (RD)	数据线	→ DTE
4	请求发送 (RTS)	控制线	→ DCE
5	清除发送 (CTS)	控制线	→ DTE
6	数据设备就绪 (DSR)	控制线	→ DTE
7	信号地线 (Sig.GND)	地线	
8	载波检测 (CD)	控制线	→ DTE
20	数据终端就绪 (DTR)	控制线	→ DCE
22	振铃指示 (RI)	控制线	→ DTE

RS-232C 的工作过程是在各根控制信号线有序的 ON（逻辑 0）和 OFF（逻辑 1）状态的配合下进行的。在 DTE-DCE 连接的情况下，只有数据终端就绪 DTR 和数据设备就绪 DSR

均为 ON 的状态时，才具备操作的基本条件。此后，若 DTE 要发送数据，则须先将请求发送 RTS 置为 ON 状态，等待清除发送 CTS 应答信号为 ON 状态后，才能在发送数据 TD 上发送数据。例如，发送规程为：4 针置位，请求发送；5 针置位，准许发送；数据通过 2 针发出。

3.4 数据链路层

数据链路层是 OSI/RM 中的第 2 层，它在物理层基础上向网络层提供服务。物理层是通过传输媒体形成物理连接，但在物理媒体上传输的数据难免受到各种因素的影响而产生差错，使物理连接是有差错的、不可靠的。另外，发送端和接收端的物理设备之间可能存在发送和接收速度不匹配，导致缓冲区溢出和数据丢失等问题。为了进行有效的、可靠的数据传输，就需要对传输操作进行严格的控制和管理。设立数据链路层的主要目的是对物理层传输原始比特流的功能的加强，将物理层提供的可能出错的物理链路通过数据链路层协议改造为逻辑上无差错的数据链路，使之对网络层表现为一条无差错的传输通路。这就是数据链路层的任务，也就是数据链路层协议的任务。

3.4.1 数据链路层的功能与服务

数据链路层解决两个相邻结点间的通信问题，提供的服务是通过数据链路层协议在不太可靠的物理链路上实现可靠的数据传输，向网络层提供透明的和可靠的数据传送服务。

相邻结点的数据交换应保证帧同步和各帧顺序传送，对损坏、丢失和重复的帧应能进行处理，为网络层提供一条可靠的、无差错的数据传输通路，这种处理过程对网络层是透明的。为了实现这个目的，数据链路层必须能完成如下的主要基本功能：

- ※ 链路管理。当网络中的两个相邻结点要进行通信时，数据的发送方必须明确知道接收方是否已经处于准备接收的状态。为此，通信双方必须先交换一些必要的信息，建立一条数据链路。同样地，在数据传输时要维持数据链路，而在通信完毕时要释放数据链路。数据链路的建立、维持和释放就叫作链路管理。

- ※ 帧同步。数据链路层的数据传送单位是帧，数据一帧一帧地传送。帧同步是指接收端应当能够从收到的比特流中准确地区分出一帧的开始与结束。

- ※ 差错控制。处理传输中可能出现的差错。

- ※ 流量控制。协调传输中发送方的发送速率大于接收方的问题。

- ※ 将数据和控制信息区分开。由于要传输的数据和控制信息处于同一帧中，因此要有相应的措施使接收方能够将二者区分开。

- ※ 透明传输。无论什么样的比特串，都应当能在链路上传输。当出现实际传输数据中的比特串恰巧与某一控制信息的比特串完全一样时，必须采取适当的措施，使接收方不会将这样的比特串误解为某种控制信息，这就是透明传输。

- ※ 寻址。在多点连接的情况下，必须保证每一帧数据都能送到正确的目的地。

物理链路与数据链路存在着概念性区别，物理链路是指一条中间没有任何交换结点的物理线段，是有线或无线的传输通路。而数据链路则具有逻辑上的控制关系，这是因为在相邻计算机之间传输数据时，除了需要一条物理链路外，还必须有一些必要的规程或协议来控制这些数据的传输。把实现控制数据传输规程的硬件和软件加到物理链路上去，就构成了数据链路。因此，数据链路就好像一条将物理链路加以改造后的数字通道。当采用复用技术时，一条物理链路可以在逻辑上分解成多条数据链路。

3.4.2　帧的封装

数据链路层中传输的协议数据单元是帧，帧是逻辑的、结构化的数据块。上层的协议数据单元传到数据链路层后，数据链路层通过添加头部和尾部将数据封装成帧。数据链路层之所以要把比特流组合成帧进行传送，是为了出错时只重发有错的帧，而不必重发全部数据，另外，帧的头部和尾部含有数据链路层需要使用的协议信息。协议不同，帧的长短、语法、语义也有差别。对帧进行首尾定界，目的是识别出每一帧的开始与结束，保证相邻结点之间数据交换的同步，也就是所谓的"帧同步"问题。帧同步需要解决的问题是：接收方必须能够从物理层收到的比特流中准确地识别出帧的起始与终止位置。帧的封装（帧同步）有下面 4 种方法。

1．字节计数法

这种方法以一个特殊控制字符（例如 SOH）表示一帧的起始，并以一个专门的字节计数字段来标明帧内的字节数。接收方可以通过对该特殊控制字符的识别从比特流中区分出帧的起始位置，并从专门字段中获知该帧的数据字节数，从而确定出帧的终止位置。

在字节计数法中，"字节计数"字段十分重要，一旦"字节计数"字段出错，即缺失了帧边界划分的依据，将造成灾难性的后果。由于采用字段计数方法来确定帧的终止边界不会引起数据及其他信息的混淆，因而不必采用任何措施便可实现数据的透明性，即任何数据均可不受限制地传输。

2．字符填充的首尾定界法

该方法用特定的 ASCII 字符序列 DLE STX 和 DLE ETX 分别标识一帧的起始与终止。为了不使数据信息位中出现的与特定字符相同的字符被误判为帧的首尾定界符，可采用字符填充技术，即在这种数据字符前填充一个转义控制字符 DLE 以示区别，在接收端将成对的 DLE 丢掉一个，从而实现数据传输的透明性。

3．带比特填充的首尾标记法

该方法以一组特定的比特模式 (如 01111110) 来标志一帧的起始与终止。3.4.5 节介绍的 HDLC 规程即采用该法。

为了不使信息位中出现的与该特定模式相同的比特串被误判为帧的首尾标志，可以采用比特填充的方法。例如，采用特定模式 01111110，则对信息位中的任何连续出现的 5 个 1，发送方自动在其后插入一个 0，而接收方则进行该过程的逆操作，即每收到连续 5 个 1，则自动删去其后所跟的 0，以此恢复原始信息，实现数据传输的透明性。比特填充很容易由硬件来实现，性能优于字符填充方法。

4．违法编码法

该方法在物理层采用特定的比特编码方法时采用。例如，曼彻斯特编码方法，是将数据比特 1 编码成"高 - 低"电平对，将数据比特 0 编码成"低 - 高"电平对。而"高 - 高"电平对和"低 - 低"电平对在数据比特中是违法的。可以借用这些违法编码序列来定界帧的起始与终止。局域网 IEEE 802 标准中就采用了这种方法。违法编码法不需要任何填充技术，便能实现数据传输的透明性，但它只适合采用冗余编码的特殊编码环境。

以上 4 种方法有各自的优缺点，目前较普遍使用的是比特填充法和违法编码法。

3.4.3　差错控制

差错控制是数据链路层的主要功能之一，数据链路层采用检错和纠错技术，变不可靠的物理连接为可靠的数据链路，从而保证相邻结点的数据传输正确性。

检错的方法通常使用在第 2 章中介绍过的差错控制编码进行检错，由于检错码不能自动纠正所发现的错误，所以当接收方发现错误时，一般采取反馈重发机制来纠正错误，即发送方将要发送的数据帧附加一定的冗余检错码一并发送，接收方则根据检错码对数据帧进行差错检测，若发现错误，就返回请求重发的应答，发送方收到请求重发的应答后，便重新传送该数据帧。这种差错控制方法称为自动重发请求法（Automatic Repeat reQuest），简称 ARQ 法。

有时链路上的干扰严重，或由于其他原因，接收结点收不到发送结点的数据帧。这种情况称为数据帧丢失。此时，接收方当然不会向发送结点给出反馈应答帧。发送方因接收不到应答帧，将永远等待下去，于是就出现了死锁现象。同理，应答帧的丢失也同样会造成这种死锁现象。要解决死锁问题，需要引入计时器，可在发送完一个数据帧时，就启动超时定时器，若到了计时器所设置的重发时间而收不到来自接收方的任何应答帧，则发送方就重传前面所发送的数据帧。

然而问题并没有完全解决，当数据帧丢失时，超时重发没有问题。但当丢失的是反馈应答帧时，则超时重发将使接收方收到两个同样的数据帧，因而会产生重复帧的错误。要解决重复帧的问题，需要对每个数据帧进行编号，从而使接收方能根据数据帧的不同编号来区分是新发送的帧还是已被接收但又重新发送来的帧。

这样，数据链路层通过计时器和序号来保证每帧最终都能正确地交付给目标网络层一次。

实用的差错控制方法既要传输可靠性高，又要信道利用率高。ARQ 法仅需返回少量控制信息，便可有效地确认所发数据帧是否被正确接收。ARQ 法有两种最基本的实现方法：停止等待协议和连续重发请求协议。

1）停止等待（Stop and Wait）协议

该协议就是传好一帧再传下一帧。收发双方仅需设置一个帧的缓冲存储空间，即可有效地实现数据重发并确保接收方接收的数据不会重复。实现过程如下：

（1）发送方每次仅将当前信息帧作为待确认帧保留在缓冲存储器中。

（2）发送方发送一个信息帧后，就停止发送动作，随即启动计时器，等待反馈结果。

（3）当接收方收到无差错信息帧后，即向发送方返回一个确认帧。

（4）当接收方检测到一个含有差错的信息帧时，便舍弃该帧。

（5）若发送方在规定时间内收到确认帧，就将计时器清零，继而开始下一帧的发送。

（6）若发送方在规定时间内未收到确认帧，即计时器超时，则重发缓冲器中的待确认帧。

停止等待协议最主要的优点就是所需的缓冲存储空间最小，收发双方仅需设置一个帧的缓存空间；其缺点是发送方每帧都要停下来等待确认帧后再继续发送而造成信道浪费。因此该方法在链路端使用简单终端的环境中被广泛采用。

2）连续重发请求（Continuous RQ）

连续重发请求方案是指发送方可以连续发送一系列信息帧，即不用等前一帧被确认便可发送下一帧。这就需要在发送方设置一个较大的缓冲存储空间（称作重发表），用以存放若干待确认的信息帧。当发送方收到对某信息帧的确认帧后便可从重发表中将该信息帧删除。所以，实现连续重发请求协议的链路传输效率大大提高，但相应地需要更大的缓冲存储空间。实现过程如下：

（1）发送方连续发送信息帧而不必等待确认帧的返回。

（2）发送方在重发表中保存所发送的每个帧的备份。

（3）重发表按先进先出 (FIFO) 队列规则操作。

（4）接收方对每一个正确收到的信息帧返回一个确认帧。

（5）每一个确认帧包含一个唯一的序号，随相应的确认帧返回。

（6）接收方保存一个接收次序表，它包含最后正确收到的信息帧的序号。

（7）当发送方收到相应信息帧的确认后，从重发表中删除该信息帧的备份。

（8）当发送方检测出失序的确认帧（即第 N 号信息帧和第 $N+2$ 号信息帧的确认帧已返回，而 $N+1$ 号的确认帧未返回）后，便重发未被确认的信息帧。

上面连续 RQ 过程是假定在不发生传输差错的情况下描述的，如果出现差错，如何进一步处理还可以有两种策略，即回退 -N 策略和选择重发策略。

回退 -N 策略的基本原理是，当接收方检测出失序的信息帧后，要求发送方重发最后一个正确接收的信息帧之后的所有未被确认的帧；或者当发送方发送了 N 个帧后，若发现该 N 帧的前一个帧在计时器超时后仍未返回其确认信息，则该帧被判为出错或丢失，此时发送方就不得不重新发送出错帧及其后的 N 帧。这就是回退 -N 法名称的由来。因为，对接收方来说，由于这一帧出错，就不能以正常的序号向它的高层递交数据，对其后发送来的 N 帧也可能都不能接收而丢弃。回退 -N 策略操作过程如图 3-7 所示。图中假定发送完 8 号帧后，发现 2 号帧的确认帧 ACK 在计时器超时后还未收到，则发送方只能退回从 2 号帧开始重发。

回退 -N 策略可能将已正确传送到目的方的帧再重传一遍，这显然是一种浪费。另一种效率更高的策略是当接收方发现某帧出错后，其后继续送来的正确帧虽然不能立即递交给接收方的高层，但接收方仍可收下来，存放在一个缓冲区中，同时要求发送方重新传送出错的那一帧。一旦正确收到重传来的帧后，就可以和原已存于缓冲区中的其余帧一起按正确的顺序递交高层。这种方法称为选择重发（selective repeat）协议，其工作过程如图 3-8 所示。图中

2 号帧的否认返回信息 NAK2 要求发送方选择重发 2 号帧。显然，选择重发减少了浪费，但要求接收方有足够大的缓冲区空间。

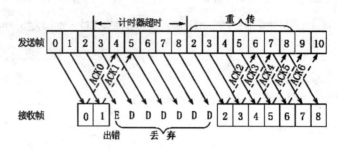

图 3-7　回退 -*N* 策略

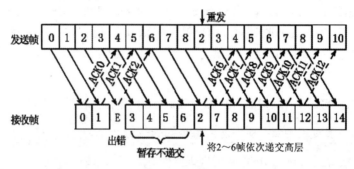

图 3-8　选择重发

3.4.4　流量控制

由于系统性能的不同，如硬件能力（CPU 速度、缓冲存储空间等）和软件功能的差异，会导致发送方与接收方处理数据的能力有所不同。当发送方以较快的发送速率发送，而接收方的接收速率较慢时，就会出现发送方发送能力大于接收方接收能力的现象，此时，接收方来不及接收的帧最终会被不断发送来的后续帧"淹没"，从而造成帧的丢失而出错。解决的办法是进行流量控制，协调发送方的发送速度或能力大于接收方的问题。流量控制实际上是控制发送方所发出的数据流量，使其发送速率不要超过接收方所能接收的速率，防止接收方被数据淹没。需要说明的是，流量控制并不是数据链路层特有的功能，许多高层协议中也提供流量控制功能，只不过流量控制的对象不同而已。例如，对于数据链路层来说，控制的是相邻两结点之间数据链路上的流量；在传输层上控制的是源端到目的端的流量。

实现流量控制的关键是需要有一种信息反馈机制，使发送方能了解接收方是否能接收到，常见的实现方法是窗口机制。

为了提高信道的有效利用率，如前所述采用了不等待确认帧返回就连续发送若干帧的方案。由于允许连续发送多个未被确认的帧，这就要求发送方有较大的发送缓冲区保留可能要求重发的未被确认的帧。但是缓冲区容量总是有限的，如果接收方不能以发送方的发送速率处理接收到的帧，则还可能用完缓冲容量而暂时过载。为此，可引入类似于停止等待的调整措施，其本质是在收到一个确认帧之前，对发送方可发送帧的最大数目加以限制。这是由发送方调整保留在重发表中的待确认帧的数目来实现的。如果接收方来不及对新到的帧进行处理，则停发确认帧，此时发送方的重发表就会增长，当达到重发表的最大限度时，发送方就不再发送新帧，直至再次收到确认信息为止。

　　为了实现此方案，发送方存放待确认帧的重发表中应设置待确认帧数目的最大限度，这一限度被称为发送窗口。显然，如果窗口设置为 1，即发送方缓冲能力仅为一个帧，则传输控制方案就回到了停止等待协议，此时传输效率很低。故窗口限度应选为使接收方尽量能处理或接收发送方发来的所有帧。当然选择时还必须考虑诸如帧的最大长度、可使用的缓冲存空间，以及传输速率等因素。

　　重发表是一个连续序号的列表，对应发送方已发送但尚未确认的那些帧。这些帧的序号有一个最大值，这个最大值即发送窗口的限度。所谓"发送窗口"就是指示发送方已发送但尚未确认的帧序号队列的界，其上、下界分别称为发送窗口的上沿、下沿，上、下沿的间距称为窗口尺寸。接收方类似也有接收窗口，它指示允许接收的帧的序号。

　　发送方每次发送一帧后，待确认帧的数目便增 1；每收到一个确认信息后，待确认帧的数目便减 1。当重发表长度计数值，即待确认帧的数目等于发送窗口尺寸时，便停止发送新的帧。

　　一般帧号只取有限位二进制数，到一定时间后就反复循环。若帧号配 3 位二进制数，则帧号在 0~7 之间循环。如果发送窗口尺寸取值为 2，如图 3-9 所示。图中发送方阴影部分表示打开的发送窗口，接收方阴影部分则表示打开的接收窗口。当传送过程进行时，打开的窗口位置一直在滑动，所以也称为滑动窗口（sliding window）协议。

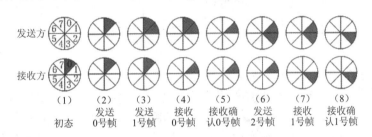

图 3-9　滑动窗口状态变化的过程

　　图 3-9 中的滑动窗口变化过程可叙述如下（假设发送窗口尺寸为 2，接收窗口尺寸为 1）。

　　（1）初态，发送方没有帧发出，发送窗口上、下沿相重合。接收方 0 号窗口打开，表示等待接收 0 号帧。

　　（2）发送方已发送 0 号帧，此时发送方打开 0 号窗口，表示已发出 0 帧但尚无确认返回信息。此时接收窗口状态同前，仍等待接收 0 号帧。

　　（3）发送方在未收到 0 号帧的确认返回信息前，继续发送 1 号帧。此时，1 号窗口打开，表示 1 号帧也属等待确认之列。至此，发送方打开的窗口数已达规定限度，在未收到新的确认返回帧之前，发送方将暂停发送新的数据帧。接收窗口此时状态仍未变。

　　（4）接收方已收到 0 号帧，0 号窗口关闭，1 号窗口打开，表示准备接收 1 号帧。此时发送窗口状态不变。

　　（5）发送方收到接收方发来的 0 号帧确认返回信息，关闭 0 号窗口，表示从重发表中删除 0 号帧。此时接收窗口状态仍不变。

　　（6）发送方继续发送 2 号帧，2 号窗口打开，表示 2 号帧也纳入待确认之列。至此，发送方打开的窗口又已达规定限度，在未收到新的确认返回帧之前，发送方将暂停发送新的数据帧，此时接收窗口状态仍不变。

（7）接收方已收到 1 号帧，1 号窗口关闭，2 号窗口打开，表示准备接收 2 号帧，此时发送窗口状态不变。

（8）发送方收到接收方发来的 1 号帧收毕的确认信息，关闭 1 号窗口，表示从重发表中删除 1 号帧。此时接收窗口状态仍不变。

一般来说，凡是在一定范围内到达的帧，即使它们不按顺序到达，接收方也要接收下来。若把这个范围看成接收窗口，接收窗口的大小也应该是大于 1 的。实际上，停止等待协议是发送窗口等于 1 的滑动窗口协议的特例。

3.4.5　数据链路层协议举例

当相邻两个结点传递数据时，除了需要一条物理线路和设备外，还需要一些必要的通信规则来控制数据的传输，这些控制相邻结点间数据传输的通信规则就是数据链路层协议。

数据链路控制协议也称链路通信规程，也就是 OSI/RM 中的数据链路层协议。链路控制协议可分为异步协议和同步协议两大类。

异步协议（异步传输）规定以字符为独立的信息传输单位，在每个字符的起始处对字符内的位实现同步，但字符与字符之间的间隔时间是不固定的，即字符之间是异步的。由于每个传输字符都要添加诸如起始位、停止位等冗余位，故信道利用率很低，一般用于数据速率较低的场合。

同步协议（同步传输）规定以许多字符或许多比特组织成的数据块——帧为传输单位，在帧的起始处同步，帧内维持固定的时钟。由于采用帧为传输单位，所以同步协议能更有效地利用信道，也便于实现差错控制、流量控制等功能。同步协议又可分为面向字节计数的同步协议、面向字符的同步协议和面向比特的同步协议。其中，面向比特的同步协议的典型代表是高级数据链路通信规程（HDLC.。

HDLC 为英文 High Level Data Link Control 的缩写，称为高级数据链路控制协议，由 ISO 颁布，前身为 IBM 公司开发的 SDLC（Synchronous Data Link Control）。HDLC 协议的特点是面向比特，不依赖于任何一种字符编码集；实现透明传输的“0 比特插入 / 删除法”易于通过硬件实现；全双工通信，不必等待确认便可连续发送数据，有较高的数据链路传输效率；所有帧均采用 CRC 校验；对信息帧进行顺序编号，可防止漏收或重发，传输可靠性高等。

1. HDLC 帧格式

在 HDLC 中，数据和控制报文均以帧的标准格式传送。完整的 HDLC 帧由如图 3-10 所示的字段组成。其中：

※　标志字段 F：也称为帧间隔符，用特殊比特串 01111110 标志帧的起始和终止。

※　地址字段 A：通信方的地址，内容取决于所采用的操作方式。命令帧中的地址字段携带的是相邻结点的地址，而响应帧中的地址字段携带的是本结点地址。

※　控制字段 C：表示帧的类型，8 位不同的编码构成各种命令和响应，以便对链路进行监视和控制。该字段是 HDLC 协议的关键部分。

※ 信息字段 I：表示传送的实际数据，下限可以为 0（无信息字段），上限未做严格限定，但实际上要受 FCS 字段或站点缓冲器容量的限制，一般是 1000 ～ 2000b。

※ 帧校验序列字段 FCS：可以使用 16 位或 32 位的 CRC，用于差错检测，对两个标志字段之间的整个帧的内容进行校验。

起始标志	地址	控制	信息	帧校验序列	结束标志
F 01111110	A 8位	C 8位	I N位	FCS 16位	F 01111110

图 3-10　HDLC 帧的标准格式

为了保证帧间隔符 01111110 的唯一性和帧内数据的透明性，保证 A（地址字段）、C（控制字段）、I（信息字段）、FCS（帧校验序列）中不出现 01111110 的位模式，HDLC 采用了 0 比特插入法。发送端发送 01111110 后，开始数据发送，并在数据发送过程中检查发送的位流，一旦发现连续的 5 个 1，则自动在其后插上 1 个 0，并继续传输后继的位流；数据发送结束后，追加帧间隔符 01111110。接收端执行相反的动作：一旦识别出帧间隔符 01111110 之后的位流不是 01111110，则启动接收过程；若识别出连续 5 个 1 和 1 个 0，则自动丢弃该 0，以恢复原来的位流；若识别出连续的 6 个 1，表示数据结束，该数据帧接收完成。

2. HDLC 帧的 3 种类型

HDLC 有信息帧（I 帧）、监控帧（S 帧）和无编号帧（U 帧）3 种不同类型的帧，各类帧中控制字段的格式及比特定义如图 3-11 所示。

控制字段位	1	2	3	4	5	6	7	8
I 帧	0		N(S)		P		N(R)	
S 帧	1	0	S1	S2	P/F		N(R)	
U 帧	1	1	M1	M2	P/F	M3	M4	M5

图 3-11　HDLC 的控制字段

控制字段中的第 1 位或第 1、第 2 位表示传送帧的类型。第 5 位是 P/F 位，即轮询 / 终止 (Poll/Final) 位。当 P/F 用于命令帧（由主站发出）时，起轮询的作用，即当该位为 1 时，要求被轮询的从站给出响应，所以此时 P/F 位可称为轮询位（或 P 位）；当 P/F 位用于响应帧 (由从站发出) 时，称为终止位 (或 F 位)，当其为 1 时，表示接收方确认的结束。为了进行连续传输，需要对帧进行编号，所以控制字段中也包括了帧的编号。

（1）信息帧（I 帧）：控制字段第 1 位为 0，标志该帧是 I 帧。信息帧用于传送有效信息或数据，简称 I 帧。I 帧以控制字段中的第 2 ～ 4 位 N(S) 用于存放发送帧序号，以使发送方不必等待确认而连续发送多帧。N(R) 用于存放接收方下一个预期要接收的帧的序号，如 N(R)=5，即表示接收方下一帧要接收 5 号帧，换言之，5 号帧前的各帧接收方都已正确接收到。N(S) 和 N(R) 均为 3 位二进制编码，可取值为 0~7。

（2）监控帧（S 帧）：控制字段第 1、2 位为 10，标志该帧是 S 帧。监控帧用于差错控制和流量控制，简称 S 帧。S 帧不带信息字段，帧长只有 6B，即 48b。S 帧的控制字段的第 3、4 位为 S 帧类型编码，共有 4 种不同组合，含义分别如下：

00——接收就绪（RR），由主站可以使用 RR 型 S 帧来轮询从站，即希望从站传输编号为 N(R) 的 I 帧，若存在这样的帧，便进行传输；从站也可用 RR 型 S 帧来响应，表示从站期望接收的下一帧的编号是 N(S)。

01——拒绝（REJ），由主站或从站发送，用以要求发送方对从编号为 N(R) 开始的帧及其以后所有的帧进行重发，这也暗示 N(R) 以前的 I 帧已被正确接收。

10——接收未就绪（RNR），表示编号小于 N(R) 的 I 帧已被收到，但目前正处于"忙"状态，尚未准备好接收编号为 N(R) 的 I 帧，这可用来对链路流量进行控制。

11——选择拒绝（SREJ），它要求发送方发送编号为 N(R) 的单个 I 帧，并暗示其他编号的 I 帧已经全部确认。

可以看出，接收就绪 RR 型 S 帧和接收未就绪 RNR 型 S 帧有两个主要功能：首先，这两种类型的 S 帧用来表示从站已准备好或未准备好接收信息；其次，确认编号小于 N(R) 的所有接收到的 I 帧。拒绝 REJ 和选择拒绝 SREJ 型 S 帧用于向对方站指出发生了差错。REJ 帧对应回退 -N 策略，用以请求重发 N(R) 起始的所有帧，而 N(R) 以前的帧已被确认，当收到一个 N(S) 等于 REJ 型 S 帧的 N(R) 的 I 帧后，REJ 状态即可清除。SREJ 帧对应选择重发策略，当收到一个 N(S) 等于 SREJ 帧的 N(R) 的 I 帧时，SREJ 状态即应消除。

（3）无编号帧（U 帧）：控制字段第 1、2 位为 11，标志该帧是 U 帧。无编号帧因其控制字段中不包含编号 N(S) 和 N(R) 而得名，简称 U 帧。U 帧用于提供对链路的建立、拆除以及多种控制功能，这些控制功能用于 5 个 M 位 (M1~M5，也称修正位) 来定义，可以定义 32 种附加的命令或应答功能。

3. HDLC 的工作过程

数据从发送到被接收的完整数据传输过程中，发送方和接收方要对传输操作进行一系列控制，主要包括请求与响应。这些控制是根据帧中各字段中位的数值变化来实现的。图 3-12 给出了 HDLC 用于有确认面向连接的服务的工作过程。

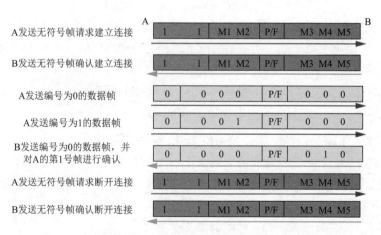

图 3-12　HDLC 的工作过程示意图

3.5　网络层

在 OSI/RM 中，网络层作为通信子网的最高层，关系到通信子网的运行控制，是通信子网中最为复杂、关键的一层。网络层介于数据链路层和传输层之间，以数据链路层提供的无差错传输为基础，把高层发来的数据组织成分组，从源结点经过若干个中间结点传送到目的结点。传送过程要解决的关键问题是选择路径，在选择路径时还要考虑解决流量控制问题，防止网路中出现局部的拥挤或全面的阻塞。设置网络层的目的就是要为报文分组提供最佳路径，通过通信子网到达目的主机，实现两个端系统之间的数据的透明传送，主要功能包括路径选择、拥塞控制和网际互联等。

3.5.1　网络层提供的服务

两个端点之间的通信是依靠通信子网中的结点间的通信来实现的，既然网络层是通信子网中网络结点的最高层，所以网络层将体现通信子网向端系统所提供的网络服务。在 OSI/RM 中规定网络层提供面向连接的服务和无连接的服务两种类型的网络服务。在分组交换网络中，这两种网络服务的具体实现分别称为虚电路服务和数据报服务。

1．虚电路服务方式

所谓虚电路（virtual circuit），顾名思义，就是非实在性的电路。采用虚电路方式传输时，每个分组除了包含数据之外，还包含一个虚电路号，在预先建好的路径上的每个结点都知道把这些分组引导到哪里去，不再需要路由选择判定。

工作过程类似于电路交换，分虚电路建立、数据传送和释放 3 个阶段。不同之处在于电路交换自始至终固定占用一条物理链路，而虚电路是断续地占用一段一段的链路，此时的这条逻辑通路不是专用的，在每个结点上仍然采用“存储 - 转发”的方式处理分组，所以称之为虚电路。虚电路服务是以可靠的、面向连接的数据传送方式，向传输层提供的一种使所有分组按顺序到达目的结点的数据传输服务。面向连接是指在数据交换之前，必须先建立连接，当数据交换结束后，释放这个连接。

（1）虚电路建立。发送方发送含有地址信息的特定格式的呼叫分组，该分组除了包含源、目的地址外，还包含源端系统所选取的不用的最小虚电路号。该呼叫分组途经的每个中间结点根据当前的逻辑信道使用状况，分配虚电路号，并建立虚电路输入和输出映射表，即虚电路表。所谓主机之间建立虚电路，实际上就是在途经的各结点上填写虚电路表。

例如，图 3-13（a）所示的网络，其各结点的虚电路表如图 3-12（b）所示。当主机 H_1 的网络层收到传输层请求与主机 H_4 建立连接时，主机 H_1 的网络层发一个呼叫请求分组。呼叫请求分组在它通过通信子网到达目的主机的过程中，在所经过结点的虚电路表上登记入口和出口信息。入口信息的输入线就是前方结点名，虚电路号即是前方结点输出线的虚电路号。而出口信息的输出线可根据目标地址查输出线选择得到，其虚电路号则取该输出线当前尚未使用的最小虚电路号。

假设主机 H_1 发的呼叫请求分组在通信子网中沿路径① A → B → D 从 H_1 到达 H_4，沿途登记的入口出口信息如图 3-12（b）所示。由于这条路径是最先建立的，因此各结点虚电路表中的虚电路号均为 0。同理，按序可建立② A → B → C → D、③ B → A → C、④ B → C → D 三条虚电路，这对单工通信是可行的。但对双工通信，还必须保证两个相邻结点之间正、反两个方向的两条虚电路不能混淆。为此，不仅要考虑与下一结点之间的虚电路号不相同，还要考虑与下一结点在另一条虚电路上作为上结点时所选取的虚电路号相区别。因此，第③条虚电路结点 B 的出口虚电路号取 2，而不取 0 或 1。这样做后，不同虚电路的分组虽然从同一条输入线进入了同一个结点，且可能从同一输出线输出，但它们却不会有相同的输出虚电路号。

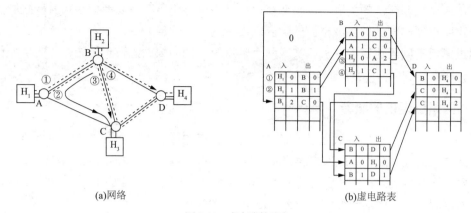

(a)网络　　　　　　　　　　　(b)虚电路表

图 3-13　虚电路的建立

当呼叫请求分组到达目的主机（如 H_4），若目的主机同意通信，就发同意通信的应答给源主机，则虚电路建立阶段结束。

（2）数据传送。虚电路一旦建立以后，在传输中，当一个分组到达结点时，结点根据其携带的虚电路号查找虚电路表，以确定该分组应发往下一段信道上所占用的虚电路号，用该虚电路号替换分组中原先的虚电路号后，再将该分组发往下一个结点。这样，分组上面就不需目的主机的网络地址，只要带虚电路号即可。

（3）虚电路的释放。各结点的虚电路表空间和虚电路号都是网络资源，当虚电路拆除时必须回收。这可通过某端系统发出一个拆链请求分组，告知虚电路中各结点删除虚电路表中有关表项来实现。

虚电路有永久性和交换型的虚电路两种。永久性虚电路（PVC）是一种提前定义好的，基本上不需要任何建立时间的端点站点间的连接；交换型虚电路（SVC）是端点站点之间的一种临时性连接。虚电路服务方式主要的特点如下：

※　在每次分组传输前，都需要在源结点和目的结点之间建立一条逻辑连接。

※　一次通信的所有分组都通过虚电路顺序传送，因此分组不必自带目的地址、源地址等信息。分组到达结点时不会出现丢失、重复与乱序的现象。

※　分组通过虚电路上的每个结点时，中间结点只需要进行差错检测，而不需要进行路由选择。

※　通信子网中每个结点可以与任何结点建立多条虚电路连接。

虚电路服务方式的优点是：端到端的差错控制由通信子网负责，可靠性高，网络层保证分组按顺序交付，不丢失，不重复；其缺点是：如有故障，则经过故障点的数据全部丢失。这种服务方式适用于数据量大、可靠性要求较高的场合。

2．数据报服务方式

数据报服务是无连接的数据传送方式，免去了虚电路方式的虚电路建立阶段，工作过程类似于报文交换。通信双方在开始通信之前不需要先建立连接，因此被称为无连接。

采用数据报方式传输时，被传输的分组称为数据报。当端系统从传输层接收到要发送的一个报文时，网络层将报文拆成若干个带有序号和地址信息的数据报，依次发给网络结点。网络结点接收到一个数据报后，根据数据报中地址信息和结点存储的路由信息，找出一条合适的出路，把数据报原封不动地传送到下一个结点，依此类推，直至目的结点。

从数据报服务方式中可以看出，在整个数据报传送过程中，不需要建立连接，但网络结点要为每个数据报进行路由选择。目标结点收到数据后也不需发送确认，因而是一种开销较小的通信方式。数据报服务方式的主要特点如下：

※　同一报文的不同分组可以经过不同的传输路径通过通信子网。

※　每个分组在传输过程中都必须带有目的地址与源地址。

※　同一报文的不同分组到达目的结点时可能出现乱序、重复与丢失现象。需要在目的结点开辟缓冲区，缓存所有收到的分组，然后重新排序后按发送顺序交付给主机。

※　由主机承担端到端的差错控制。

※　传输过程延迟大，适用于突发性通信，不适用于长报文、会话式通信。

数据报具有健壮性和灵活性的优点，在传输途中，若某个结点或链路发生故障，数据报服务可以绕过故障把分组传送到目的结点。

3. 虚电路服务和数据报服务的比较

※　在传输方式上：虚电路服务需要连接建立和释放的过程；而数据报服务，网络层从传输层接收报文分组，附加上源、目的地址等信息后独立传送，不需建立和释放连接。

※　网络地址：虚电路服务仅在源主机发出呼叫分组中需要填上源和目的主机的网络地址，在数据传输阶段只需填上虚电路号，不需要网络地址。而数据报服务，由于每个数据报都单独传送，因此，在每个数据报中都必须具有源和目的主机的网络地址。

※　路由选择：在数据报方式中，每个网络结点都要为每个分组路由做出选择；而在虚电路方式中，只需在连接建立时确定路由。

※　分组顺序：虚电路服务的所有分组都是通过事先建立好的一条虚电路进行传输，所以能保证分组按发送顺序到达目的主机。但是，当把一份长报文分成若干个短的数据报时，由于它们被独立传送，可能各自通过不同的路径到达目的主机，因而数据报服务不能保证这些数据报按顺序到达目的主机。

※　可靠性和适应性：虚电路服务在通信之前双方已进行过连接，而且每发完一定数量的分组后，对方也都给予确认，故虚电路服务比数据报服务的可靠性高。但是，当传输途中的某个结点或链路发生故障时，数据报服务可以绕开这些故障地区，另选其他路径，把数据传至目的地；而虚电路服务则必须重新建立虚电路才能进行通信。因此，数据报服务的适应性比虚电路服务强。

综上所述，虚电路适合于大批量的数据传输、交互式通信，不仅及时、传输较为可靠，而且网络开销小。数据报方式更适合于站点之间少量数据的传输。

3.5.2 路由选择

通信子网中源结点和目的结点之间存在多条传输路径的可能性。网络结点在收到一个分组后，根据一定的原则和算法确定向下一个结点传送的最佳路径，这就是路由选择。

路径的选择需要相应的路由选择算法来实现，路由选择算法就是网络结点用于决定达到目的网络的最佳路径的计算方法。网络上的路由器通过路由选择算法形成路由表，以确定发送分组的传输路径。路由算法应具备的特性有正确性、简单性、健壮性、稳定性、公平性和最优性，即一个理想的路由选择算法应该是正确、简单且易实现的，不增加额外开销，能适应通信量和网络拓扑结构的变化，公平地保证每个结点都有平等的机会传送数据。一个实际的路由选择算法应尽可能接近于理想的算法。根据路由算法能否依靠网络当前的流量和拓扑结构来调整它们的路由决策，路由选择算法分为静态路由选择算法和动态路由选择算法。

1. 静态路由选择算法

静态路由选择算法不用测量也无须利用网络信息，按某种固定规则进行路由选择，也称作非自适应算法。非自适应算法可分为以下几种。

※ 泛射路由选择。也称泛洪法，是一种最简单的路由选择算法。一个网络结点从某条线路收到一个分组后，再向除该条线路外的所有线路重复发送收到的分组。显然，最先到达目的结点的一个或若干个分组肯定经过了最短路径。实际应用中很少采用洪泛法，这是因为采用这种方法后，网络中的分组数目会迅速增长，会导致网络出现拥塞现象。这种方法可用于诸如军事网络等健壮性要求很高的场合，即使有的网络结点遭到破坏，只要源、目标间有一条信道存在，则泛射路由选择仍能保证数据的可靠传送。另外，这种方法也可用于将一个分组从数据源传送到所有其他结点的广播式数据交换中，它还可用来进行网络的最短传输延迟的测试。

※ 固定路由选择。这种方法是在每个网络结点存储一张预先确定好的路由表，该表格记录从本结点到某个目的结点的最短路径。当一个分组到达某结点时，该结点可根据分组中的目的地址，从路由表中查出其输出线。固定路由选择的路由表是由网络管理人员在网络运行前确定并建立的，路由表中的每一条信息都是手工配置的。路由表一旦建立，在运行中一般不会改变，当网络拓扑结构发生变化或路由器出现故障时，它都不能自动更新路由表，除非网络管理员重新配置它。固定路由选择法的优点是简便易行，负载稳定，适合在拓扑结构变化不大的小型网络中应用；它的缺点是灵活性差，无法应付网络中发生的拥塞和故障。

※ 随机路由选择。在这种方法中，收到分组的结点在所有与之相邻的结点中为分组随机选择一个出路结点。该方法虽然简单，也较可靠，但实际路由可能不是最佳路由，增加了不必要的负担，而且分组传输延迟也不可预测，故应用不广。

2. 动态路由选择算法

在实际网络中网络结点众多，随时都有结点开始和停止工作，网络的拓扑结构随时都有可能变化，各结点的通信请求不可预知，网络上的负载是变化的。静态路由算法不能根据网络流量和拓扑结构的变化来调整自身的路由表。动态路由选择算法是指结点根据当前网络的状态信息，自动计算最佳路径，建立路由表，而且能够自动适应网络的故障、拓扑结构的变化，动态地更新路由表。这种策略能较好地适应网络流量、拓扑结构的变化，有利于改善网络的性能。但由于算法复杂，会增加网络的负担。现代计算机网络中普遍使用的是动态路由选择算法，动态路由选择算法是动态路由协议的依据。

为了能够动态地适应网络拓扑结构等网络状态的变化，结点间必须交换网络状态信息。每个结点获得网络状态信息有 3 种来源：本地、相邻结点和所有结点。相应地可以把动态策略分为 3 种：孤立路由、分布路由、集中路由。其中，分布路由是目前普遍使用的一种方法，采用分布路由的网络，网络中每个结点根据来自相邻结点的信息，通过最短花费算法计算出到每个目的结点的路径，更新自己的路由表。实现分布路由选择的动态路由选择算法有距离向量路由算法和链路状态路由选择算法。

1）距离向量路由算法（distance vector routing）

距离向量路由算法的基本要素是距离和向量。距离是最优距离度量值，度量值可以是从源结点到目的结点的路径上经过的路由器的个数，即跳数（hop），也可以用多种权值来综合度量。向量是指从源结点到达目的网络的路径，即它的下一跳路由器，也就是在转发数据分组时首先要传给的那个相邻路由器。

距离向量路由算法的基本思想是以某一结点到目的结点的距离作为算法的度量，每个结点（路由器）均存储一张路由选择表，表中记录本结点到达每个已知目标结点的最优距离度量值和路径。结点接收到数据分组后，根据分组头部的目的地址来查找路由表，并将其转发到下一跳所指定的结点。结点根据路由选择协议，通过与邻居之间相互交换路由表，对本身的路由表的距离度量值进行检查，如距离度量值有变化，就重新计算更新路由表。

距离向量路由算法的优点是简单、易于实现。但在实现时有明显缺陷，那就是要求所有结点都参与路由表信息的交换，而且不管网络是否发生了变化，都要定期地向相邻结点发送整个路由表。由于每次路由表的更新都是仅在相邻结点之间进行的，然后再由相邻结点向它的相邻结点传送，这样一级一级地传播下去，最终完成互联网所有结点的更新，这需要一定的时间。因此，距离向量算法交换信息量大，更新过程长，收敛速度慢，并且在刷新的过程中容易发生远近路由器路径不一致的问题。所谓"收敛"是指直接或间接交换路由信息的一组结点在网络的路由信息方面达成一致。另外，为了避免无限记数问题，距离向量算法对经过路由器的跳数有限制。采用距离向量算法的 RIP（路由信息协议）规定全程最多不能超过15 跳，超过该值就被认为路径不可到达，这也是距离向量算法不适合在大型互联网的环境中应用的主要原因。因此，出现了另一种全新的算法——链路状态路由选择算法。在 1979 年以前，ARPAnet 一直使用的是距离向量路由算法，而在此后，则被替换为链路状态路由选择算法。

2）链路状态路由选择算法（link-state routing）

链路状态路由选择算法也称为最短路径优先算法（Shortest Path First，SPF），它克服了距离向量算法交换信息量大、收敛速度慢等不足，是一种更适合大型网络环境应用的路由选择算法。

这种算法需要每个结点都保存一份最新的关于整个网络链路状态信息的网络拓扑结构数据库，也称作链路状态数据库。数据库记录网络中每个结点的链路状态。链路状态指的是结点间的邻接关系和链路代价，包括相邻结点的名称、状态，以及到达这个结点的延迟时间等。这里的结点就是连接网络的路由器。每个结点都会产生一些关于自己、本地直接连接链路的状态和所有直连邻居结点的信息。这些信息从一个结点传送到另一个结点，每个结点都做一份信息副本，但是决不改动这些信息，最终每个结点都有一个相同的网络信息的链路状态数据库。通过这个数据库，每个结点可以独立地计算各自的最优路径并产生路由表。如果把距离向量路由选择比作是由路标提供的信息，那么链路状态路由选择就是一张交通线路图，因为它有一张完整的网络图，所以不容易被欺骗而做出错误的路由决策。

在链路状态路由选择算法中，最重要的是保证网络上所有的路由器能够得到必要的链路状态信息，以保证路由表的及时更新。为此，每个路由器必须完成以下工作：

※ 发现邻居。通过网络发送链路状态询问报文 Hello 分组来实现相邻结点探查，相邻结点则返回一个应答，告知它是谁，同时返回它的链路状态信息。

※ 发送链路状态通告。网络中各结点在链路状态改变时，通过泛洪法的方式广播发送链路状态通告（LSA. 到网络中的所有结点。

※ 计算新的路由。一旦结点收到所有的链路状态通告，每个结点将构造区域中的网络拓扑结构图。然后，路由器根据结构图在本地运行最短路径算法（Dijkstra 算法），计算出到达所有可能目的结点的最短路径，完成路由表的更新。

链路状态路由选择算法对于每个结点发送路由信息到网络上所有的结点时，仅发送它的路由表中描述了其自身链路状态的那一部分。而距离向量路由算法则要求每个结点发送其路由表全部或部分信息，但仅发送到邻近结点上。从本质上来说，链路状态路由选择算法将少量的更新信息发送至网络各处，而距离向量路由算法发送大量的更新信息至相邻结点，再由相邻结点传给其相邻结点。因此链路状态路由选择算法收敛更快，在一定程度上比距离向量路由算法更不易产生路由循环。但另一方面，链路状态路由选择算法要求比距离向量路由算法有更强的 CPU 计算能力和更多的内存空间，因此链路状态路由选择算法将会在实现时显得更昂贵一些。

链路状态路由选择算法在实际网络中得到广泛的应用，在因特网中使用的 OSPF（开放路径优先）协议使用的就是链路状态路由选择算法。

3.5.3　拥塞控制

网络中多个层次都存在流量控制问题，网络层的流量控制是对进入通信子网的通信量加以控制，以防止因通信量过大造成通信子网性能下降。

1．拥塞和死锁

拥塞现象是指到达通信子网中某一部分的分组数量过多，使得该部分网络来不及处理，以致引起这部分乃至整个网络性能下降的现象。当主机发送到通信子网中的分组数量在其传输容量之内时，能被送达目的端。但当通信量增加太快时，使得路由器不能及时处理，开始丢弃分组，由于丢弃分组而带来大量的重发分组，导致情况进一步恶化，严重时甚至会导致网络通信陷入停顿，即出现死锁现象。

通信子网吞吐量和通信子网负荷之间一般有如图 3-14 所示的关系。当通信子网负荷，即通信子网正在传输的分组数比较少时，网络的吞吐量（单位为分组数 /s）随网络负荷的增加而线性增加。当网络负荷增加到某一值后，网络吞吐量反而下降，则表征网络中出现了拥塞现象。在一个出现拥塞现象的网络中，到达一个结点的分组将会遇到无缓冲区可用的情况，从而使这些分组不得不由前一结点重传，或者需要由源结点或源端系统重传。当拥塞比较严重时，通信子网中相当多的传输能力和结点缓冲器都用于这种无谓的重传，从而使通信子网的有效吞吐量下降，由此导致恶性循环，使通信子网的局部甚至全部处于死锁状态，网络有效吞吐量接近于零。

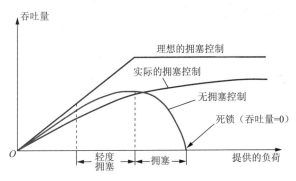

图 3-14　拥塞引起的性能下降情况

OSI/RM 中多个层次都存在流量控制问题，网络层的流量控制则对进入分组交换网的通信量加以一定的控制，以防止因通信量过大造成通信子网性能下降。拥塞控制用于确保通信子网能运送所有待传数据，是全局性的问题，涉及所有主机、路由器，并与路由器的存储转发能力和其他影响通信子网负荷的因素有关。数据链路层流量控制只涉及发送者和接收者之间的点对点通信的局部问题，其任务是确保快速的发送者不要以高于接收者所能承受的速率发送数据。

2．拥塞控制方法

为防止出现拥塞和死锁现象，可采用预先分配缓冲区资源、准许结点在必要时丢弃分组、限制进入通信子网的分组数等方法。

1）缓冲区预分配法

这种方法用于虚电路分组交换网中。在建立虚电路时，让呼叫请求分组的途径结点为虚电路预先分配一个或多个数据缓冲区。若某个结点缓冲区已被占满，则呼叫请求分组另择路由，或者返回一个"忙"信号给呼叫者。这样，通过途经的各个结点为每条虚电路开设的永久性缓冲区（直到虚电路拆除），就总能有空间来接纳并转送经过的分组。此时的分组交换与电路交换很相似。当结点收到一个分组并将它转发出去之后，该结点向发送结点返回一个确认信息。该确认一方面表示接收结点已正确收到分组，另一方面告诉发送结点，该结点已空出缓冲区以备接收下一个分组。上面是"停止 - 等待"协议下的情况，若结点之间的协议允许多个未处理的分组存在，则为了完全消除拥塞，每个结点要为每条虚电路保留等价于窗口大小数量的缓冲区。这种方法不管有没有通信量，都有可观的资源（线路容量或存储空间）被某个连接占有，因此网络资源的有效利用率不高。这种控制方法主要用于要求高带宽和低延迟的场合，例如传送数字化语音信息的虚电路。

2）分组丢弃法

这种方法不必预先保留缓冲区，当缓冲区占满时，将到来的分组丢弃。若通信子网提供的是数据报服务，则用分组丢弃法来防止拥塞，拥塞发生时也不会引起大的影响。但若通信子网提供的是虚电路服务，则必须在某处保存被丢弃分组的备份，以便拥塞解决后能重新传送。有两种解决被丢弃分组重发的方法，一种是让发送被丢弃分组的结点超时，并重新发送分组直至分组被收到；另一种是让发送被丢弃分组的结点在一定次数后放弃发送，并迫使数据源结点超时而重新开始发送。但是不加分辨地随意丢弃分组也不妥，因为一个包含确认信息的分组可以释放结点的缓冲区，若因结点无空余缓冲区来接收含确认信息的分组，这便使结点缓冲区失去了一次释放的机会。解决这个问题的方法是：可以为每条输入链路永久地保留一块缓冲区，以用于接纳并检测所有进入的分组，对于捎带确认信息的分组，在利用了所捎带的确认信息释放缓冲区后再将该分组丢弃，或将该捎带确认消息的分组保存在刚空出的缓冲区中。

3）定额控制法

这种方法在通信子网中设置适当数量的被称为许可证的特殊信息，一部分许可证在通信子网开始工作前预先以某种策略分配给各个源结点，另一部分则在子网开始工作后在网中四处环游。当源结点要发送来自源端系统的分组时，它必须首先拥有许可证，并且每发送一个分组便注销一张许可证。目的结点方则每收到一个分组并将其递交给目的端系统后，便生成一张许可证。这样便可确保子网中分组数不会超过许可证的数量，从而防止拥塞的发生。

3.5.4　网络互联

网际互联的目的是使一个网络上的某一主机能够与另一网络上的主机进行通信，即让一个网络上的用户能访问其他网络上的资源，可使不同网络上的用户互相通信和交换信息。若互联的网络都具有相同的协议结构，则互联的实现比较容易。OSI/RM 正是为达到这一境界而提出的。但是在实际应用中存在着大量采用不同体系结构和协议的异构网。对于异构网（如各种类型的局域网）来说，在分组长度、寻址方式、超时控制、差错恢复方法等多方面存在着很大差异，因此，当被传送的分组需要跨越一个网络边界时，网络层应该对不同网络中的这些差异进行转换，消除网络间的差异，使异构网之间能够互联。有关网络互联的知识将在以后的章节中详细介绍。

3.5.5　网络层协议举例

典型的网络层协议是 X.25 协议，X.25 是国际电报电话咨询委员会（CCITT）提出的对于分组交换网（Packet-Switched Network，PSN）的标准访问协议，描述了主机（DTE）与分组交换网之间的接口标准，使主机不必关心网络内部的操作就能方便地实现对网络的访问。X.25 实际上是 DTE 与 PSN 之间的一组接口协议，它包括物理层、数据链路层和分组层 3 个层次，其中分组层相当于 OSI/RM 中的网络层。X.25 协议最主要的功能是向主机提供多信道的虚电路服务。

1．X.25 分组层的功能

X.25 分组层的主要功能是将链路层所提供的连接 DTE-DCE 的一条或多条物理链路复用

成数条逻辑信道，并且对每一条逻辑信道所建立的虚电路执行与数据链路层单链路协议类似的链路建立、数据传输、流量控制、顺序和差错检测、链路拆除等操作。利用 X.25 分组层协议，可向网络层的用户提供多个虚电路连接，使用户可以同时与公用数据网中若干个其他 X.25 数据终端用户（DTE）通信。X.25 提供虚呼叫和永久虚电路两种虚电路服务。

2. X.25 分组层分组格式

在分组层上，所有的信息都以分组为基本单位进行传输和处理，无论是 DIE 之间所要传输的数据还是交换网所用的控制信息都以分组形式来表示，并按照链路协议穿越 DTE-DCE 接口进行传输。因此在链路层上传输时，分组应嵌入到信息帧（I 帧）的信息字段中。每个分组均由分组头和数据信息两部分组成，其一般格式如图 3-15 所示。

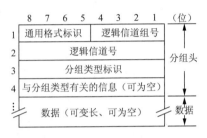

图 3-15　X.25 分组层分组格式

分组格式的数据部分通常被递交给高层协议或用户程序去处理，所以分组协议中不对它做进一步规定。分组头用于网络控制，主要包括 DTE/DCE 的局部控制信息，其长度随分组类型不同，但至少要包含前 3 个字节作为通用格式标识、逻辑信道标识和分组类型标识，它们的含义如下。

※　通用格式标识（GFI）。由分组中第 1 个字节的前 4 位组成，用于指出分组头中其余部分的格式。第 1 位（b8）称作 q 位或限定位，只用于数据分组中。这是为了对分组中的数据进行特殊处理而设置的，可用于区分数据是正常数据还是控制信息。对于其他类型的分组，该设置为 0；第 2 位（b7）称作 d 位或传送确认位，设置该位的目的是用来指出 DTE 是否希望用分组接收序号 P(R) 来对它所接收数据做端到端确认。在呼叫建立时，DTE 之间可通过 d 位来商定虚电路呼叫期间是否使用 d 位规程；第 3、第 4 位（b6、b5）用以指示数据分组的序号是用 3 位即模 8（b6 置 1）还是 7 位即模 128（b5 置 1），这两位或者取 10，或者取 01，一旦选定，相应的分组格式也有所变化。

※　逻辑信道标识。由第 1 个字节中的剩余 4 位（b4、b3、b2、b1）所作的逻辑信道组号（LCGN）和第 2 个字节所作的逻辑信道号（LCN）两部分组成，用以标识逻辑信道。每条虚电路都要赋予一个虚电路号，X.25 中的虚电路号由逻辑信道组号（0～15）和逻辑信道号（0～255）组成。用于虚呼叫的虚电路号范围和永久虚电路的虚电路号应在签订服务协议时与管理部门协商确定并分配。

※　分组类型标识。由第 3 个字节组成，用于区分分组的类型和功能。若该字节的最后一位（b1）是 0，则表示分组为数据分组；若该位是 1，则表示分组为控制分组，其中可包括呼叫请求或指示分组及释放请求或指示分组。若该字节末 3 位（b3、b2、b1）均为 1，则表示该分组是某个确认或接受分组。第 4 个字节及其后各字节将依据分组类型的不同而有不同的定义。

X.25 分组层协议还规定了其他多种类型的分组，包括释放请求 / 指示、复位请求 / 指示、重启动请求 / 指示，在这里就不进行详述了。

3.6 传输层

1. 传输层的地位和作用

传输层也称为运输层，只存在于通信子网以外的主机中。它是整个协议层次结构的核心，是唯一负责源端到目的端对数据传输和控制的一层。

传输层介于低 3 层通信子网和高 3 层之间，它接收来自高 3 层的用户信息并交给网络层进行传输。传输层之上的会话层、表示层及应用层不包含任何数据传输的功能，传输层之下的网络层代表的是通信子网。有一个既存事实，即世界上各种通信子网在性能上存在着很大差异。例如电话交换网、分组交换网、公用数据交换网、局域网等通信子网都可互联，但它们提供的吞吐量、传输速率、数据延迟等通信费用各不相同。对于会话层来说，却要求有一个性能恒定的界面。因此在网络层之上加一层即传输层来承担这一功能，它采用分流 / 合流、复用 / 介复用技术来屏蔽通信子网在这些方面的细节与差异，使会话层感受不到通信子网的差异。有了传输层，用户在通信时就不必知道通信子网的构成及线路质量等，也不必考虑子网是局域网还是分组交换网，在传输数据时也不必关心数据传送方法的细节。传输层的存在使高层用户看见的就好像是在两个传输实体间已有一条已经建立好的端到端的可靠的通信通路，但传输层不对所传送的数据进行处理。

计算机网络通信是主机中应用进程间的数据通信，数据到达指定的主机后，还必须交给相应的应用程序。主机中可能会同时运行多个应用程序（如 Web 服务、FTP 服务等），因此数据中必须有相应的标识（端口号），以保证正确传送到对应的应用程序。所以，传输层完成进程间的数据传送，实际上是按端口号找到进程进行通信。网络层只是根据网络地址将源主机发出的分组传送到目的主机，而传输层负责将数据可靠地送到相应的端口。在生活中，邮包送到邮局类似于网络层的功能，而邮递员将信件交到收件人手中类似于传输层的功能。

设置传输层的两个主要作用是：第一，负责可靠的端到端通信，所谓"端到端"就是进程到进程；第二，向会话层提供独立于网络的传输服务。

2. 传输层的功能

传输层提供了主机应用进程之间的端到端服务，其主要功能是：为一个进行的会话或连接提供可靠的传输服务，完成端到端的通信链路的建立、维护和管理；在单一连接上提供端到端的端口号、流量控制以及差错恢复等服务。针对用户端的需求，采用一定的手段，屏蔽不同网络的性能差异，使用户无须了解网络传输的细节，获得相对可靠的数据传输服务。其基本功能如下：

※ 分割与重组数据。在发送方，传输层将从会话层来的数据分割成较小的数据单元，并在数据单元的头部加上一些控制信息后，形成报文。报文头部包含源端口号和目的端口号。在接收方，数据经过通信子网到达传输层时，将各报文中的头部控制信息去掉，然后按正常的顺序重组，还原为原来的数据，送交给会话层。

※　按端口号寻址。端点是与网络地址对应的，但同一端点上可能有多个应用进程，它们在同一时间内进行通信。传输层则通过端口号寻址到端点上的不同进程，并使用多路复用技术处理多端口同时通信的问题。

※　连接管理。面向连接的传输服务需要建立、维持和释放连接。

※　差错控制和流量控制。传输层要向会话层提供通信服务的可靠性，避免报文的出错、丢失、延迟时间紊乱、重复、乱序等差错。因此要提供端到端的差错控制和流量控制，传输层的数据将由目标端点进行确认，如果源端点在指定的时间内未收到确认信息，将重发数据。传输层还具有流量控制的作用，使用窗口技术控制发送端口的速率，使其不要超过接收端口所能承受的范围。

3. 传输层的服务类型

传输服务有两大类，即面向连接的服务和面向无连接的服务。面向连接的服务提供传输服务用户之间逻辑连接的建立、维持和拆除，是可靠的服务，可提供流量控制、差错控制和序号控制；而无连接的服务只能提供不可靠的服务。

传输层利用网络层提供给它的服务开发本层的功能，实现本层对会话层的服务。通过对网络层的学习我们已经知道，网络层提供面向连接的和无连接的服务两种形式，传输层也提供类似的面向连接和无连接的传输服务。也就是说，传输服务和网络服务十分相似。既然两种服务如此类似，为什么不直接利用网络层服务完成所有的功能，还需要传输层服务呢？这是因为网络层代表的是通信子网，提供的是数据报和虚电路服务，而这两种服务提供的服务质量是有差异的、不可靠的。对于数据报，网络层无法保证分组无丢失、无重复，无法保证分组按顺序从发送端到接收端。对于虚电路服务，虽然可以保证分组无差错、无丢失和无重复，以及按顺序到达，但在这种情况下，也不能保证网络服务能达到 100% 的可靠。对于这种情况，用户将束手无策，因为用户不能对通信子网加以控制，无法采用更优的通信处理机来解决网络服务质量的问题，更不能通过改进数据链路层纠错能力来改善它。解决这个问题的唯一可行办法就是在网络层上增加一层传输层。传输层的存在使传输服务比网络服务更可靠，分组丢失、残缺甚至网络的复位均可被传输层检测出来，并采取相应的补救措施。

4. 服务质量

服务质量（Quality of Service，QoS）是传输层性能的度量，它衡量传输层的总体性能，反映传输质量及服务的可用性。在传输层中，要求服务质量达到一定的高度，从另一个角度看，传输层服务质量可以看作是网络层服务的增强。如果网络层服务质量比较完备，则传输层可以少做一些工作，实现比较简单；相反，如果网络层服务质量比较差，那么就要求传输层实现比较复杂的功能才能达到传输层服务质量的要求。

服务质量可用一些参数来描述，如连接建立延迟、连接建立失败概率、吞吐率、传输延迟、残留差错率、连接拆除延迟、连接拆除失败概率、传输失败率，等等。

（1）连接建立延迟。指从传输服务用户发出连接请求到连接建立成功之间的时间。这个延迟时间越短，服务质量就越高。

（2）连接建立失败概率。指最大延迟时间内连接未能建立的可能性。连接未能建立可能由于各种因素，如网络拥塞、缓冲区不足等。这个概率当然越小越好。

（3）吞吐率。指在一个时间段内，在一条传输连接上传输的数据字节数。

（4）传输延迟。指从源端开始传输数据到数据被目的端收到为止的时间。

（5）残留差错率。指传输连接上错误的报文数占全部传输的报文数的比例。

传输层的服务质量参数值通常由传输服务用户在请求建立连接时指定，一般需要指出期望值和最低可接受的值。传输实体在收到这个连接请求时会有下面两种情况。

一种是传输实体马上就能判断这个 QoS 是不可能达到的。此时，传输实体可能甚至不去与目的传输实体连接就马上给传输服务用户发回连接请求失败的信息，并且指明因为哪种服务质量不能达到标准而造成了连接失败；另一种是如果传输实体不能到达期望的服务质量，但是可以到达服务质量高于最低可接受的服务质量。此时，传输实体向目的传输实体发出连接请求，同时传递相应的 QoS 参数值，例如吞吐率参数的期望值为 500Mb/s，最低可接受值为 160Mb/s。如果目的传输实体只可以实现的吞吐率参数值为 300Mb/s，则目的实体以它可实现的 QoS 参数值 300Mb/s 来响应这个连接请求。这个过程称为用户与传输服务提供者之间的协商服务质量。主呼叫用户请求的服务质量可能被传输服务者、提供者降低，也可能被被呼用户降低。一旦这些参数被双方确认，在整个连接存在期间将保持不变，即协商过的服务质量适用于整个传输连接的生存期。

5. 传输层协议等级

传输服务是通过建立连接的两个传输实体之间所用的传输协议来实现的。由于传输服务是在网络服务的基础上实现的，因此传输层协议的等级与网络服务质量密切相关。根据差错性质，网络服务按质量可分为以下 3 种类型。

※ A 型网络服务。具有可接受的残留差错率和故障通知率，即可靠的网络服务。

※ B 型网络服务。具有可接受的残留差错率和不可接受的故障通知率。如有故障发生时，网络层则通过网络服务报告该故障的发生，如 X.25 即为此类服务质量的网络。

※ C 型网络服务。具有不可接受的残留差错率，可能丢失分组，提供完全不可靠的网络服务，IP 网络即为此类服务质量的网络。

这 3 种类型的网络服务中，A 型服务质量最高，B 型服务质量次之，C 型服务质量最差。

传输层的功能是要弥补从网络层获得的服务和向传输服务用户提供的服务之间的差距，它所关心的是提高服务质量。为了能够在各种不同服务类型的网络上进行数据传送，OSI 定义了 5 种协议级别，它们都是面向连接的。

※ 级别 0（简单级）。它建立一个简单的端到端的传输连接，可将长报文分段传送，没有差错恢复功能和将多条传输复用到一条网络连接的能力，主要面向 A 型网络服务。

※ 级别 1（基本差错恢复级）。只增加了在网络断开、连接失败等基本差错时的差错恢复功能，主要面向 B 型网络服务。

※ 级别 2（多路复用级）。具有将多条传输复用到一条网络连接功能和流量控制功能，主要面向 A 型网络服务。

※ 级别 3（差错恢复和多路复用级）。是级别 1 和 2 的综合，既有差错恢复功能又有多路复用功能，主要面向 B 型网络服务。

※ 级别 4（差错检测和恢复级）。在级别 3 的基础上增加了差错检测功能，是最复杂、功能最全的协议级别，主要面向 C 型网络服务。

服务质量较高的网络仅需要较简单的协议级别；反之，服务质量较低的网络则需要较复杂的协议级别。

3.7　高层简介

传输层之上的会话层、表示层及应用层是面向信息处理的高层。这 3 层的功能是为应用程序提供服务的，不包含任何数据传输的功能，即组织和同步进程间的通信，对数据的语法表示进行变换，以及为网络的最终用户提供服务。

3.7.1　会话层

1. 基于传输层的问题

通过前面的学习我们已经知道，在 OSI/RM 的层次体系结构中，物理层协议可以实现物理线路的连接，数据链路层协议可以实现相邻结点之间连接并无差错地传输数据，网络层协议实现源结点和目标结点的连接，传输层协议实现端到端之间连接的建立和维持。

传输层的功能使用户所需要的通信环境十分完善，可以保证用户数据从源 DTE 发出后，按照要求经过通信子网到达目的端 DTE。会话层是建立在传输层之上的，由于利用了传输层提供的服务，使两个会话实体不用考虑它们之间相隔多远、使用了什么样的通信子网等网络通信细节，即可进行透明的、可靠的数据传输。但当两个应用进程进行相互通信时，在如何控制信息的交互，网络应当提供什么样的功能来协助用户管理和控制用户之间的信息交换的问题上，希望有一个作为第三者的服务能组织它们的对话，协调它们之间的数据流，以便使应用进程专注于信息交互，设立会话层就是为了达到这个目。会话层虽然不参与具体的数据传输，但它却对数据传输进行控制和管理。

2. 会话层功能

会话层在两个互相通信的应用进程之间建立、组织和协调双方的交互活动，并使会话获得同步。会话层担负应用进程的服务要求，弥补传输层不能完成的剩余部分工作。对数据的传送提供控制和管理，协调会话过程，为表示层实体提供更好的服务。其主要的功能是会话用户之间的对话管理、数据流同步和重新同步。

会话（session）是指在两个用户进程之间为完成一次完整的通信而建立的连接。会话可以使一个远程终端登录到远地的计算机，进行文件传输或进行其他的应用。由于会话往往是由一系列交互对话组成的，所以对话的次序、对话的进展情况必须加以控制和管理。OSI/RM 之所以设立会话层，就是为了有效地组织和同步进行通信的用户之间的对话，并对它们之间的数据交换进行管理。

（1）对话管理。从原理上说，所有 OSI 的连接都是全双工的。但在许多情况下，高层软件为方便起见往往设计成半双工交互式通信。例如，远程终端访问一个数据库管理系统，需要发出一个查询，然后等待回答，要么轮到用户发送，要么轮到数据库发送，保持这种轮换并强制实行的过程就称为"对话管理"。

会话层通过令牌来进行对话的交互控制，令牌是会话连接的一个属性，表示使用会话的独占使用权。只有拥有令牌的一方才可以发送数据，令牌可在某一时刻动态地分配给一个会话服务用户，该用户用完后又可重新分配。

（2）同步与重新同步。同步与重新同步就是使会话服务用户对会话的进展情况有一致的了解，在会话被中断后可以从中断处继续下去，而不必从头恢复会话。同步与重新同步是通过设置同步点来获得的，即在数据中插入同步点。每次网络出现故障后，仅仅重传最后一个同步点以后的数据（其实就是断点下载的原理）。会话层允许会话用户在传输的数据中自由设置同步点，并对每个同步点赋予同步序号，用以识别和管理同步点。这些同步点是插在用户数据流中一起传输给对方的，当接收方通知发送方它收到一个同步点时，发送方即可确信接收方已将此同步点之前发送的数据全部收妥。

会话层中定义了两类同步点。主同步点用于在连续的数据流中划分出对话单元，一个主同步点是一个对话单元的结束和下一个对话单元的开始，所谓对话单元就是一个活动中数据的基本交换单元，通常代表逻辑上重要的工作部分；次同步点用于在一个对话单元内部实现数据结构化。主同步点与次同步点有一些不同，在重新同步时，只可能回到最近的主同步点，每一个插入数据流中的主同步点都被明确地确认，而次同步点不被确认。

举例来说，某个用户登录到一个远程系统，并与之交换信息。会话层管理这一进程，控制哪一方有权发送信息，哪一方必须接收信息，这其实是一种同步机制。若一个用户正在网络上发送一个大文件的内容，而网络忽然坏了。当网络重新工作时，用户是否必须从该文件的起始处开始重传呢？回答是否定的，因为会话层允许用户在一个长的信息流中插入同步点，如果网络崩溃了，只要将最后一个主同步点以后丢失的数据重传即可。

3.7.2 表示层

1. 基于会话层的问题

会话层向用户提供了信息交互的控制和管理的手段，完成了端到端的数据传送，并且是可靠、无差错的有序传送。但数据传送只是手段而不是目的，最终是要实现对数据的使用。然而，由于不同的计算机系统可能采用了不同的信息编码，例如，PC 采用的是 ASCII 码，而IBM 主机采用的是 EBCDIC 码。对于同样一个整数，有些机器可能采用 2B 表示，而有些计算机系统则可能采用 4B 表示，如果不加以处理，不同的信息描述将导致通信的计算机系统之间无法正确地识别信息。在这种情况下，表示层就担负起消除这种障碍的任务。设置表示层的目的是屏蔽不同计算机在信息表示方面的差异。

2. 表示层功能

表示层是 OSI/RM 的第 6 层，主要处理不同系统被传送数据的表示问题，解释所交换数据的意义，进行数据压缩，即各种变换（如代码、格式转换等），使采用不同数据表示方法的开放系统能够相互通信。此外,利用密码对数据进行加密和解密也是表示层的重要功能。

　　由于各种计算机都可能有各自的数据描述方法,所以不同类型计算机之间交换的数据一般需经过格式转换才能保证其意义不变。表示层要解决的问题是如何描述数据结构并使之与具体的设备无关,其作用是对原站内部的数据结构进行编码,使之形成适合于传输的比特流,到了目的站再进行解码,转换成用户所要求的格式。

　　对于用户数据来说,可以从两个方面来分析:一个是数据的含义,称作语义;另一个是数据的表现形式,称作语法,例如文字、图形、声音、数据加密和压缩都属于语法范畴。

　　为使各个系统间交换的信息具有相同的语义,应用层采用的是对数据一般结构描述的抽象语法。表示层为抽象语法制定一种编码规则,便构成一种传输语法。传输语法是同等表示实体之间通信时对用户信息的描述,是对抽象语法比特流进行编码得到的。在表示层中,可用这种方法定义多种传输语法,抽象语法与传输语法之间是多对多的对应关系。每个应用层协议中的抽象语法与一个能对其编码的传输语法的组合,即抽象语法与传输语法之间的对应关系,就构成了一个表示上下文。表示上下文可以在连接建立时协商确定,也可以在通信过程中重新定义。表示层主要处理通信双方之间的数据表示问题,主要功能如下:

※ 语法转换。将抽象语法转换成传输语法,并在对方实现相反的转换。通过这种转换来统一表示被传送的用户数据,使通信双方使用的计算机都可以识别。涉及的内容有代码转换、字符转换、数据格式的修改,以及对数据结构操作的适应、数据压缩、加密等。国际标准化组织定义了一种抽象语法称作抽象语法标记 1(ANS.1)及相应编码规则,包括 3 类 15 种功能单元,其中表示上下文管理功能单元允许用户选择语法和转换,沟通用户之间的数据编码规则,以便有一致的数据形式,能够相互认识。

※ 语法选择。根据应用层的要求协商选用合适的上下文,即选择传输语法传送数据。

※ 连接管理。利用会话层服务建立表示连接,管理在这个连接之上的数据传输和同步控制,以及正常或异常地释放这个连接。

3.7.3　应用层

　　应用层是直接面向用户的一层,为网络应用提供一个访问网络的接口,使应用程序能够使用网络服务。它采用各种不同的应用协议直接为应用进程提供服务。

　　应用层也称应用实体(Application Entity,AE),应用实体是被简化的应用进程,它是应用进程中与进程间交互行为有关的那部分,即与 OSI/RM 有关的那部分。而对应用进程中与 OSI/RM 无关的那部分仍称为应用进程。一个应用实体由若干个元素(element)构成,在这些元素中包括一个用户元素(User Element,UE)和若干个应用服务元素(Application Service Element,ASE)。用户元素实际上是应用进程中非标准化模块的化身,用户元素即是应用者。

　　在应用层中最复杂的就是各种应用要求,并且保证这些不同类型的应用所采用的低层通信协议是一样的。因此 ISO 把一系列业务处理所需的服务按其向应用程序提供的特性分成组,称为应用服务元素(Application Service Element,ASE)。ASE 是 OSI/RM 在应用层中定义的标准化模块,它是应用实体的一部分,通过应用服务元素为用户元素提供标准化服务。有些服务元素可由多种应用程序共同使用，称为公用应用服务元素（CASE）；有些服务素则只为特定的一种应用服务程序使用，称为特定应用服务元素（SASE）。

需要说明的是，在 1998 年公布的 ISO 8650 中规定，ASE 不再分为 CASE 和 SASE，统称 ASE，只是又根据不同的用途相应地定义了各种 ASE，例如联系控制服务元素（ACSE）、可靠传输元素（RTSE）和远程操作服务元素（ROSE）等，这些以前称为公用应用服务元素。又如文件传输和管理（FTAM）、报文处理等，这类与特定应用有关的 ASE 以前也称为公用应用服务元素。

由于用户要求不同，应用层中提供多种支持不同应用的协议，典型协议如下：

※ FTAM（File Transfer, Access and Management）：提供文件传输、存取和管理。

※ MHS（Message Handling System）：报文处理系统，有关电子邮件服务系统的功能模型，源于 CCITT 的 X.400 规范。

※ VTP（Virtual Terminal Protocol）：虚拟终端协议，将不同类型的终端具有的功能一般化、标准化，以标准的虚拟终端出现。

※ DS（Directory Service）：目录服务，提供全球分布式管理的目录服务。

※ CMIP（Common Management Information Protocol），通用管理信息服务，提供网络管理功能。

总而言之，OSI/RM 的低 3 层属于通信子网，涉及为用户提供透明数据传输连接，操作主要以每条链路为基础，在结点间的各条数据链路上进行通信，由网络层控制各条链路，但要依赖于其他结点的协调操作。高 3 层属于资源子网，主要涉及保证数据以正确、可理解的形式传送。传输层是高 3 层和低 3 层之间的接口，保证透明的端到端连接，满足用户服务质量的要求。

3.8　TCP/IP 模型

OSI/RM 是一种理论上比较完整的网络概念模型，但在实际应用中，完全符合 OSI/RM 的成熟产品却很少；而以 TCP/IP 协议为基础建立的 Internet 的发展却非常迅猛，众多的网络产品都支持 TCP/IP。经过多年的发展，TCP/IP 已成为计算机网络体系结构事实上的工业标准，得到了广泛的实际应用。所以，尽管 OSI/RM 国际标准对计算机网络起到了规范和指导作用，但实际使用的标准仍然是 TCP/IP。

TCP/IP（Transmission Control Protocol/Internet Protocol，传输控制协议 / 因特网协议）是一组用于实现网络互联的通信协议，是 Internet 最基本的协议和互联网络的基础。

3.8.1　TCP/IP 模型结构

TCP/IP 模型从更实际的角度出发，形成了具有更高效率的 4 层结构，即网络接口层、网络互联层（IP 层）、传输层（TCP 层）和应用层。虽然它与 OSI/RM 各有自己的分层结构，但大体上两者仍能相互对照，如图 3-16 所示。

OSI/RM	TCP/IP	
应用层	应用层	TELNET、FTP、SMTP、DNS、HTTP 以及其他应用协议
表示层		
会话层		
传输层	传输层	TCP、UDP
网络层	网络互联层	IP、ARP、RARP、ICMP
数据链路层	网络接口层	各种通信网络接口（以太网等）（物理网络）
物理层		

图 3-16 TCP/IP 与 OSI/RM 对比

1．网络接口层

网络接口层负责接收 IP 数据报并将其封装成适合在物理网络上传输的帧格式进行传输，或将从物理网络接收到的帧解封，取出 IP 数据报交给上层的网络互联层。

网络接口层与 OSI/RM 中的物理层和数据链路层相对应。事实上，TCP/IP 本身并未定义该层的协议，主要是为了保证通过 TCP/IP 模型可将不同的物理网络互联起来。参与互联的各网络使用自己的物理层和数据链路层协议，然后与 TCP/IP 的网络接口层进行连接。如局域网的 Ethernet、令牌网、分组交换网的 X.25、帧中继、ATM 协议等。当一种物理网络被用作传送 IP 数据包的通道时，就可以认为是这一层的内容。这充分体现出 TCP/IP 协议的兼容性与适应性，它也为 TCP/IP 的成功奠定了基础。

2．网络互联层

网络互联层（IP 层）是 TCP/IP 模型的关键部分。它负责将数据报文独立地从源主机送到目的主机，以及建立互联网络。网间的数据报可根据它携带的目的 IP 地址，通过路由器由一个网络传送到另一个网络。它主要解决数据封装、寻址、数据报的分段和路由选择等问题，对应于 OSI/RM 的网络层。这一层有 4 个主要协议：IP、ARP、RARP 和 ICMP，其中最重要的是 IP 协议。

※ 网际协议（IP）：提供 IP 地址寻址、路由选择以及信息包的分段和重组功能。

※ 地址解析协议（ARP）：负责将 IP 地址转换为物理地址。

※ 反向地址解析协议（RARP）：负责将物理地址转换为 IP 地址。

※ 互联网控制报文协议（ICMP）：用于传送控制报文和差错报告报文。

3．传输层

传输层负责在源主机和目的主机的应用程序之间提供端到端的数据传输服务，与 OSI/RM 中的传输层相似。该层处理网络互联层没有处理的通信问题，保证通信连接的可靠性。该层主要有传输控制协议 TCP 和用户数据报协议 UDP。

TCP 协议提供面向连接的、可靠的数据传输服务。双方通信之前，先建立一条连接，然后双方就可以在其上发送数据流。TCP 协议具有数据报的顺序控制、差错检测、校验以及重发控制等功能。

UDP 协议提供无连接的、不可靠的数据传输服务。UDP 是依靠 IP 协议来传送报文的，因而它的服务和 IP 一样是不可靠的，UDP 协议将可靠性问题交给应用程序解决。这种服务不用确认，也不进行流量控制。UDP 报文可能会出现丢失、重复、失序等现象。

4. 应用层

TCP/IP 的应用层与 OSI/RM 的应用层有较大区别，它不仅包含了会话层以上 3 层的所有功能，而且还包括了应用进程本身。因此，TCP/IP 模型的简洁性和实用性就体现在它不仅把网络层以下的部分留给了实际网络，而且将高层部分和应用进程结合在一起，形成了统一的应用层。TCP/IP 的应用层包含所有的高层协议，为用户提供所需的各种服务。其中 FTP、TELNET、SMTP、DNS、HTTP 是几个在各种不同机型上广泛实现的协议，TCP/IP 中还定义了许多别的高层协议。随着计算机网络技术的不断发展，还会有新的协议不断加入。

3.8.2 OSI/RM 与 TCP/IP 的比较

OSI/RM 和 TCP/IP 模型都采用了层次结构的概念，但前者是 7 层模型，后者是 4 层结构。不论在层次的划分还是协议的使用上都有明显的差别。它们的主要不同点如下：

※ TCP/IP 与 OSI/RM 相比，简化了高层的协议，简化了会话层和表示层，将其融合到了应用层，使通信的层次减少，提高了通信的效率。

※ 在模型和协议的关系上，OSI/RM 抽象能力高，适合于描述各种网络，它采取自上向下的设计方式，先定义参考模型，后逐步定义各层的协议，通用性强，但实现困难。TCP/IP 则正好相反，先有协议之后，人们为了对它进行分析研究，才制定了 TCP/IP 模型，实用性强，但通用性不足，不适合描述其他非 TCP/IP 网络。

※ OSI/RM 的概念清晰，明确定义了服务、接口和协议的概念及它们之间的关系；而 TCP/IP 参考模型没有明确区分这 3 个概念，功能描述和实现细节混在一起。

※ OSI/RM 的网络层既提供面向连接的服务，又提供无连接服务，但传输层仅提供面向连接的服务；TCP/IP 模型的网络互联层仅提供无连接服务，而传输层提供面向连接的服务（TCP）和无连接服务（UDP）。

总之，OSI/RM 虽然一直被人们看好，但由于没有把握时机，迟迟没有一个成熟的产品推出，大大影响了它的发展；相反，TCP/IP 参考模型虽然有不尽如人意的地方，但经实践证明它还是比较成功的，特别是近年来国际互联网的飞速发展，也使它获得了巨大的支持，TCP/IP 协议不仅应用在广域网上，在局域网上也逐渐成为被普遍采用的协议。

本章小结

本章主要介绍了通信协议和网络体系结构的概念，并介绍了开放系统互联参考模型（OSI/RM）、物理层功能与协议、数据链路层功能与协议、网络层功能与协议、OSI/RM 高层功能以及 TCP/IP 体系结构。

1. 通信协议与网络体系结构的概念

通信协议是计算机网络中为进行数据通信而制定的通信双方共同遵守的规则、标准或约定的集合。协议本质上是一系列规则和约定的规范性描述。它不仅定义了通信时信息必须采用的格式和这些格式的意义，而且还要对事件发生的次序做出说明。所以，任何一种网络协议都应包括如下三要素：语法、语义和时序。

计算机网络通信的功能的层次结构以及各层服务、协议的集合统称为网络体系结构。网络体系结构中主要概念有协议、服务、接口、服务原语、服务访问点和面向连接和无连接的服务等。

2. 开放系统互联参考模型（OSI/RM）

OSI/RM 定义了计算机网络系统的层次结构、层次之间的相互关系及各层所包括的服务。它将网络通信功能划分为 7 个层次，规定了每个层次的具体功能。自顶向下的 7 个层分别是应用层、表示层、会话层、传输层、网络层、数据链路层和物理层。OSI/RM 成功之处在于清晰地分开了服务、接口和协议这 3 个概念，服务描述了每一层的功能，接口定义了某层提供的服务如何被高层访问，而协议是每一层功能的实现方法。

3. 物理层功能与协议

物理层的基本功能是负责实际或原始的数据"位"传送，目的是在通信设备 DTE 和 DCE 之间提供透明的比特流传输。物理层向数据链路层提供的服务是建立、维持和释放物理连接，并在物理连接上透明传输比特流。物理层协议规定了网络物理设备之间的物理接口特性及通信规则。物理层协议用 4 个特性对网络设备和传输介质之间的接口进行定义：机械特性、电气特性、功能特性和规程特性

4. 数据链路层功能与协议

数据链路层通过数据链路层协议，在不太可靠的物理链路上实现可靠的数据传输，向网络层提供透明的和可靠的数据传送服务。数据链路层必须完成的基本功能有链路管理、帧的封装、差错控制、将数据和控制信息区分开、透明传输和流量控制。

当相邻两个结点传递数据时，除了需要一条物理线路和设备外，还需要一些必要的通信规则来控制数据的传输，这些控制相邻结点间数据传输的通信规则就是数据链路层协议。HDLC 是一种数据链路层协议，称为高级数据链路控制协议。

5. 网络层功能与协议

在 OSI/RM 中，网络层以数据链路层提供的无差错传输为基础，把高层发来的数据组织成分组，从源结点经过若干个中间结点传送到目的结点。传送过程要解决的关键问题是选择路径，在选择路径时还要考虑解决流量控制问题，防止网路中出现局部的拥挤或全面的阻塞。主要功能包括路径选择、拥塞控制和网际互联等。

通信子网中源结点和目的结点之间存在多条传输路径的可能性。网络结点在收到一个分组后，根据一定的原则和算法确定向下一个结点传送的最佳路径，这就是路由选择。根据路由算法能否依靠网络当前的流量和拓扑结构来调整它们的路由决策，路由选择算法有静态路由选择算法和动态路由选择算法。

拥塞现象是指到达通信子网中某一部分的分组数量过多，使得该部分网络来不及处理，以致引起这部分乃至整个网络性能下降的现象。

典型的网络层协议是 X.25 协议，X.25 协议实际上是主机与分组交换网之间的一组接口标准，它包括物理层、数据链路层和分组层 3 个层次，其中分组层相当于 OSI/RM 中的网络层。X.25 协议最主要的功能是向主机提供多信道的虚电路服务。

6. 网络层功能与协议

传输层提供了主机应用进程之间的端到端的服务，主要功能是：为一个进行的会话或连接提供可靠的传输服务，完成端到端的通信链路的建立、维护和管理；在单一连接上提供端到端的端口号与流量控制及差错恢复等服务。

服务质量（Quality of Service，QoS）是传输层性能的度量，衡量了传输层的总体性能，反映了传输质量及服务的可用性。服务质量可用一些参数来描述，如连接建立延迟、连接建立失败的概率、吞吐率、传输延迟、残留差错率、连接拆除延迟、连接拆除失败概率、传输失败率等等。

7. OSI/RM 高层功能

会话层在两个互相通信的应用进程之间建立、组织和协调双方的交互活动，并使会话获得同步。会话层担负应用进程的服务要求，弥补传输层不能完成的剩余部分工作。它对数据的传送提供控制和管理，协调会话过程，为表示层实体提供更好的服务。其主要的功能是会话用户之间的对话管理，数据流同步和重新同步。

表示层是 OSI/RM 的第六层，主要处理不同系统传送数据的表示问题，解释所交换数据的意义，进行数据压缩即各种变换（如格式转换等），使采用不同数据表示方法的开放系统能够相互通信。此外，利用密码对数据进行加密和解密也是表示层的重要功能。

应用层是直接面向用户的一层，为网络应用提供一个访问网络的接口，使应用程序能够使用网络服务。它采用各种不同的应用协议直接为应用进程提供服务。

8. TCP/IP 体系结构

TCP/IP 体系结构具有更高效率的 4 层结构，即网络接口层、网际互联层（IP 层）、传输层（TCP 层）和应用层。

习题

一、概念解释

网络体系结构，协议，服务，接口，服务访问点，服务原语，面向连接和无连接，DTE 和 DCE，帧，数据链路，拥塞现象，路由选择算法，服务质量，同步点。

二、单选题

1. 设计网络功能时采用分层实现，在下列分层原则中不正确的是（　）。

A. 每层的功能应明确

B. 层数应适中

C. 层间的接口须清晰，跨接口的信息量应尽可能少

D. 同一功能可以由多个层共同实现

2. 在组成协议的三要素中，（　　）规定数据的结构和格式。

    A. 语法　　　　　　B. 语义　　　　　　C. 时序　　　　　　D. 都不是

3. 通信子网不包括 OSI/RM 的层次是（　　）。

    A. 物理层　　　　　B. 数据链路层　　　C. 网络层　　　　　D. 传输层

4. 通信子网一般由 OSI/RM 的（　　）。

    A. 高三层组成　　　B. 中间三层组成　　C. 低三层组成　　　D. 以上都不对

5. 当数据在网络层时，称之为（　　）。

    A. 报文　　　　　　B. 分组　　　　　　C. 帧　　　　　　　D. 位

6. 在 OSI/RM 中，当数据分组从较低的层移动到较高的层时，其首部会被（　　）。

    A. 加上　　　　　　B. 去除　　　　　　C. 重新安排　　　　D. 修改

7. 在 OSI/RM 中，当数据分组从设备 A 传到 B 时，在 A 的第 3 层加上的首部会在 B 的第（　　）层被读出。

    A.2　　　　　　　B.3　　　　　　　C.4　　　　　　　D.5

8. 以下设备中属于 DCE 的是（　　）。

    A. 显示器　　　　　B. 键盘　　　　　　C. 打印机　　　　　D. 调制解调器

9. RS-232C 是（　　）接口规范。

    A. 物理层　　　　　B. 数据链路层　　　C. 网络层　　　　　D. 运输层

10. OSI/RM 的物理层协议定义了 4 个特性，其中定义接口形状、尺寸的内容属于（　　）。

    A. 机械特性　　　　B. 电气特性　　　　C. 功能特性　　　　D. 规程特性

11. 采用 RS-232C 标准连接 PC 和调制解调器，其请求发送信号（RTS）的连接方向为（　　）。

    A.DCE → DTE　　B.DCE → DCE　　C.DTE → DTE　　D.DTE → DCE

12. 差错控制和流量控制是在 OSI/RM 的（　　）完成的。

    A. 物理层　　　　　B. 数据链路层　　　C. 网络层　　　　　D. 传输层

13. 数据被封装成帧是在 OSI/RM 的（　）完成的。

　　A. 物理层　　　　B. 数据链路层　　　C. 网络层　　　　D. 传输层

14. 流量控制实际上是对（　）。

　　A. 发送方数据流量的控制　　　　B. 接收方数据流量的控制

　　C. 发送方和接收方数据流量的控制　D. 以上都不对

15. 若 HDLC 帧数据段中出现比特串 01011111110，采用比特填充技术，填充后的输出为（　）。

　　A.010111111010　B.010111111100　　C.010111110110　　D.010111101110

16. HDLC 规程中采用的帧同步是（　）。

　　A. 字节计数法　　B. 字符填充法　　　C. 比特填充法　　D. 违法编码法

17. 在 OSI/RM 的层次中，（　）的数据传送单位是分组。

　　A. 物理层　　　　B. 数据链路层　　　C. 网络层　　　　D. 传输层

18. 决定使用哪条路径通过通信子网是在 OSI/RM 中的（　）完成的。

　　A. 物理层　　　　B. 数据链路层　　　C. 网络层　　　　D. 传输层

19. X.25 协议的分组层最主要的功能是（　）。

　　A. 多路复用物理链路　　　　　　B. 实现 DTE–DCE 连接

　　C. 链路访问控制　　　　　　　　D. 差错控制

20. 在采用点对点通信线路的网络中，由于连接多台计算机之间的线路采用网状结构，因此确定分组从源结点通过通信子网到达目的结点的适当传输路径需要使用（　）。

　　A. 差错控制算法　　　　　　　　B. 路由选择算法

　　C. 拥塞控制算法　　　　　　　　D. 协议变换算法

21. 在拓扑结构变化不大的网络中，可得到较好运行效果的路由算法是（　）。

　　A. 固定路由选择　　　　　　　　B. 随机路由选择

　　C. 泛射路由选择　　　　　　　　D. 独立路由选择

22. 为用户提供端到端的透明数据运输服务是在 OSI/RM 中的（　）完成的。

　　A. 物理层　　　　B. 数据链路层　　　C. 网络层　　　　D. 传输层

23. OSI/RM 的传输层中差错恢复和多路复用技术属于传输层协议等级的级别（　）。

　　A.1　　　　　　　B.5　　　　　　　　C.3　　　　　　　　D.4

24. 语法转换、数据加密和压缩是（　　）应完成的功能。

　　A. 物理层　　　　B. 传输层　　　　C. 会话层　　　　D. 表示层

25. TCP/IP 的 IP 层的功能对应 OSI/RM 的（　　）应完成的功能。

　　A. 应用层　　　　B. 传输层　　　　C. 网络层　　　　D. 会话层

三、填空题

1. 网络协议主要由 3 个要素组成：_____、_____、_____。

2. 设计网络协议采用分层实现，每层都有协议控制本层的对等实体进行通信，除了在物理介质上进行的是 _____ 通信，在其他各层间进行的都是 _____ 通信。

3. 计算机网络体系结构是一种 _____ 结构，OSI/RM 的传输层（第 4 层）处于 _____ 层提供的服务之上，给 _____ 层提供服务。

4. 数据链路层的服务用户是 _____，同时它又使用 _____ 层提供的服务。

5. 在网络体系结构中，不同系统对等层上数据传送的基本单位是 _____。

6. 所有服务都是由 _____ 来描述的，它规定了通过 _____ 所必须传递的信息。

7. 物理层协议描述了建立、维护和维持数据链路在 _____、_____、_____ 和 _____ 4 个方面的特征。

8. 物理层接口协议实际上是 DTE 和 DCE 或其他通信设备之间接口的一组规定。其中，DTE 是指 _____ 设备，属于用户所有的设备，具有数据 _____ 能力，典型设备是 _____；DCE 指 _____ 设备，为用户设备提供入网连接点，提供 _____ 功能，典型设备是 _____。

9. RS-232C 机械特性规定了使用一个 _____ 芯标准连接器，电气特性规定逻辑 1 的电平为 _____ 至 _____，逻辑 0 的电平为 _____ 至 _____。

10. 停止等待协议是 OSI/RM 中 _____ 层的一种协议，它可以实现对数据的 _____ 控制和 _____ 控制功能。

11. 通信子网由传输介质和通信设备构成，它包含了 OSI/RM 中 3 个层次的功能，即 _____ 层、_____ 层和 _____ 层。

12. HDLC 协议中有 3 种类型的帧：_____、_____ 和无编号帧，其中用于差错控制和流量控制的是 _____ 帧。

13. 采用 HDLC 协议，假设被传输的数据为比特串 101111101111110010，经 0 比特插入后的结果是 _____。

14. 在 OSI/RM 中规定，网络层提供两种类型的网络服务方式，即 _____ 和 _____。

15. 虚电路服务是 OSI/RM _____ 层向传输层提供的一种可靠的数据传送服务，它确保所有分组按发送 _____ 到达目的地端系统。

16. 到达通信子网中某一部分的分组数量过多，使该部分乃至整个网络性能下降，称为_____现象。

17. 当接收方的接收能力小于发送方的发送能力时，必须进行_____控制。

18. OSI/RM 中将服务质量（QoS）分为 3 类，_____类服务质量最高，其传输层采用的协议级别比较_____。

19. OSI/RM 环境中负责处理语义的是_____层，负责处理语法的是_____层，下面各层负责信息从源到目的地的有序传送。

20. 网络体系结构参考模型是为了规范和设计网络提出的抽象模型，具有代表性的参考模型有两个：_____和_____。

21. TCP/IP 有两个著名的协议，分别是_____和_____。

四、简答题

1. 什么是网络体系结构？网络体系结构中基本的原理是什么？

2. 网络协议的组成要素是什么？试举例说明协议及对应的要素。

3. 简要说明物理层要解决什么问题，物理层的接口有哪些特性？

4. 简要画出数据终端设备（DTE）之间通过公用电话网进行远程数据传输至少需要增加哪些设备，并画出连接示意图。

5. 说明服务和协议的关系。

6. 比较数据报与虚电路两种服务各自的优缺点及适用场合。

7. OSI/RM 中的第几层分别处理下面的问题？

① 噪声使传输的数据 0 变为 1，接收端发现错误并纠错；② 接收端检测出收到序号错误的帧；③ 决定分组使用哪条路径到达目的端；④ 分组交换网交付给接收端的分组序号错误；⑤ 在两端用户之间传送文件的过程中，连接中断后能够从中断的地方开始继续传输；⑥ 两端用户之间传送文件。

8. HDLC 的帧格式是怎样的？如何保证传送信息的透明性？

9. 路由选择的作用是什么？常用的方法有哪些？

10. 为何要引入传输层？其作用具体表现在哪几个方面？

11. 在传输层中端口的作用是什么？

12. 抽象语法与传输语法的关系如何？为什么要使用两种不同的语法？

13. 应用层实体和应用程序是否是相同的概念？说明应用层的功能。

14. TCP/IP 模型的网络接口层并没有具体的协议，为什么要这样设计？

15. 说明 TCP/IP 模型与 OSI/RM 相比有何优点和不足。

第 4 章

计算机局域网

在计算机网络技术中，局域网技术发展得最早，也最为迅速，在企业、机关、学校等各种单位都得到了广泛应用，同时局域网还是建立互联网络的基础网络。因此，局域网技术是应该重点学习与掌握的知识。

本章要点

※ 局域网的概念和主要技术

※ 局域网体系结构和标准

※ 介质访问控制方法

※ 以太网、交换式局域网和虚拟局域网、无线局域网

※ 局域网操作系统及常用协议

4.1 局域网概述

局域网（Local Area Network，LAN）产生于 20 世纪 70 年代，微型计算机的普及以及人们对信息交流、资源共享的迫切需求都直接推动着局域网的发展。经过几十年的飞速发展，目前局域网技术在企业、机关、学校等都得到了广泛的应用，对信息化建设产生了无法估量的作用。对局域网的研究已经成为计算机网络中的一个重要分支。

4.1.1 局域网的概念和特点

局域网是在有限的地理范围内（如一所学校、工厂和机关内），将各种数据通信设备互相连接起来组成的通信网，通过功能完善的网络软件，实现计算机之间的相互通信和共享资源。它是在小型计算机与微型机上大量使用之后逐步发展起来的一种使用范围最广泛的网络，一般用于短距离的计算机之间数据的传递，属于一个部门或一个单位组建的小范围网络，其成本低，组网方便，使用灵活，深受用户欢迎，是目前计算机网络发展中最活跃的分支。

美国电气和电子工程协会（IEEE）对局域网的定义如下：局域网中的数据通信被限制在几米至几千米的地理范围内，例如一栋办公楼、一所学校，能够使用具有中等或较高数据传输速率的物理信道，并且具有较低的误码率。局域网是专用的，由单一组织机构所使用。

由于局域网传输距离有限，网络覆盖的范围小，因而具有以下主要特点：

※ 覆盖的地理范围小，通常为几米到几十千米，限于将一个单位内部的数据通信设备连接在一起。

※ 较高的传输速率，目前局域网的传输速率一般可以为 $10 \sim 100Mb/s$，吉比特以太网已经出现，其传输速率可达 $1000Mb/s$。

※ 通信质量较好，传输误码率低，一般在 10^{-8} 到 10^{-12} 之间。局域网通常采用短距离基带传输，可以使用高质量的传输介质，从而提高了数据传输质量。

※ 传输时延小，一般在几毫秒至几十毫秒之间。

※ 支持多种传输介质，可以使用同轴电缆、双绞线和光纤。

※ 通常属于某一单位、部门所有，由各单位自己建立、使用、控制管理和维护。

4.1.2 局域网的组成

局域网由软件和硬件两部分组成。其中，软件主要包括网络操作系统、控制信息传输的网络协议软件及网络应用软件；硬件则主要指计算机及各种网络设备。把网络硬件连接起来，再安装上专门用来支持网络工作的网络软件，就形成了一个能够满足工作需求的局域网。

1. 服务器

所谓的"服务器"实际上就是局域网中的一台计算机，但它的角色和一般的计算机有所不同，它是局域网的核心，主要为局域网中的其他计算机提供网络服务和共享资源，共享资源有软件资源（例如数据库、文件、应用软件等）和大型的、昂贵的硬件设备（例如硬盘、高速打印机、高性能的绘图仪等），并具有管理这些资源和协调网络用户访问资源的能力。

服务器通常是一台高性能的计算机，但也可以是一台高档个人计算机或小型计算机。但由于服务器是为所有网络用户提供服务的，它会被多个用户同时访问，因此不管使用哪一种类型的计算机作为服务器，它都应该配有高速、大容量硬盘和内存以及高性能网络接口卡，并在计算机上运行多线程、多用户操作系统。

不同的服务器所提供的服务有所不同。根据其提供服务的不同可以把服务器分为文件服务器、通信服务器、打印服务器、终端服务器、磁盘服务器、数据库服务器、视频服务器、邮件服务器、域名服务器、Web 服务器、目录服务器等。

服务器提供不同服务，其配置也会不同，但所有的服务器都必须具备的就是要有一块网卡，当然根据需要也可有多块网卡。在网络服务器上除运行网络操作系统外，还需要安装相应的网络协议软件、应用软件和信息资源，以便为工作站提供共享资源和各种网络服务。

2. 工作站

工作站又称客户机，它既可以是一般的计算机，也可以是专用的计算机。工作站连接在局域网中，用户通过它来访问局域网，使用共享的资源，同时享受服务器提供的服务。所以工作站的作用就是为用户提供一个访问网络服务器、使用共享资源以及与其他结点交流信息的操作平台和窗口，例如，可以使用工作站传输文件，共享打印机打印文件，共享软件资源等。

一台工作站必须有一块网卡，并通过传输介质、介质连接设备和网络设备把它连接到网络上，成为局域网上的一个站点，从而使用网络服务和共享的资源。在工作站上，除了运行自己的操作系统（Windows、UNIX 等）以外，还要有相应的软件，其中包括网络协议软件和网络应用软件，例如 TCP/IP 协议和 Internet 各种信息服务的客户端软件等。

用户通过工作站不仅能够访问本机的本地资源，同时也能访问网络上所有远程资源（只要权限允许）。当一个工作站从局域网中撤出后，可以作为一台计算机独立运行。

3．网络接口卡

网络接口卡又称网络适配器，是安装在计算机中的一块电路板，在传输介质和计算机之间需要有网卡作为唯一的连接接口。网卡工作在数据链路层，主要完成物理层和数据链路层的大部分功能，是决定计算机网络性能指标的重要因素之一。网卡的功能有：实现计算机和传输介质之间的物理连接，实现介质访问控制，以及数据帧的拆装、帧的发送与接收、错误校验、数据信号的编 / 解码等。

网卡的种类很多，根据其接口类型可以分为 AUI 接口、RJ-45 接口、BNC 接口网卡等；根据网卡能提供的网络速度可分为 10Mb/s 网卡、100Mb/s 网卡和 10/100Mb/s 自适应网卡等；根据网卡的总线接口类型不同可以分为 ISA 总线网卡、PCI 总线网卡、EISA 总线网卡等类型；不同类型的网卡支持不同的网络协议，按网卡支持的网络协议分类有以太网卡、快速以太网卡、千兆位以太网卡、FDDI 网卡、ATM 网卡等。

4．网络连接设备

网络连接设备是单个计算机联入网络或网络与网络互联时使用设备的统称，主要有集线器、交换机、网桥、路由器等设备。通过这些设备可以把计算机连接起来组成局域网，也可以把局域网和局域网互联起来组成更大规模的互联网。

4.1.3　决定局域网特性的主要技术

局域网所涉及的技术有很多，但决定局域网特性的主要技术是传输介质、拓扑结构和介质访问控制方法。这 3 种技术在很大程度上决定了局域网传输数据的类型、网络的响应时间、吞吐率、利用率以及网络应用等各种网络特性。其中介质访问控制方法是局域网最重要的一项基本技术，它对局域网的工作过程和性能产生决定性的影响。

1．传输介质

传输介质的特性将影响到网络数据通信的质量，这些特性包括物理特性、传输特性、连通特性、地理范围和抗干扰能力等。

以太网和令牌环网等大多数局域网络都支持同轴电缆。双绞线的特点是价格便宜，易于安装铺设，目前是以太网的主要传输介质。光纤也是目前局域网常用的传输介质，它具有许多其他传输介质无法比拟的优良性能，如频带宽、传输速率高、距离长、抗干扰能力强以及保密性能好等特点，是传输图像、声音和数据等多介质信息的理想介质。目前在快速局域网中光纤传输速率已达到 1Gb/s 和 10Gb/s，但价格相对昂贵。

2．拓扑结构

网络拓扑结构反映出网络的结构关系，它对于网络的性能、可靠性以及建设管理成本等都有着很大的影响。

介质访问控制方法是局域网最重要的技术，而网络拓扑结构与介质访问控制方法密切相关，特定的介质访问控制方法一般仅适用于特定的网络拓扑结构。由于局域网设计的主要目标是覆盖有限的地理范围，因此它在基本通信机制上选择了共享介质方式和交换方式。因此，局域网物理连接方式、介质访问控制方法上形成了自己的特点。局域网常用的拓扑结构有总线、星形结构、环形结构、树状结构。总线网一般采用共享介质的介质访问控制方法 CSMA/CD；环状网采用的介质访问控制方法为令牌环（token ring）。

3．介质访问控制方法

局域网上经常在一条传输介质上连有多台计算机，如总线型和环形局域网。不论采用何种拓扑结构，都是把传输介质作为各站点共享的资源，但一条传输介质在某一时间内只能被一台计算机所使用，那么在某一时刻到底哪台计算机使用或访问传输介质呢？这就需要有一个共同遵守的原则和方法来控制、协调各计算机对传输介质的访问，这种对信道的使用权进行合理分配的方法就称为质访问控制方法或介质访问控制协议。介质访问控制方法主要是解决如何分配传输介质使用权的问题，从而实现对网络传输信道的合理分配。

局域网常用的介质访问控制方法有：带冲突检测的载波监听多路访问（CSMA/CD），适用于总线拓扑结构；令牌总线（token-bus），适用于总线 / 树状拓扑结构；令牌环，适用于环形拓扑结构。这几种方法将在后面详细介绍。

4.2　局域网体系结构

20 世纪 80 年代初期，随着局域网应用的日益普及，各个网络厂商竞相开发局域网的产品，使局域网的产品越来越多。吸取计算机网络发展时没有统一标准而阻碍其发展的经验教训，美国电气和电子工程师学会于 1980 年 2 月成立了专门负责制定局域网标准的 IEEE 802 委员会。该委员会制定了一系列局域网和城域网的标准，称为 IEEE 802 标准，目的在于使不同厂商生产的网络设备之间具有兼容性、互换性和互操作性，以便让用户更灵活地进行设备选型，用很少的投资构建一个具有开放性和先进性的局域网。局域网的标准化极大地促进了局域网技术的飞速发展，并对局域网的推广应用起到了巨大的推动作用。

4.2.1　局域网体系结构

由于计算机网络的体系结构和 ISO 提出的 OSI/RM 已得到广泛认同，并提供了一个便于理解、易于开发和加强标准化的统一计算机网络体系结构，因此局域网参考模型参考了 OSI/RM。根据局域网的特征，IEEE 802 标准所描述的局域网体系结构参考模型一般仅包含 OSI/RM 的最低两层——物理层和数据链路层。同时它将数据链路层划分为两个子层——逻辑链路控制子层（Logical Link Control，LLC）和媒体访问控制子层（Media Access Control，MAC）。局域网参考模型和 OSI/RM 的对比如图 4-1 所示。

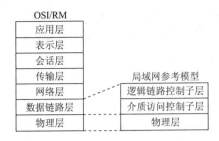

图 4-1　OSI/RM 和局域网参考模型

局域网只涉及通信子网的功能，所以仅包括 OSI/RM 中的低三层的功能。由于局域网大多采用共享信道技术，连接局域网的链路只有一条，不需要设立路由器选择和流量控制功能，如网络层中的寻址、流量控制、差错控制功能都可以放在数据链路层中实现。另外，不同局域网技术的区别主要在物理层和数据链路层，所以局域网中无须单独设置网络层。

但上面讲的是在一个局域网的内部，而当这些不同的局域网需要实现互联时，就需要专门设置一层来完成网络层的功能，一般由其他的网际互联标准来描述，借助其他已有的网络层协议（如 IP 协议）实现。局域网的高层功能由具体的局域网操作系统来实现。

对于局域网来说，物理层是必需的，它负责体现机械、电气和过程方面的特性，以建立、维持和拆除物理链路。

数据链路层也是必需的，在 OSI/RM 中，数据链路层的功能相对简单，它负责把不可靠的传输信道转换成可靠的传输信道，传送带有校验的数据帧，采用差错控制和帧确认技术把数据从一个结点可靠地传输到相邻的结点。但是，局域网中的多个设备一般共享公共传输介质，在设备之间传输数据时，首先要解决由哪个设备占有并使用介质的问题，所以局域网的数据链路层必须设置介质访问控制功能。由于不同的传输介质、不同的拓扑结构决定了介质访问控制方法是不同的，所以必须提供多种介质访问控制方法。但在数据链路层不可能定义一种与介质无关的、统一的介质访问控制方法。为了简化协议设计的复杂性，使数据帧的传送独立于所采用的物理介质和介质访问控制方法，局域网参考模型特意把数据链路层分为与介质相关和无关的两个子层，分别是 LLC 子层和 MAC 子层。其中 LLC 子层完成与介质无关的功能，而让 MAC 子层完成依赖于物理介质的介质访问控制功能。这两个子层共同完成数据链路层的全部功能，如此划分数据链路控制层，主要是将数据链路层功能中与硬件有关的部分和与硬件无关的部分分开，就可以在 LLC 不变的条件下，只需改变 MAC 子层便可适应不同的传输介质和介质访问方法，使局域网体系结构能适应多种传输介质。

1. 物理层

局域网的物理层和 OSI/RM 中的物理层具有对应关系，与 OSI/RM 的物理层相同，局域网的物理层也要制定一定的标准规范，主要描述接口的机械、电气、功能和规程等方面的特性。负责物理连接和在传输介质上的比特流传输。该层的主要作用是确保二进制位信号的正确传输，包括位流的正确传送与正确接收。

2. MAC 子层

介质访问控制（MAC）子层构成数据链路层的下半部，它直接与物理层相邻，是与传输介质相关的一个子层。MAC 子层的一个主要功能是：支持 LLC 子层完成介质访问控制功能，合理地分配信道使用权，提供多个可选择的介质访问控制方法。不同类型的局域网需要采用不同的控制方法，为此，IEEE 802 标准制定了多种 MAC 协议，如 IEEE 802.3 CSMA/CD、IEEE 802.5 令牌环、IEEE 802.4 令牌总线。

MAC 子层的另一个功能是：在发送数据时，将从上一层接收的数据（LLC 帧）加上适当的首部和尾部，组装成带 MAC 地址和差错检测字段的 MAC 子层的协议数据单元 MAC 帧，如图 4-2 所示。在接收数据时拆帧，并完成地址识别和差错检测。

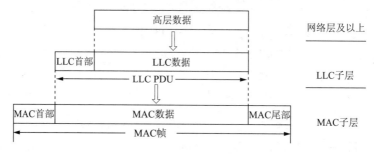

图 4-2　LLC 帧与 MAC 帧的关系

尽管将局域网的数据链路层分成了 LLC 和 MAC 两个子层，但这两个子层是都要参与数据的封装和拆封过程的，而不是只由其中某一个子层来完成数据链路层帧的封装及拆封。在发送方，从网络层下来的数据分组首先要加上 DSAP（Destination Service Access Point）和 SSAP（Source Service Access Point）等控制信息，并在 LLC 子层被封装成 LLC 帧，然后由 LLC 子层将其交给 MAC 子层，加上 MAC 子层相关的控制信息后被封装成 MAC 帧，最后由 MAC 子层交给局域网的物理层完成物理传输；在接收方，则首先将物理层的原始比特流还原成 MAC 帧，在 MAC 子层完成帧检测和拆封后变成 LLC 帧交给 LLC 子层，LLC 子层完成相应的帧检验和拆封工作，将其还原成网络层的分组上交给网络层。

1）MAC 帧的通用格式

对于 LLC 层送来的 LLC 帧，MAC 层必须将其组装成一个 MAC 帧把数据传送出去，并进行相应的介质访问控制。由于采用的是介质访问控制方法，即 MAC 协议不同，各 MAC 帧的确切定义会不一样，但 MAC 帧的格式都大致类似，如图 4-3 所示。

MAC 控制	目的 MAC 地址	源 MAC 地址	LLC	CRC

图 4-3　MAC 帧的通用格式

MAC 控制字段包括实现介质访问控制所必需的协议控制信息，源、目的 MAC 地址字段存放物理地址，LLC 字段是来自 LLC 层的 LLC 帧，CRC 字段存放用于差错控制的校验码。

2）MAC 地址

为了 MAC 帧传送到目的计算机，当然要在帧中包含地址信息，这个地址就是 MAC 地址。MAC 地址是在网络中唯一标识一个网络设备的地址，也称物理地址、硬件地址或网卡地址，厂家在生产网卡时将 MAC 地址固化在网卡中作为唯一标识。MAC 地址由 MAC 子层在 MAC 帧中传送。在局域网中，网卡从网络上每收到一个 MAC 帧，就首先检查它的地址字段，如果是本站的帧就接收，否则就将此帧丢弃，不进行其他处理。

IEEE 802 标准规定 MAC 地址字段长度可采用 6 字节或 2 字节两种中的一种。目前，广泛使用的是 6 字节 48 个二进制位标准的地址，用 12 个十六进制数表示，例如 00-80-c8-4b-eb-0a。6 字节的地址字段可使全世界所有局域网上的站都具有不相同的地址。

IEEE 是世界上局域网全局地址的法定管理机构，它负责分配地址字段的 6 个字节中的前 3 个字节（高 24 位）。为了保证 MAC 地址的全球唯一性，凡要生产网卡的厂家都必须向 IEEE 购买由这 3 个字节构成的一个号，其称为地址块或厂商代码。地址字段中的后 3 个字节（低 24 位）则是可变的，由厂家自行分配。可见，用一个地址块可以生成 2^{24} 个不同的地址，因此可保证世界上的每一个站都可以有一个与其他任何站都不同的唯一地址。

3. LLC 子层

逻辑链路控制（LLC）子层构成数据链路层的上半部，与网络层和 MAC 子层相邻。LLC 子层在 MAC 子层的支持下向高层提供服务。LLC 子层与传输介质无关，隐藏了各种局域网技术之间的差别，向高层提供统一的信号格式与逻辑接口，即一个或多个服务访问点（SAP）。LLC 子层的作用是在 MAC 子层提供的介质访问控制和物理层提供的比特服务的基础上，将不可靠的信道处理为可靠的信道，确保数据帧的正确传输。其主要的功能如下。

※ 建立、维持和释放数据链路，提供一个或多个服务访问点，为网络层提供面向连接和无连接服务。

※ 提供差错控制、流量控制以及发送顺序控制等功能，保证局域网的无差错传输。

※ 屏蔽不同 MAC 子层之间的差异，以便向上层提供统一的接口。

4.2.2　IEEE 802 局域网标准

早期的局域网网络技术都是各厂家所专有的，互不兼容，后来，IEEE 802 局域网标准委员会在 1980 年开始研究制定局域网标准，制定了一系列局域网和城域网的标准，由此产生了 IEEE 802 系列标准，推动了局域网技术的标准化。这一系列标准覆盖了双绞线、同轴电缆、光纤和无线等多种传输媒介和组网方式，并包括网络测试和管理的内容。随着新技术的不断出现，新的局域网标准不断被推出，这一系列标准仍在不断地更新变化。目前，IEEE 802 标准主要有以下几种。

※ IEEE 802.1 标准，定义了局域网体系结构、网络互联以及网络管理与性能测试。

※ IEEE 802.2 标准，定义了逻辑链路控制（LLC）子层的功能与服务。

※ IEEE 802.3 标准，定义了 CSMA/CD 总线媒体访问控制子层和物理层规范。在物理层定义了 4 种不同介质的 10Mb/s 以太网规范，包括 10Base-5（粗同轴电缆）、10Base-2（细同轴电缆）、10Base-F（多模光纤）和 10Base-T（无屏蔽双绞线）。

※ IEEE 802.4 标准，定义了令牌总线媒体访问控制子层与物理层规范。

※ IEEE 802.5 标准，定义了令牌环媒体访问控制子层与物理层规范。

※ IEEE 802.6 标准，定义了城域网媒体访问控制子层与物理层规范。

※ IEEE 802.7 标准，定义了宽带网络技术。

※ IEEE 802.8 标准，定义了光纤传输技术。

　※　IEEE 802.9 标准，定义了综合语音与数据局域网（IVD LAN）技术。

　※　IEEE 802.10 标准，定义了可互操作的局域网安全性规范（SILS）。

　※　IEEE 802.11 标准，定义了无线局域网介质访问控制方法和物理层规范。

　※　IEEE 802.12 标准，定义了 100VG-AnyLAN 快速局域网访问方法和物理层规范。

　　这些标准在物理层和 MAC 子层有区别，但在逻辑链路子层是兼容的。IEEE 802 各标准之间的关系如图 4-4 所示。

图 4-4　IEEE 802 各标准之间的关系

4.3　介质访问控制方法

　　介质访问控制方法，也就是对信道的使用权进行合理分配的方法，用来控制网络中各个结点对共享信道的访问权限。该方法是用来解决当局域网中共用信道的使用产生竞争时如何分配信道的使用权问题。介质访问控制方法的主要内容有两个方面：一是要确定网络上每一个结点能够将信息发送到介质上去的特定时刻；二是要解决如何对共享介质访问和利用加以控制。常用的介质访问控制方法有 3 种，分别是总线结构的带冲突检测的载波侦听多路访问 CSMA/CD 方法、环型结构的令牌环访问控制方法和令牌总线访问控制方法。

　　在介绍介质访问控制方法之前，首先介绍"冲突"的概念，共享信道是指网络上的所有设备通过一条公用的信道来传输数据，又称广播网络。共享信道的局域网中如果有两个或多个数据在共享的信道上同时传输时，这些信号就会相互叠加干扰，从而导致数据传输出现错误，这就是冲突，冲突会使其所涉及的各结点的数据传输失败。举个简单的例子，例如有几个人在开会，要求在会场只能有一个人讲话，当一个人正在讲话时，其他人都听他讲话。如果两个人同时讲话，就会互相干扰，谁也听不清他们在讲什么，这就出现了冲突。在共享介质的网络中应尽量避免冲突的发生，通常将可能发生冲突的所有设备和与之相关的共享介质称为冲突域。

4.3.1　CSMA/CD 访问控制与 IEEE 802.3 标准

　　CSMA/CD（Carrier Sense Multiple Access/Collision Detect）即载波监听多路访问 / 冲突检测，它是采用随机访问和争用技术的一种介质访问控制方法。CSMA/CD 通常用于总线型拓扑结构的局域网中。

　　IEEE 802.3 标准基于著名的以太网规范，是一个使用 CSMA/CD 介质访问控制方法的局域网综合性标准。该标准虽然包括 MAC 层的 CSMA/CD 和物理层两部分，但 CSMA/CD 是

IEEE 802.3 的核心协议，所以通常又把 CSMA/CD 称为 IEEE 802.3 标准。

CSMA/CD 是由施乐公司开发并获得专利的，主要是为解决如何争用一个广播型共享信道而设计的，它能够分配共享信道的使用权，决定哪个站点有权使用信道，从而避免冲突的发生。下面介绍 CSMA/CD 的工作原理。

1. CSMA

CSMA（载波监听多路访问）方法采用了一种"先听后发"机制，被称为载波监听协议。所谓的"听"就是监听信道，而"发"就是发送数据。由于共享传输信道的特性，在同一时刻，通信只能允许在两个站点进行，一个发送，另一个接收，其他要发送数据的站点必须等待，否则会发生冲突。

"先听后发"要求想要传输数据的站点首先监听信道上是否有数据在传输，即检测信道上有无载波信号，如果没有载波信号，表明信道是空闲的，即可立即发送数据。如果检测到载波信号，则表示有其他站点正在占用信道传输数据，即信道是忙的状态，该站点就要持续等待，直到监听到信道空闲时才将数据发送到信道上；站点传输完数据后，也要等待确认，如果没有收到确认信息，则认为发生了冲突，就重发该数据。

CSMA 方法使冲突发生的概率大大降低，但冲突可能还会发生。如果在信道空闲状态时，两站点要发送数据，而且在同一个时间监听信道，监听结果是一样的，都认为信道是空闲的而同时发送了数据，结果还会出现冲突。还有就是 A 站点发送数据后，B 站点也想发送数据而监听信道，但 B 监听信道和 A 发送数据的时间间隔太短，导致 B 未能监听到 A 传输的数据，使 B 认为信道空闲而发送了数据，从而出现了冲突。

2. CSMA/CD

CSMA/CD（载波监听多路访问 / 冲突检测）是对 CSMA 的改进，该方法发送数据时的基本过程是：先听后发，边听边发，冲突停止，随机延迟后重发。

"先听后发"是从 CSMA 继承而来的，是指总线上各站点在发送数据前先监听信道上是否有其他结点发送信息，如果信道空闲，则本站点可发送数据。如果监听到信道是忙的状态，即信道上有其他站点在传输信息，则该站点就不能发送信息，继续监听信道，直到信道空闲时立即发送。

"边听边发"是指某站点监听信道空闲便发送数据，发送数据后，还要继续对信道进行监听，即边发送边监听，监听在数据传输过程中是否有其他站点因监听失误而发送数据。如果监听到还有其他站点也发送了数据，就要停止数据的发送；如果没有其他站点发送数据，就继续发送数据。

"冲突停止，随机延迟后重发"是指站点在发送数据的过程中一旦检测到有冲突出现，马上停止发送数据，同时为了确保其他站点能够检测到冲突，该站点要发送一串阻塞信号，加强冲突，然后停止发送并等待一个随机周期后再重新监听信道，尝试发送信息。

CSMA/CD 发送数据的过程如图 4-5 所示。

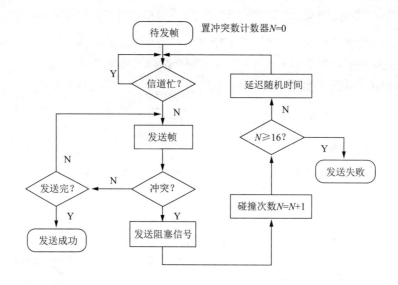

图 4-5　CSMA/CD 发送数据的过程

CSMA/CD 介质访问控制方法中进行冲突检测的方法有很多，通常以硬件技术实现。一种方法是比较接收到的信号的电压大小，只要接收到的信号的电压摆动值超过某一门限值，即可认为发生了冲突；另一种方法是在发送帧的同时进行接收，将收到的信号逐比特地与发送的信号相比较，如果有不符合的，就说明出现了冲突。

CSMA/CD 方法原理比较简单，技术上易实现；网络中各工作站处于平等地位，不需集中控制，各结点争用对共享介质的访问权，不提供优先级控制；结点从准备发送数据到成功发送，时间延迟是不确定的；在轻负载时，传输效率高，但在网络负载增大时，冲突概率加大，发送时间增长，发送效率急剧下降，不适合实时传输。采用 CSMA/CD 技术后，信道利用率得到极大的提升，被浪费的带宽就是检测冲突所花费的时间。

4.3.2　令牌环访问控制与 IEEE 802.5 标准

令牌环（Token Ring）是 IBM 公司于 20 世纪 70 年代提出的局域网技术，1985 年 IEEE 802 委员会以 IBM 令牌环网为基础形成了 IEEE 802.5 标准，该标准所采用的介质访问控制方法是令牌技术，适用于逻辑拓扑结构为环形（物理拓扑结构可以是环形、总线等）的局域网。

1. 令牌环工作原理

令牌环方法就是采用令牌来控制介质的使用权。在环网中设置一个令牌，在环路上流动，规定只有获得令牌的站点才有权发送数据帧，完成数据帧发送后立即释放令牌以供其他站点使用。而令牌是一种 3 个字节长度的特殊格式的令牌帧。令牌帧有"空闲"和"忙"两种状态，即 AC 字段的第 4 位（令牌位），0 表示空令牌，1 表示忙令牌。令牌在环上的作用就好像"许可证"。令牌环控制方法下数据传输过程如下（图 4-6）：

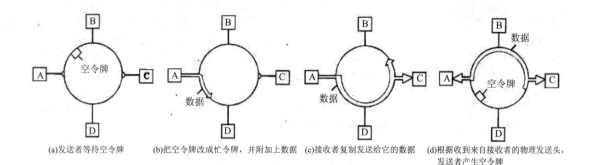

(a)发送者等待空令牌　(b)把空令牌改成忙令牌，并附加上数据　(c)接收者复制发送给它的数据　(d)根据收到来自接收者的物理发送头，发送者产生空令牌

图 4-6　令牌环的工作原理

截获令牌并发送数据：当环运行时，如果没有站点发送数据，空令牌沿固定的顺序在环上传递。当站点要发数据时，等待空令牌送到自己的位置时，将它变成忙令牌，即将令牌帧中的令牌位置1，去掉令牌的尾部，并把要发送的数据加在忙令牌的后面，发送到环上进行传输。当令牌处于忙的状态时，由于环中只存在一个令牌，其他的站点就不能发送数据，只有等待，直到令牌重新变成闲的状态。

接收与转发数据：数据发送到环上后，每一个站点都会把自己的地址与发送过来的数据的目的地址比较，如果目的地址与自己的地址相同，则复制该帧，送入本站，并把帧向下一站转发，完成数据的接收。如果目的地址与自己的地址不同，则它只是把该数据帧沿着环路顺序转发给下一个站。

撤销帧与重新发令牌：原站点发送的数据帧被目的站点接收后还要沿着环向下传输，最后回到原站点。原站点对数据帧进行检查，判断数据发送是否成功，如果发送成功，则撤销发送的数据帧，并立即生成一个新的空令牌，发送到环上，使其他的站点也有机会发送数据。如果原站点发现目的站点没有成功复制数据帧，则重新发送数据帧。

2. IEEE 802.5 令牌环的 MAC 帧格式

IEEE 802.5 标准规定了令牌环的 MAC 子层和物理层所使用的协议数据单元格式和协议，规定了相邻实体间的服务及连接令牌环物理介质的方法。其中，MAC 子层使用的协议数据单元 MAC 帧有两种基本格式——令牌帧和数据帧。令牌帧由 3 个字段组成，长度为 3 个字节，数据帧由 9 个字段组成，如图 4-7 所示。令牌帧和数据帧在环上都沿着同一个方向传输。

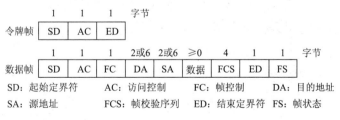

SD：起始定界符　　　AC：访问控制　　　FC：帧控制　　　DA：目的地址
SA：源地址　　　　　FCS：帧校验序列　　ED：结束定界符　FS：帧状态

图 4-7　IEEE 802.5　MAC 帧的格式

由于令牌环方法是一种单令牌协议，环路上只设置一个令牌，不会出现冲突；同一时刻，环上只有一个数据帧在传输；适合实时通信，支持优先级；重负载时效率高，但在轻负载下，因为存在令牌空跑的现象，即一个站点发送完后，要隔一定的距离才到要发送的站点，这个要发送的站点在发送前必须等待令牌，因而利用率有所降低。

令牌环方法的主要缺点是需要对令牌进行维护。在运行中一旦令牌丢失或令牌一直是忙的状态，都会导致环网无法运行。为此，需要设立一个监控站点来总管全环，保证环上令牌的正常运行。

4.3.3 令牌总线访问控制与 IEEE 802.4 标准

令牌总线最早于 1997 年由美国 Datapoint 公司的 ARCnet 采用，后被确定为 IEEE 802.4 标准。令牌总线主要用于总线型或树状网络结构中。

前面介绍的 CSMA/CD 介质访问控制采用总线争用方式，具有结构简单，在轻负载下延迟小等优点，但随着负载的增加，冲突概率增加，性能明显下降。采用令牌环介质访问控制具有重负载下利用率高、网络性能对距离不敏感以及具公平访问性等优越性能。但环形网结构复杂，存在可靠性等问题。令牌总线介质访问是在综合上面两种介质访问控制优点的基础上形成的一种介质访问控制方法。

令牌总线介质访问控制是将局域网物理总线的站点构成一个逻辑环，每一个站点都在一个有序的序列中被指定一个逻辑位置，序列中最后一个站点的后面又跟着第一个站点。每个站点都知道在它之前的前趋站和在它之后的后继站标识。为了保证逻辑闭合环路的形成，每个结点都动态地维护着一个连接表，该表记录着本结点在环路中的前趋、后继和本结点的地址，每个结点根据后继地址确定下一站有令牌的结点，如图 4-8 所示。

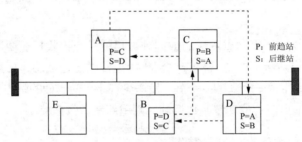

图 4-8　令牌总线网络结构

从图 4-8 可以看出，在物理结构上它是一个总线结构局域网，但在逻辑结构上，令牌总线网络的所有站点组成一个环，每个站点都知道它前面和后面的站点地址，最后一个站点后面相邻的站点是第一个站点。令牌在逻辑环上依次传递（A→D→B→C→A）。从逻辑上看，令牌是按地址的递减顺序传至下一个站点，但从物理上看，带有目的地址的令牌帧广播到所有的站点，只有当目的站点识别出符合它的地址时，才能接收该令牌帧。站点 E 虽然在总线上，但不在逻辑环上，所以 E 不能发送数据，因为拿不到令牌。

与令牌环网相同，令牌总线网络的站点只有取得令牌才能将信息帧送到总线上，如果没有数据要发送，则把令牌送到下一个站点。因此，不像 CSMA/CD 访问方式那样，令牌总线网络不可能产生冲突。由于不可能产生冲突，令牌总线的信息帧长度只需根据要传送的信息长度来确定，也没有最小分组长度的要求。而对于 CSMA/CD 访问控制，为了使最远距离的站点也能检测到冲突，需要在实际的信息长度后加填充位，以满足最小信息长度的要求。一些用于控制领域的令牌总线帧长度可以设置得很短，开销减少，相当于增加了网络的容量。

由于站点接收到令牌的过程是按逻辑环的顺序进行的，因此所有站点对介质都有公平的访问权，也就是说令牌总线方法在逻辑环上采用的是和令牌环方法相同的访问控制机制。

与 CSMA/CD 方法相比，令牌总线方法比较复杂，需要完成大量的环维护工作，包括环初始化、新结点加入环、结点从环中撤出、环恢复和优先级服务。这种控制方式的优点是各工作站对介质的共享权力是均等的，可以设置优先级，有较好的吞吐能力，吞吐量随数据传输速率增高而加大，联网距离较 CSMA/CD 方式大；缺点是控制电路较复杂，成本高，轻负载时线路传输效率低。

4.4　以太网

以太网（Ethernet）最早是 1975 年由美国 Xerox 公司研制成功的基于总线结构的广播式局域网，采用 CSMA/CD 介质访问控制方法。

4.4.1　以太网概述

20 世纪 70 年代，Xerox 公司的工程师 Metcaife 等人开发出了实验性网络，将一种具有图形用户界面的个人计算机 Alto 互连起来，这一实验性网络系统称为 Alto Aloha 网络，其后以历史上表示传播电磁波的以太（Ethernet）命名，把 Aloha 网络改名为 Ethernet。以太网最初采用总线结构，使用同轴电缆作为总线来传输数据，现在也采用星形结构。以太网费用低廉，便于安装，操作方便，因此得到了广泛的应用。

1980 年，DEC、Intel 和 Xerox 三家公司公布了以太网标准蓝皮书，也称为 DIX 版以太网 1.0 规范。IEEE 802 委员会在 DIX 工作成果的基础上经过修改并通过成为正式标准，编号为 IEEE 802.3。该标准给出了以太网的技术标准，规定了包括物理层的连线、电信号和介质访问层协议的内容。IEEE 802.3 协议标准与 DIX 规范基本相同，只是在控制方式上略有差异，通常认为 Ethernet 与 IEEE 802.3 是兼容的。在已有的局域网标准中，以太网是最成功、应用最广泛的一种局域网技术。现在，以太网一词泛指所有采用 CSMA/CD 协议的局域网。

1. 以太网的典型特性

以太网技术成熟，是当前应用最普遍的局域网技术。它具有如下典型特性：

※　基带网，采用基带传输技术。

※　广播式网络，采用广播式传输，网上传输的数据任何站点都可以接收。

※　采用 CSMA/CD 介质访问控制方法，符合局域网 IEEE 802.3 标准。

※　总线型或星形拓扑结构。

※　传输介质主要为同轴电缆、双绞线和光纤。

※　10Mb/s 以太网采用曼彻斯特编码方案。

※　传输速率高，为 10Mb/s ～ 10Gb/s。

2. 以太网的工作原理

以太网是一种广播网络，如果一个结点发送数据，它将以广播方式把数据通过作为公共传输介质的总线发送出去，连在总线上的所有结点都能收听到发送结点发送的数据信号。以太网中任何一个结点发送数据时都要首先争取总线使用权，采用 CSMA/CD 介质访问控制协议，其工作过程如下。

（1）如果一个结点准备好发送的数据帧，并且此时总线空闲，它即可启动发送。

（2）在发送数据的同时进行冲突检测。

（3）若未发现冲突则发送成功，返回到侦听信道状态。

（4）若在发送数据过程中检测出冲突，为了解决冲突，停止发送数据，随机延迟后重发。

以太网中的结点从准备发送数据到成功发送数据的等待延迟时间是不确定的。

3. 以太网的 MAC 帧结构

以太网 MAC 子层的核心协议是 CSMA/CD，IEEE 802.3 标准规定的帧结构如图 4-9 所示。

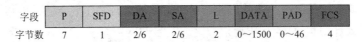

图 4-9 IEEE 802.3 规定的 MAC 帧格式

※ 前导码字段 (P)：长度为 7B。每个字节的比特模式为 10101010。作用是使接收端进入同步状态，以便数据的接收。

※ 帧开始标志 (SFD)：比特模式为 10101011，跟在前导码之后标识 MAC 帧的开始。

※ 信宿／信源地址 (DA/SA)：分别对应目的地址和源地址，目的地址可以是单个地址（最高位为 0）、组地址（最高位为 1，其余不全为 1）或广播地址（各位全为 1）。

※ 数据字段长度 (L)：表示 DATA 字段的实际长度。

※ 用户数据字段 (DATA)：长度小于 1500B，存放高层 LLC 的数据。

※ 填充字段 (PAD)：小于 46B，用填充字符的方式保证整个帧长度不小于 64B。

※ 帧检验序列 (FCS)：4B，用于循环冗余校验码。

在以太网中，帧的最小长度要求为 64B。因为正在发送时产生冲突而中断的帧都是很短的帧，为了能方便地区分出这些无效帧和 CSMA/CD 协议正常操作，需要维持一个最短帧长度，过短的帧不能保证正常的冲突检测。IEEE 802.3 规定了合法的 MAC 帧的最短帧长为 64B。由于除了数据字段和填充字段外，其余字段的总长度为 18B，所以当数据字段长度为 0 时，填充字段必须有 46B（18+46=64）。

4.4.2 传统以太网

传统以太网执行的标准是 IEEE 802.3，其传输速率为 10Mb/s，采用 CSMA/CD 介质访问控制方法，拓扑结构采用总线型或星形拓扑。

组建传统以太网，可以选用同轴电缆、双绞线或光纤作为传输介质。在 IEEE 802.3 标准中，对于使用不同类型传输介质的 10Mb/s 以太网，规定的物理层技术规范有粗缆以太网 10Base-5 标准、细缆以太网 10Base-2 标准、细缆以太网 10Base-T 标准、光纤以太网 10Base-F 标准、宽带以太网 10Broad36 标准。为了区分各种可选用的实现方案，IEEE 802 委员会给出了所采用的标准命名的简明表示方法：

<数据传输速率（Mb/s）><信号传输方式><最大段长度（百米）>

如 10Base-5、10Base-2、10Broad36 中前面的 10 表示数据传输速率为 10Mb/s，Base 表示信号采用基带传输方式，最后面的 5、2、36 则分别表示这几种网络的最大网段长度为 500m、200m（实际上是 185m）和 3.6km。但 10Base-T 有些例外，其中的 T 表示双绞线（twisted pairwire）、F 表示光纤（fiber）作为传输介质。

1. 10Base-5

10Base-5 标准是 IEEE 802.3 中最早定义的以太网标准，它是基于总线型、粗同轴电缆介质的原始以太网系统，也称为标准以太网。目前由于双绞线的普遍使用，在新建的局域网中，10Base-5 很少采用，但有时 10Base-5 还会用作连接集线器的主干网段。其物理结构如图 4-10 所示。10Base-5 以太网的技术特性见表 4-1。

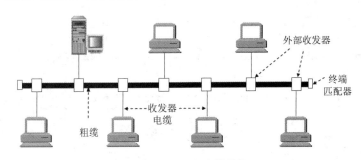

图 4-10　10Base-5　网络结构

表 4-1　集中以太网的标准和参数

标准	10Base-2	10Base-5	10Base-T	10Base-F
网段最大长度	185m	500m	100m	2000m
网络最大长度	925m	2500m	4 个集线器	2 个光集线器
网站间最小距离	0.5m	2.5m		
网段的最大节点数	30	100		
拓扑结构	总线型	总线型	星形	放射型
传输介质	细同轴电缆	粗同轴电缆	3 类 UTP	多模光纤
连接器	BNC-T	AUI	RJ-45	ST 或 SC
最多网段数	5	5	5	3

10Base-5 以太网的硬件组成如下：

※　粗同轴电缆：阻抗为 50Ω，直径为 1.27cm 的同轴电缆。

※　网卡：带有 AUI 接口的粗缆网卡，供收发器电缆连接。

※　收发器和收发器分接器：收发器是粗缆上的一个连接器件，它一端连接计算机上的网卡，另一端连接收发器分接器。收发器的作用有两个：一是通过收发器分接器从传输介质上接收数据，并将数据传送到网卡上，反之亦然；二是收发器要执行 CSMA/CD 的冲突检测和强化冲突的功能。

※　收发器电缆：也称为 AUI 电缆。AUI 是指连接单元接口，它是一个 DB-15 针的接口。粗缆以太网网卡和收发器都带有 AUI，AUI 之间使用 AUI 电缆相连。

※　终接器：在电缆尾端必须各使用一个 50Ω 的终接器，也称终接电阻，其主要作用是

当信号达到电缆尾端时，把信号全部吸收，以避免因信号反射造成干扰。

当要求延长电缆段长度或扩展网络规模时，可以使用中继器连接多段。IEEE 802.3 规定了 5-4-3 原则，即最多连接 5 个网段用 4 个转发器，其中只有 3 个网段可以连接结点，其余的网段仅用作加长距离。故最长距离是 2500m，在 5 个网段上最多可连接 300 个站点。

2. 10Base-2

10Base-2 采用细同轴电缆作为传输介质，在这种网络中不需要外部收发器和收发器电缆，减少了网络开销，所以网络造价比 10Base-5 低，曾被广泛应用。10Base-2 网络中硬件组成有细缆、网卡、BNC 电缆连接器、BNC T 型连接器、BNC 桶形连接器和 BNC 终接器，10Base-2 以太网的网络结构如图 4-11 所示，技术特性见表 4-1。

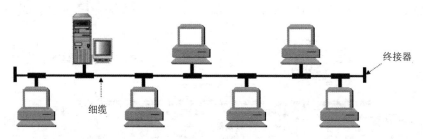

图 4-11　10Base-2 网络结构

10Base-2 以太网的硬件组成如下

※ 细缆：阻抗为 50Ω、直径为 0.26cm 的同轴电缆。

※ 网卡：细缆以太网的网卡已经与收发器集成在一起，因此，细缆以太网无须使用外部收发器。另外，在网卡上有一个 BNC 连接器，用来连接 BNC T 形连接器。

※ BNC 连接器：一条很长的同轴电缆通常要被截成若干段后才能使用，而每条电缆的两端必须使用 BNC 连接器来固定。

※ BNC T 形连接器：有 3 个端口，其中两个端口用于连接两条电缆，还有一个与网卡上的 BNC 接口相连。

※ BNC 桶形连接器：可以将两条电缆直接连接在一起。

※ BNC 终接器：与 10Base-5 相同，每个电缆段的两端也必须接有 50Ω 的终接器，而且它们所起的作用也相同。

当要求延长缆段长度时，可以使用中继器连接多段，同样遵守 5-4-3 原则。

3. 10Base-T

1990 年，由 IEEE 802 公布了 10Mb/s 双绞线以太网标准 10Base-T，该标准规定在非屏蔽双绞线 (UTP) 介质上提供 10Mb/s 的数据传输速率。

10Base-T 的连接主要以中心设备集线器（hub）作为枢纽，工作站通过网卡的 RJ-45 插座与 RJ-45 接头相连，另一端集线器的端口都可供 RJ-45 的接头插入，构成星形拓扑结构。使用集线器的 10Based-T 网络实际是一个物理上为星形连接、逻辑上为总线型拓扑的网络，如图 4-12 所示。10Base-T 以太网的技术特性见表 4-1。

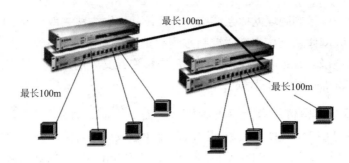

图 4-12　10Base-T 网络结构

10Base-T 网络的硬件组成如下：

※　RJ-45 连接器：是一个 8 针的接口，俗称为水晶头。

※　双绞线：通常使用非屏蔽双绞线，在双绞线两端各使用一个 RJ-45 连接器。

※　网卡：带有 RJ-45 接口的网卡。

※　集线器：相当于一个多端口的中继器，每个端口为 RJ-45 接口。

与采用同轴电缆的以太网相比，10Base-T 由于安装方便，价格比粗缆和细缆都便宜，管理连接方便，性能优良，是目前最为流行的组网方式。

4. 10Base-F

10Base-F 是一种使用光纤作为传输介质的以太网技术，拓扑结构可采用同步有源星形或无源星形结构，即与 10Base-T 的拓扑相同。在网卡、光纤和集线器组成的 10Base-F 以太网环境中，网卡和集线器连接光纤的端口内必须配置光纤接收器芯片以及相应的光纤连接器。

以上提到的每种标准都有自己的优势和局限性。10Base-5 和 10Base-2 能够比 10Base-T 提供更远的传输距离，但它们必须以总线型拓扑进行布线，这种布线一旦出现电缆故障，网络就会失效。10Base-T 能在容错的拓扑结构上提供一个高速的数据传输率，但它的传输距离却很有限。10Base-F 能进行长距离的数据传输，还具有安全可靠、可避免电击的危险等优点。

10Base-F 提出了一系列光纤介质标准规范，主要有 10Base-FL 和 10Base-FB 两个标准。其中 10Base-FL 中的 FL 代表"光纤链路"，该规范是 10Base-F 光纤规范中使用最为广泛的一种。它的最大传输距离为 2km。而 10Base-FB 规范描述了一种同步信号光纤主干段，它允许使用多个光纤中继器，单个中继器的最长链路距离是 2km，但这一标准没有被广泛应用。由于光纤的带宽很宽，而 10Base-F 只用了很小的一部分，不经济，现已经不再使用了。

5. 10Broad36

10BRroad36 是 IEEE 802.3 中唯一针对宽带系统的规范，它采用双电缆带宽或中分带宽的 CATV 75Ω 同轴电缆。网络结构为总线型网络拓扑，采用基带传输模式的曼彻斯特编码。从端出发的网段的最大长度为 1800m，由于是单向传输，所以最大的端到端距离为 3600m。该规范相对现在主流的以太网技术而言性能太低，目前基本废弃了。

4.4.3　快速以太网

随着局域网应用的深入，用户对以太网提供的带宽提出了更高的要求。这时面临两个选择：要么重新设计一种新的局域网体系结构与介质访问控制方法去取代传统的以太网；要么就是保持传统的以太网体系结构与介质控制方法不变，设法提高局域网的传统速率。对于已大量存在的以太网来说，就是既要保护用户的已有投资，又要增加网络带宽，而快速以太网就是满足这一要求的新一代高速局域网。

快速以太网继续保留传统以太网的帧格式、流量控制、链路层管理，并仍然使用在IEEE 802.3 中描述的 CSMA/CD 介质访问方法，而通过改进信号编码方案和更换传输介质等方法提高速度，把传统以太网 10Mb/s 的网速提高到了 100Mb/s。即快速以太网和传统以太网MAC 子层以上的部分都是相同的，仅仅物理层不同。在 1995 年 6 月 IEEE 802 委员会制定出了快速以太网的标准 IEEE 802.3u，在这一标准中只是对物理层进行了调整，目前由 3 种标准来满足连接不同媒体的布线环境，分别是 100Base-TX、100Base-T4 和 100Base-FX。

1. 100Base-TX

100Base-TX 是从 10Base-T 派生来的，使用 2 对 5 类 UTP，其中一对用于发送，另一对用于接收，所以它支持全双工操作。其最大网段长度为 100m。它是目前使用最广泛的快速以太网介质标准。

100Base-TX 通过加快发送信号（提高到 10 倍），使用高质量的双绞线等措施来提高的网速。它使用与以太网完全相同的标准协议，但物理层采用 ANSI TP-PMD 标准，信号编码与 FDDI标准相同，采用 4B/5B 编码方案。它的处理速度高达 125MHz 以上的时钟信号，而每 5 个时钟周期为一组，每组发送 4 位，从而保证 100Mb/s 的传输速率。100Base-TX 组网规则如下：

※ 各网络站点须通过 1000Mb/s 集线器连到网络中。

※ 传输介质用 5 类非屏蔽双绞线或 150Ω 屏蔽双绞线。

※ 双绞线、网卡与集线器之间的连接使用 8 针 RJ-45 标准连接器。

※ 网络站点与集线器之间的最大距离长度为 100m。

2. 100Base-T4

100Base-T4 能够在 3 类 UTP 上提供 100Mb/s 的传输速率。它使用 4 对 3 类 UTP，其中 3对用于数据传输，1 对用于冲突检测。

100Base-T4 实现快速传输的技术方案与 100Base-TX 不同，它将 100Mb/s 的数据流分为3 个 33Mb/s 流，分别在 3 对双绞线上传输。第 4 对双绞线作为保留信道，可用于检测冲突信号，在第 4 对线上没有数据传输。为此 100Base-T4 采用的是 8B/6T 编码方案，即 8 位被映射为 6 个三进制位，它发送的是三元信号。100Base-T4 的时钟周期为 25MHz，每个时钟周期可发送 4 位，从而获得 100Mb/s 的传输速率。由于 100Base-T4 在 4 对线上传输数据流，所以它不支持全双工的传输方式。100Base-T4 的组网规则与 100Base-TX 相同。

3. 100Base-FX

100Base-FX 使用两芯光纤作为传输介质，一芯用于发送数据，另一芯用于接收数据，所以它支持全双工通信方式，传输速率可达 200Mb/s。100Base-FX 采用与 100Base-TX 相同的数据链路层和物理层标准协议，信号编码也使用 4B/5B 编码方案。

100Base-FX 的硬件系统包括单模或多模光纤及其介质连接部件、集线器、网卡等部件。在 100Base-FX 标准中，常用的光纤连接器有 SC、ST 和 FC。站点与集线器之间的最大传输距离为 2km。若使用单模光纤作为介质，在全双工的情况下，最大传输距离可达 10km。

100Base-FX 适用于高速主干网、有电磁干扰环境和要求保密性好、传输距离远等场合。

4.4.4　千兆位以太网

快速以太网虽然速度较快，但在数据仓库、桌面电视会议与高清晰图像等应用中依然不能满足要求，所以 3Com 公司和其他一些主要生产商成立了千兆位以太网联盟，积极研制和开发 1000Mb/s 以太网，从而出现了千兆位以太网。

千兆位以太网的数据链路控制子层（LLC）与其他所有局域网完全一致，使用 IEEE 802.2 标准，千兆位以太网的 MAC 子层则与以太网相同，采用 IEEE 802.3 标准，其帧格式和长度也与 IEEE 802.3 规定的一致。千兆位以太网在 MAC 子层实现了 CSMA/CD 介质访问控制和全双工操作。但它重新制定了物理层标准，使之能提供 1000Mb/s 的带宽。1998 年 6 月制定了 IEEE 802.3z 标准，定义了物理层的 3 种介质标准，分别是短波长激光光纤介质系统标准 1000Base-SX、长波长激光光纤介质系统标准 1000Base-LX、铜线介质系统标准 1000Base-CX 和 1000Base-T。

千兆位以太网能提供 1000Mb/s 的数据传输速度，它是对 100Mb/s 以太网的成功扩展。千兆位以太网与现有以太网完全兼容，用户能在保留原有的操作系统、协议、应用程序与管理平台的同时，通过简单的改动即可使现有网络升级到千兆位速度。

1. 1000Base-SX

1000Base-SX 使用芯径 50mm 及 62.5mm，短波激光作为信号源，工作波长为 800nm 的多模光纤，不支持单模光纤，采用 8B/10B 编码方式，传输距离分别为 260m 和 550m，适用于建筑物同一层的短距离主干网。

2. 1000Base-LX

1000Base-LX 使用芯径 50mm 及 62.5mm，长波激光作为信号源，工作波长为 1300nm 的多模、单模光纤，采用 8B/10B 编码方式，传输距离分别为 550m 和 3000m，适用于校园主干网。

3. 1000Base-CX

1000Base-CX 是一种短距离铜线千兆位以太网标准，它使用一种特殊规格的、阻抗为 150Ω 的 STP 作为传输介质，采用 8B/10B 编码方式，传输速率为 1.25Gb/s，最大传输距离仅 25m，主要用于同一个机房内集群设备的连接。

4. 1000Base-T

1000Base-T 使用 4 对 5 类 UTP，传输距离为 100m，适用于同一层短距离主干网，可以利用以太网或快速以太网已铺设的 UTP 电缆。

4.5 光纤分布式数据接口 FDDI

光纤分布式数据接口(Fiber Distributed Data Interface, FDDI)是美国国家标准协会(ANSI)为满足用户对高速和高可靠性传输的需求，在 20 世纪 80 年代中期制定的网络标准，随后被 ISO 通过为国际标准 ISO 9314。FDDI 网络使用光纤作为传输介质，支持的数据传输速率可以达到 100Mb/s，所以它也是一种高速局域网技术。

4.5.1 FDDI 的拓扑结构

为了实现网络的容错机制，FDDI 采用的是可以大幅提高网络可靠性的反向双环结构，如图 4-13 所示。两个反向的环路中，一个环路称为主环，另一个环路称为辅环。正常情况下，主环用来传输数据，辅环则作为主环的备份，数据流方向与主环相反。连接到环上的站点必须相应地提供两个连接端口，分别连接主环和辅环。如果主环发生故障，检测到故障的站点就会将数据转移到辅环上，这样主环和辅环可重新构成一个环，使网络依然畅通。双环结构与单环结构相比，可靠性得到了大幅度提高，相当于在网络中增加了自恢复功能。

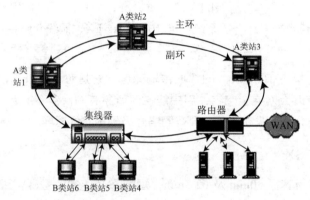

图 4-13　FDDI 的双环结构

4.5.2 FDDI 的介质访问控制方法

FDDI 网络起源于令牌环网，MAC 层采用与 IEEE 802.5 标准基本相同的介质访问控制方法，即令牌环，所不同的是 IEEE 802.5 中采用的是单数据帧方式；而在 FDDI 中则采用多数据帧方式，即允许在环路中同时存在着多个数据帧，可提高信道利用率。

在令牌环方式中，获得令牌的结点发送数据帧，仅在所发帧返回源结点之后，该结点释放令牌，即任意时刻环中只有一个数据帧被传输。FDDI 采用不同的控制方法，主要区别在于对令牌的释放处理上。FDDI 协议允许获得令牌的发送结点在发完数据帧之后立即释放令牌，发送出一个空令牌，不用等回收自己发送的帧后再释放令牌。这样，其他的结点也可以截获令牌进行数据传输，即任意时刻，FDDI 网络中允许有多个数据帧被传输，从而出现多个结点同时传输数据的情况。因此，FDDI 的效率更高，传输速率更快（传输速率可达 100Mb/s ），而令牌环局域网的最高速率为 16Mb/s。

4.5.3 FDDI 的技术特性

通常 FDDI 可作为城域网互联较小的网络，或作为主干网互联分布在较大范围的主机。在现有的 100Mb/s 网络中，其网络覆盖距离最大。FDDI 的技术特性可以概括如下：

※ FDDI 的双环结构提供了很好的容错功能。

※ 使用 IEEE 802.5 的令牌环介质控制协议，提供了有保证的访问和确定的性能。

※ 传输编码采用 4B/5B 编码，数据传输速率为 100Mb/s。

※ 可使用多模或单模光纤，多模光纤环路长度可达 2km，单模光纤环路长度可达 100km，连接的站点数最多为 1000 个。

FDDI 也存在一些问题，例如网络协议比较复杂，且安装和管理相对困难等。另外，FDDI 产品的价格相对以太网的产品而言比较昂贵，尤其是在千兆位以太网出现以后，使用光纤和千兆位以太网产品对 FDDI 的影响比较大。

4.6　交换式局域网

局域网交换技术是 20 世纪 90 年代初在多端口网桥的基础上发展起来的。交换式局域网是以交换设备为基础构成的网络，核心设备是交换式集线器（交换机，switch）。

4.6.1　共享式网络和交换式网络的区别

传统的局域网技术是建立在共享介质的基础上的，以太网、快速以太网、FDDI 等的共性就是共享介质和共享带宽，所以被称为共享式局域网。所谓共享介质就是网络上的所有站点共享一条传输通道，每个站点都在争取得到发送数据的机会，使整个网络的信道始终处于大家共享的状态。而且在共享环境下，介质访问控制方法 CSMA/CD 协议对冲突的处理也会极大地影响网络效率，尤其是在网络负载较重时，大量的冲突和重发会使网络效率急剧下降。共享带宽指的是集线器的带宽被平均分配给了连在它上面的站点，网上的每个站点只能得到局域网带宽的小部分。例如，当一个 100Mb/s 带宽的集线器上连接 10 个站点时，理论上每个站点得到的带宽是 10Mb/s，这就使得在网络规模扩大时，整体效率下降，延迟增加，所以共享式局域网不能提供足够的带宽。解决上述问题的一个有效办法就是将共享方式改为交换方式，这就推动了交换式局域网技术的发展。

交换技术能够解决共享式局域网带来的网络效率低、不能提供足够的带宽和不易扩展等一系列问题。交换式局域网的核心设备是交换机，交换机在外观上类似于集线器，但在内部采用了电路交换技术的原理，将一个端口的输入交换到另一个指定的端口，每个站点都有一条专用链路连到交换机的另一个端口，每个端口都可以独享通道和带宽。因此，交换技术是提高网络效率、减少拥塞的有效方案之一。

交换式局域网从根本上改变了共享式局域网的结构，解决了带宽的瓶颈问题。目前已有交换以太网、交换令牌环、交换 FDDI 和 ATM 等的交换局域网技术，交换局域网已成为当今局域网的主流，典型的交换式局域网是交换式以太网。

4.6.2　以太网交换机的工作原理

交换式以太网的核心是以太网交换机，交换机是工作在 OSI/RM 数据链路层的网络设备。典型的交换机的内部结构与工作过程如图 4-14 所示。

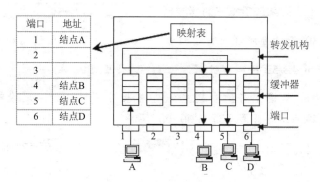

图 4-14 交换式局域网的工作原理

交换机的原理很简单，在交换机内部有一个 MAC 地址和端口的映射表，表中保存有站点的 MAC 地址与所在端口号的对应关系。当站点进行数据传输时，交换机检测从端口来的数据帧的源和目的 MAC 地址，然后查映射表找出源和目的 MAC 地址对应的端口号，在端口间连通通路，并将数据帧转发给相应的目的端口；如数据帧的 MAC 地址不在映射表中，则将该地址加入到表中。交换机可以同时连通多对端口，使每一对相互通信的站点都能像独占通信信道那样无冲突地传输数据，即每个站点都能独占信道速率传输数据，通信完成后就断开连接。

从图 4-14 中可以看出，交换机有 6 个端口，其中 1、4、5、6 分别连接了结点 A、B、C、D，在交换机中可以建立一个 MAC 地址和端口号的映射表。当结点 A 要和结点 C 通信时，就直接利用这样的映射关系找出对应 C 结点 MAC 地址的输出端口号，建立端口 1 到端口 5 的连接，实现 A 到 C 的直接通信，并且结点 A 和结点 C 的通信独占传输信道；同样，如果结点 D 要和结点 B 进行通信，也可以建立端口 6 和端口 4 的连接。这种端口间的连接可以根据需要同时建立多条，也就是说可以在多个端口之间建立多个并发连接。

4.6.3 交换式以太网的基本结构与特点

交换式以太网是指以数据链路层的帧为数据交换单位，以以太网交换机为基础组成的局域网。它的核心设备是以太网交换机，以太网交换机有多个端口，每个端口可以单独与一个结点连接，也可以和一个共享式或交换式以太网连接。其网络结构如图 4-15 所示。

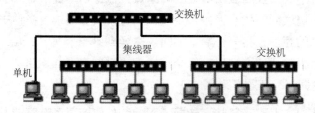

图 4-15 交换式以太网的结构示意图

以太网交换机可以在多个端口之间建立多个并发连接。其主要特点是把共享变为独占，网络上每个站点都独占一条点对点的通道。所有端口平时都不连通，当站点需要通信时，交换机才同时连通多对端口，使每一对相互通信的站点都能像独占通信信道那样无冲突地传输数据，即每个站点都能独享信道速率，通信完成后就断开连接。例如，当一个 100Mb/s 带宽的集线器上连着 10 个站点时，每个站点得到的带宽就是 10Mb/s，集线器的带宽被平均分配给了连在它上面的站点。而 100Mb/s 带宽的交换机器连接 10 个结点时，每个结点可以独享全部 100Mb/s 带宽。

交换式以太网的特点如下：

※　独占传输通道和带宽。交换式以太网变共享为独占，所以在交换式以太网中，随着用户的增加，网络带宽不断增加，而不会减少。

※　允许多对站点同时通信。交换式以太网中可以多点同时进行通信，所以交换式以太网大幅提高了网络的利用率。

※　高度可扩充性和网络延展性。在共享式以太网中，负载增加时，网络效率大大降低，而交换式以太网独占带宽，网络带宽不会下降，有很高的网络扩展能力。

※　交换式以太网和共享式以太网完全兼容，可实现无缝连接。

※　易于管理和调整网络负载的分布，可以划分虚拟局域网。

4.7　虚拟局域网

4.7.1　虚拟局域网概念与结构

虚拟局域网（Virtual LAN，VLAN）是在交换式局域网的基础上，通过管理软件将网络中的结点按业务功能、网络应用划分成若干个逻辑工作组，每个逻辑工作组就是一个虚拟网络。VLAN 并不是一种新型局域网技术，而是基于交换技术为用户提供的一种服务。它允许网络管理员使用软件灵活地划分虚拟网，灵活地增加、删除虚拟网的成员。虚拟局域网在功能和操作上与传统局域网基本相同，它和传统局域网的主要区别在于"虚拟"二字上，即虚拟局域网的组网方法与传统局域网不同。

在传统的局域网中，通常一个工作组是在同一个网段上的，每个网段是一个逻辑工作组。多个工作组之间通过互联网段的网桥或交换机来交换数据。如果一个工作组中的某台计算机要转移到另一个工作组时，需要将该计算机从一个网段撤出，连接到另一个网段上，甚至还需要重新布线，因此，工作组的组成要受到结点所处的网段的物理位置的限制。

而建立在交换机之上的虚拟局域网以软件设置的方式来实现逻辑工作组的划分与管理，虚拟局域网中的结点组成不受物理位置的限制，同一个 VLAN 中的结点可以分布在不同的物理网段上，不受物理位置的束缚，但它们之间的通信就像在同一个物理网段上一样。如果要改变结点所处的 VLAN，只要通过软件设定，不需要改变它在网络中的物理位置。

典型的虚拟局域网的物理结构与逻辑结构如图 4-16 所示。图中计算机分布在 3 个物理网段上，但在工作过程中，同一部门内部的人员之间信息共享的概率会更高，所以可以应用虚拟局域网技术，把同一部门人员使用的计算机组成一个虚拟局域网，即把物理上分布在不同物理网段的结点划分成虚拟局域网。

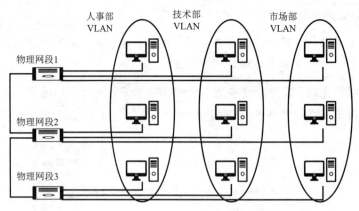

图 4-16　虚拟局域网的物理结构与逻辑结构

4.7.2　虚拟局域网的组网方法

虚拟局域网的组网方法十分灵活，从技术角度讲，不同 VLAN 组网方法的区别主要体现在对 VLAN 成员定义的原则上，通常有以下 4 种。

1．基于交换机端口号定义虚拟局域网

基于端口号划分虚拟局域网是最简单、有效的 VLAN 划分方法。它按照局域网交换机端口来定义 VLAN 成员，即将交换机上的物理端口分成若干组，每个组构成一个虚拟网。VLAN 从逻辑上把局域网交换机的端口划分开，从而把终端系统划分为不同的部分，各部分相对独立，在功能上模拟了传统的局域网。基于端口的 VLAN 又分为在单交换机端口和多交换机端口定义 VLAN 两种情况。

※　在单交换机端口定义 VLAN。如图 4-17 所示，交换机的 1、2、6、7、8 端口组成 VLAN1，3、4、5 端口组成 VLAN2。这种 VLAN 只支持一个交换机。

※　在多交换机端口定义 VLAN。如图 4-18 所示，交换机 1 的 1、2 端口和交换机 2 的 4 ～ 7 端口组成 VLAN1，交换机 1 的 3 ～ 8 端口和交换机 2 的 1、2、3、8 端口组成 VLAN2。

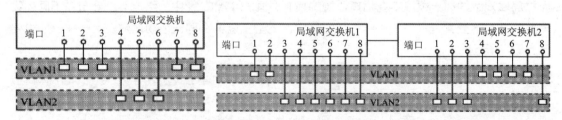

图 4-17　基于单交换机端口的 VLAN　　　　　图 4-18　基于多交换机端口的 VLAN

当交换机端口连接的是一个集线器时，由于集线器所支持的是共享介质的多用户网络，因此，按交换机端口号的划分方案只能将连接到集线器的所有用户划分到同一个 VLAN 中。

基于交换机端口划分 VLAN 是一种简单易用的方法，易于理解和管理。其缺点是：基于交换机端口的 VLAN 无法自动解决结点的移动、增加和变更问题。如果一个结点从一个端口移动到另一个端口，则网络管理者必须对虚拟局域网成员进行重新配置。

2. 基于 MAC 地址定义虚拟局域网

该方法依据结点的 MAC 地址划分 VLAN，对每个 MAC 地址的主机都定义它属于哪个组。该划分方法的最大优点是：当用户物理位置移动或端口改变时，不用重新配置 VLAN。

由于 MAC 地址是网卡的硬件地址，所以该方法定义的 VLAN 允许结点移动到网络的其他物理网段。由于它的 MAC 地址不变，所以该结点将自动保持原来的虚拟局域网成员的地位。同时，基于 MAC 地址定义的 VLAN 可以解决基于端口划分 VLAN 所不能解决的问题，它可以支持将一个集线器连接区域内的结点划分到不同的 VLAN 中。从这一角度来说，基于 MAC 地址的虚拟局域网可以看作是基于用户的 VLAN。

基于 MAC 地址的 VLAN 的缺点是需要对大量的毫无规律的 MAC 地址进行操作，而且所有的结点在最初都必须被配置到至少一个 VLAN 中，只有在这种手工配置之后，方可实现对 VLAN 成员的自动跟踪。因此，要在一个大型的网络中完成初始配置显然并不是一件容易的事，而且日后的管理也更为烦琐。

3. 基于网络层地址定义虚拟局域网

定义虚拟局域网也可以使用结点的网络层地址，使用这种方法时，通常要求交换机能够处理网络层的数据，即要使用第三层交换机。这种划分方法具有一定的优点。首先，它允许按照协议类型来组成虚拟局域网，这有利于组成基于服务或应用的虚拟局域网；其次，用户可以随意移动结点而无须重新配置网络地址，这对使用 TCP/IP 协议的用户是特别有利的。另外，一个虚拟局域网可以扩展到多个交换机的端口上，甚至一个端口能对应于多个虚拟局域网。该方法的缺点是：与基于 MAC 地址的虚拟局域网相比，检查网络层地址比检查 MAC 地址花费的时间要多，因此虚拟局域网的速度相对比较慢。

4. 基于 IP 广播组定义虚拟局域网

这种虚拟局域网的建立是动态的，它代表了一组 IP 地址。在虚拟局域网中，利用一种称为代理的设备对虚拟局域网中的成员进行管理。当 IP 广播包要送达多个目的结点时，就动态地建立虚拟局域网代理，这个代理和多个 IP 结点组成 IP 广播组虚拟局域网。网络用广播信息通知各 IP 站，表明网络中存在 IP 广播组，结点如果响应信息，就可以加入 IP 广播组，成为虚拟局域网中的一员，并可与虚拟局域网中的其他成员通信。IP 广播组中的所有结点都属同一个虚拟局域网，但它们只是特定时间段内特定 IP 广播组的成员，且各个成员都只具有临时性的特点，由 IP 广播组定义 VLAN 的动态特性可以达到很高的灵活性，可以根据服务灵活地组建，并且借助于路由器可以很容易地扩展到广域网上。

4.8　无线局域网

4.8.1　无线局域网概念

无线局域网（Wireless LAN，WLAN）是计算机网络与无线通信技术相结合的产物，一般来说，凡是采用无线传输介质完成数据传输，实现有线局域网功能的网络都可称为无线局域网。这里的无线介质可以是微波、红外线和激光。无线局域网的基础还是有线局域网，它是有线局域网的扩展和替换，是在有线局域网的基础上通过无线集线器、无线接入点（AP）、无线网桥、无线网卡等设备使无线通信得以实现。随着移动通信技术的飞速发展，无线局域网已经成为局域网应用的一项热点技术。无线局域网与有线网络相比有许多不同的特点，其主要优点表现如下：

※ 安装便捷。与有线网络相比，无线局域网免去或减少了网络布线的工作量，一般只要安装一个或多个接入点设备，即可建立覆盖整个建筑的局域网。

※ 高移动性。在有线网络中，在没有网络接口的地方就不能接入局域网；而在无线网中，各结点可随意移动，不受地理位置的限制，在信号覆盖区域内任何一个位置都可以接入网络，而且可以在不同运营商、不同国家的网络间漫游。

※ 易于扩展。WLAN 有多种配置方式，能够根据需要灵活选择。WLAN 能胜任从只有几个用户的小型局域网到上千用户的大型网络，并且能够提供像漫游等有线网络无法提供的功能。

※ 经济节约。由于有线网络缺少灵活性，要求网络规划者尽可能地考虑未来发展的需要，这就往往导致预设大量利用率较低的信息点。而一旦网络的发展超出了设计规模，又要投入较多资金进行网络改造。而 WLAN 只需在现有无线局域网基础上增加访问点就可以扩展为具有大量用户的网络。

虽然无线局域网具有许多优点，但还存在着覆盖范围有限、带宽相对较小、存在潜在的安全问题等一些缺点。在最近几年里，WLAN 发展十分迅速，已经在不适合网络布线的场合得到了广泛的应用。

4.8.2 无线局域网标准

IEEE 802.11 系列标准是 IEEE 制定的无线局域网标准，主要是对网络的物理层和介质访问控制层进行了规定。目前产品化的标准主要有 3 种，即 IEEE 802.11a、IEEE 802.11b 和 IEEE 802.11g。

1. IEEE 802.11

无线局域网最初的标准是 IEEE 802.11，该标准是 IEEE 802 委员会于 1997 年公布的。它规定无线传输工作在 2.4GHz 频带上，传输速率最高能达到 2Mb/s，传输距离为 100m。主要用于解决客户机无线接入局域网的问题，业务仅限于数据存取。

IEEE 802.11 标准定义了物理层和介质访问控制 MAC 协议规范。在物理层定义了数据传输的信号特征和调制方法，MAC 层定义了其访问控制方法为 CSMA/CD。

由于 IEEE 802.11 的传输速率较低，传输距离有限，不能满足快速、远距离通信应用的需要，所以 IEEE 802 委员会对该标准进行了补充与改善，1999 年 9 月相继推出了 IEEE 802.11b 和 IEEE 802.11a 两个标准，之后又推出了 IEEE 802.11g 标准。

2. IEEE 802.11b

IEEE 802.11b 标准采用 2.4GHz 频带和补偿编码键控（CCK）调制方式，物理层增加了 5.5Mb/s 和 11Mb/s 两个通信速率，传输速率可以根据环境干扰或传输距离的不同在 11Mbps、

5.5Mb/s、2Mb/s 和 1Mb/s 之间自行切换，可以传输数据和图像，而且在 2Mb/s 和 1Mb/s 速率传输时与 IEEE 802.11 兼容。其最大数据传输速度只有 11Mb/s，这虽然与原有的无线 WLAN 相比速度快了不少，但是要想收发送动态图像等大容量数据尚显不足。由于其设备的制造简单，IEEE 802.11b 标准的产品已广泛应用。

3. IEEE 802.11a

IEEE 802.11a 也是对 IEEE 802.11 标准的补充，采用正交频分复用（OFDM）的独特扩频技术和正交键控频移（QFSK）调制方式，大大提高了传输速率和信号质量。该标准工作在 5GHz 频带上，物理层速率可达到 54Mb/s，可以提供 25Mb/s 的无线 ATM 接口和 10Mb/s 的以太网无线帧结构接口，支持语音、数据、图像业务。但由于使用 5GHz 频带的电波，所以存在传输损失大，具有很难通过墙壁、芯片价格贵以及不兼容普及的 IEEE 802.11b 等缺点。但其传输速率和有效传输距离均远远高于 IEEE 802.11b，所以常用在传输速率要求较高、距离较远的场合，如楼宇之间的无线连接等。

4. IEEE 802.11g

IEEE 802.11g 是 IEEE 于 2002 年 11 月批准的一种试验性新标准，它是一种混合标准，调制采用 IEEE 802.11b 中的 CCK 和 IEEE 802.11a 中的 OMDF 两种方式。因此，IEEE 802.11g 既可以在 2.4GHz 频带提供 11Mb/s 的数据传输速率，也可以在 5GHz 频带提供 54Mb/s 的数据传输速率。IEEE 802.11g 可工作在 2.4GHz 频带，完全兼容 IEEE 802.11b，但速度却是 IEEE 802.11b 的 5 倍。

4.8.3 无线局域网传输技术

无线局域网采用的无线传输介质主要有微波和光波（激光和红外线），常用的传输技术主要有微波扩频技术和红外线技术。

1. 微波扩频技术

目前无线局域网主要采用的是扩频（扩展频谱）传输技术。扩频技术原先是为了军事通信领域的需求开发的宽带无线通信技术，其主要思想是将信号散布到更宽的带宽上，以使发生干扰和拥塞的概率减小。

扩频通信技术的原理是使用比发送数据的速率高许多倍的伪随机码对载荷数据的基带信号进行频谱扩展，使其带宽远大于传输信号的带宽，形成使用宽带低功率频谱密度的信号来发射。这相当于把窄带信号以伪随机码规律分散到宽带信号上再发射出去。在接收端用与发射端相同的伪随机码做扩频解调，压缩其频谱，把宽带信号恢复成原来的基带信号。

使用扩频技术，能够使数据在无线传输中保持完整、可靠，并且确保同时在不同频段传输的数据不会相互干扰。扩频技术主要有直序扩频技术和跳频扩频技术两种。

（1）直序扩频技术。就是使用具有高码率的扩频序列，在发射端扩展信号的频谱，而在接收端用相同的扩频码序列进行解扩，把展开的扩频信号还原成原来的信号。

直序扩频局域网可在很宽的频率范围内进行通信，支持 1 ~ 2Mb/s 数据传输速率，在发送端和接收端都以窄带方式进行，传输过程则以宽带方式通信。

（2）跳频扩频技术。跳频扩频与直序扩频技术的原理完全不同。跳频技术是把频带分成若干个跳频信道，载波受一个伪随机码的控制，其频率按随机规律不断改变，从一个信道跳到另一个信道。接收端的频率也按同样的随机规律变化，并保持与发射端的变化规律一致。

跳频速率的高低直接反映跳频系统的性能，跳频速率越高，抗干扰的性能越好。军用的调频系统可达每秒上万跳。由于慢速跳频系统实现简单，低速 WLAN 常常采用这种技术。

微波扩频技术覆盖范围大，具有较强的抗干扰、抗噪声和抗衰减能力，隐蔽性、保密性强，不干扰同频的信号等性能特点，具有很高的可用性。

2．红外线技术

红外线是波长为 750nm ～ 1mm 的电磁波，它的频率高于微波而低于可见光，是一种人眼看不见的光线。红外传输一般采用红外波段内的近波段，红外数据协会（IrDA）成立以后，为了保证不同厂家的红外产品能够获得最佳的通信效果，发布了红外通信协议规定数据传输采用的红外线波长范围限定为 850 ～ 950nm。

红外线按照视距方式传播，即发送点和接收点之间不能被阻挡。相对微波传输技术来说有一些明显的优点。首先，红外线的频谱非常宽，所以可以提供极高的数据速率；其次，红外线频谱不受管制，而有些微波频谱则需要申请许可证。另外，由于红外线与可见光有一部分的特性是一致的，所以可以被浅色的物体漫反射，这样即可用天花板反射来覆盖整个房间。家庭中遥控设备所使用的就是红外线传输技术。

4.8.4　无线局域网的组建

1．无线局域网的硬件组成

在组建无线局域网时，主要硬件设备有无线网卡、无线接入点（AP）、天线、计算机。

※　无线网卡。与有线网络中的网卡的作用相同，其作为无线局域网的接口，能够实现无线局域网各客户机之间的通信。根据接口的不同，无线网卡主要有笔记本电脑专用的 PCMCIA 无线网卡、台式机专用的 PCI 无线网卡以及笔记本电脑和台式机都可以使用的 USB 无线网卡等。

※　无线接入点。也称无线集线器。无线 AP 中有一块无线网卡，负责接收和发送无线数据，同时，还能像有线集线器那样把各种无线数据收集起来进行中转。无线 AP 的主要作用有两个：一是作为无线局域网的中心点，供其他装有无线网卡的计算机通过它接入无线网络；二是通过它为有线局域网提供长距离无线连接，或为小型无线局域网提供长距离有线连接，从而实现延伸网络范围的目的。无线 AP 设备基本上都有一个以太网接口，可以实现无线网络与有线网络的互联。理论上，无线 AP 的覆盖范围是室内 100m，室外 300m。由于实际使用中有障碍物的阻挡，通常实际使用范围是室内 30m，室外 100m。目前，无线 AP 产品的功能得到了扩展，许多产品能实现无线网桥或无线路由器的功能。

※　天线。其功能是将信号源的网络信号传送出去，当计算机与无线 AP 相距较远时，随着信号的减弱，传输速率会明显下降，或者根本无法实现与无线 AP 之间的通信，此

时，就必须借助无线天线对所接收或发送的信号进行增益。天线分为指向型和全向型两种，指向型适于长距离点对点网络使用，全向型适于小范围区域使用。

2. 无线局域网的连接方式

目前，无线局域网的连接方式主要有以下 4 种：无 AP 的独立对等无线网络、有 AP 的独立对等无线网络、接入有线网络的无线网络和无线漫游的无线网络。

1）无接入点独立对等无线网络

无接入点独立对等无线网络方式只使用无线网卡。因此，为每台计算机上插上无线网卡，就可以实现计算机之间的连接，构建成最简单的无线网络，如图 4-19 所示。这样，只需使用诸如 Windows 操作系统，就可以在服务器的覆盖范围内，不用使用任何电缆，实现计算机之间共享资源。

在该方式中，各种计算机仅使用无线网卡，没有任何其他无线接入设备，是名副其实的对等无线网络。此种无线网络的有效传输距离即为该无线网络的最大直径，室内通常为 30m 左右。另外，由于该方式中所有的计算机之间都共享连接带宽，而且 IEEE 802.11b 无线产品的最高带宽只有 11Mb/s，所以，只适用于接入计算机数量较少，并对传输速率没有较高要求的小型办公网络和家庭网络。

2）有接入点的独立对等无线网络

有接入点的独立对等无线网络方式与对等无线网络方式非常相似，所有的计算机中都安装有一块网卡。所不同的是，有接入点的独立无线网络方式中加入了一个无线访问点（AP），如图 4-20 所示。无线访问点类似于以太网中的集线器，可以对网络信号进行放大处理，一个工作站到另外一个工作站的信号都可以经由无线 AP 放大并进行中继。因此，拥有无线 AP 的独立无线网络的网络直径将是无线网络有效传输距离的 2 倍，在室内通常为 60m 左右。

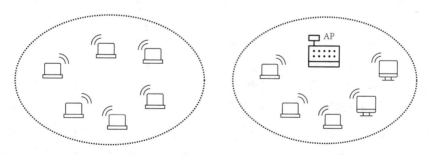

图 4-19　无接入点独立对等无线网　　　　图 4-20　有接入点独立对等无线网

该方式仍然属于共享式接入，虽然传输距离比无接入点无线网络增加了 1 倍，但所有计算机之间的通信仍然共享无线网络带宽。由于带宽有限，因此，该无线网络方式仍然只能适用于一般不超过 20 台计算机的小型网络。

3）接入有线网络的无线网络

在实际的组网工作中，并不是单纯地建立独立的无线网络，大多数都是在现有的有线局域网上加装无线网络设备，为现有的网络增加移动办公功能。

无线局域网和有线局域网的互联实际上相当方便，只需要在有线网络中接入一个无线

AP，再利用此 AP 构建另一部分无线网络，从而将无线网络连接至有线网络。无线 AP 在无线工作站和有线网之间起网桥的作用，实现了无线与有线的无缝集成。既允许无线工作站访问网络资源，同时又为有线网络增加了可用资源。

该方式适用于将大量的移动用户连接至有线网络，从而以低廉的价格实现网络直径的迅速扩展，或为移动用户提供更灵活的接入方式。

4）无线漫游的无线网络

将访问点作为无线基站与现有网络分布系统之间的桥梁，当用户从一个位置移动到另一个位置时，以及一个无线访问点的信号变弱或访问点由于通信量太大而拥塞时，可以连接到新的访问点，而不中断与网络的连接。与蜂窝移动电话非常相似，将多个 AP 各自形成的无线信号覆盖区域进行交叉覆盖，实现各覆盖区域之间无缝连接。所有 AP 通过双绞线与有线骨干网络相连，形成以固定有线网络为基础，无线覆盖为延伸的大面积服务区域。所有无线终端通过就近的 AP 接入网络，访问整个网络资源。蜂窝覆盖大大扩展了单个 AP 的覆盖范围，从而突破了无线网络覆盖半径的限制，用户可以在 AP 群覆盖的范围内漫游，而不会和网络失去联系，中断通信。

4.9　局域网操作系统及常用协议

4.9.1　网络操作系统概述

操作系统（Operating System，OS）是计算机系统中负责控制和管理计算机硬件和软件资源、合理地组织计算机工作流程并方便用户使用的系统软件。操作系统是用户和计算机之间的接口，其基本功能包括文件管理、设备管理、进程管理、存储管理和作业管理。

网络操作系统（Network Operating System，NOS）是在网络低层所提供的数据传输能力的基础上，为高层用户提供共享资源管理和其他网络服务功能的系统软件。网络操作系统是相对于单机操作系统而言的，早期的网络操作系统实际上是在单机操作系统的基础上增加了具有实现网络访问功能的模块。网络操作系统是为了使用计算机网络而专门设计的系统软件，除了具有一般单机操作系统的全面功能外，还应具有两大功能：一是高效、可靠的网络通信能力；二是多种网络服务功能，如文件传输、远程打印服务等。

对于网络中的计算机来说，它们的资源既是本机资源，也是网络资源，所以这些计算机既要为本地用户使用资源提供服务，也要为远程网络用户使用资源提供服务。因此，网络操作系统的基本任务就是：屏蔽本地资源与网络资源的差异性，为用户提供各种基本网络服务功能，对整个网络进行资源管理，并提供网络系统的安全性服务。因此，网络操作系统是网络用户与计算机网络之间的接口。网络操作系统的基本功能如下：

※　网络通信。在源主机和目标主机之间实现无差错的数据传输。

※　资源管理。对网络中的共享资源（硬件和软件）实施有效管理，协调各用户对共享资源的使用，保证数据的安全性和一致性。

※　网络服务。提供电子邮件服务、文件传输、存取和管理服务、共享硬盘服务、共享打印服务等。

※　网络管理。最主要的任务是安全管理，一般通过存取控制来确保存取数据的安全性，以及通过容错技术来保证网络出现故障时数据的安全性。

※　互操作能力。指在客户机/服务器模式的局域网环境下，连接在网络上的多种客户机不仅能与服务器通信，而且还能以透明的方式访问服务器上的文件系统。

4.9.2　典型的局域网操作系统

1. NetWare 局域网操作系统

Novell 公司是一家著名的网络公司，它的网络操作系统产品 NetWare 比微软公司的产品出现得还要早。1981 年，Novell 公司提出了文件服务器的概念，两年后推出 NetWare 操作系统。

NetWare 操作系统是以文件服务器为中心的，它主要由 3 个部分组成：文件服务器内核、工作站外壳和低层通信协议。文件服务器内核实现了 NetWare 的核心协议，其作用是在客户机与服务器之间传送数据，并提供了 NetWare 的所有核心服务。NetWare 内核可以完成以下几种网络服务的管理任务：文件系统管理、安全保密管理、硬盘管理、系统容错管理、服务器与工作站的连接管理和网络监控。

NetWare 操作系统的主要版本有 NetWare V3.11、NetWare V4.11 和 NetWare SFT III，后者是 NetWare 系列的高容错版本。在多个版本中，NetWare V4.11 曾在国内十分流行，它将分布式目录、集成通信、多协议路由选择、网络管理、文件服务和打印服务集于一体，是高性能网络操作系统。NetWare 具有如下主要的特点：

※　具有多任务、多用户功能。NetWare 能对多个网络服务器请求进行并发控制，是一种全新的、高速的、多任务的网络操作系统。

※　高度的灵活性。NetWare 支持多种网卡、各种网络拓扑结构，允许不同的传输速率和不同的传输介质，可实现与多种类型局域网的互联。

※　超级容量。最大的硬盘空间可达 32TB，卷可跨越 32 块硬盘，每个服务器最多 64 个卷，最大的文件为 4GB，同时入网的用户可达到 250 个，可同时打开 10 万个文件。

※　开放式的开发环境。允许在服务器运行状态下，动态地安装与卸载服务器驱动程序及应用程序。

※　完善的安全保密措施。Novell 能提供多级安全保密系统，即入网安全性、权限安全性、文件和目录属性安全性及文件服务器安全性等。

※　网络使用方便，软件适应性强。NetWare 提供了方便的实用菜单程序，用户可根据自己的要求快速而简单地设置屏幕菜单，通过多级菜单可方便地将各种网络系统程序和用户程序联系在一起。利用 NetWare 提供的丰富的实用程序，用户的应用程序不必做任何修改即可在不同类型的 Novell 网上运行，大部分的 DOS 命令也可在网络环境下应用。

NetWare 存在的不足之处是工作站资源无法直接共享，安装及管理维护比较复杂，多用户需要同时获取文件及数据时会导致网络效率降低等。

2. Windows NT 网络操作系统

Windows NT（New Technology）是微软公司在 1993 年推出的面向工作站、网络服务器的网络操作系统，也可作为 PC 操作系统。截至 2014 年，微软公司已推出 18 个 Windows NT 操作系统，主流版本有 NT 3.1、NT 3.5X、NT 4.0、NT 5.X、NT 6.X、NT 10X。目前常用的版本是 NT 6.X，NT 6.X 系列是微软公司从 2006 年后推出的一系列内核版本号为 NT 6.X 的桌面及服务器操作系统，包括 Windows Vista、Windows Server 2008、Windows 7、Windows Server 2008 R2、Windows 8、Windows 8.1 和 Windows Server 2012。

Windows NT 具有良好的图形化用户界面，安装简便，易于维护，但由于它对服务器的硬件要求较高，且稳定性能不是很高，所以微软公司的网络操作系统一般只是用在中低档服务器中，高端服务器通常采用 UNIX、Linux 等非 Windows 操作系统。

3. UNIX 操作系统

UNIX 操作系统是由美国贝尔实验室开发的一种多用户、多任务操作系统。UNIX 操作系统可以运行在不同种类的硬件平台上，其适用范围从 PC 工作站一直到多处理器服务器、小型机、超级计算机。UNIX 操作系统的结构包括 3 层，分别是内核、Shell 和实用程序与应用。其中，内核是用 C 语言编写的，用来完成底层与硬件相关的功能，控制计算机的资源，并把这些资源分配给在计算机上运行的程序；Shell 的作用是解释来自用户和应用的命令，使计算机资源的管理更加容易和高效；实用程序与应用程序属于同一性质，多是为了帮助操作系统执行作业，以及帮助程序员开发软件。

UNIX 有很多版本，但各种版本的基本结构、操作和配置大致相同。UNIX 操作系统具有如下特点：

※ 是多用户、多任务的操作系统。

※ 具有良好的用户界面。UNIX 既提供了基于文本的命令行界面，即 Shell，方便程序开发，同时也提供了图形用户界面，可以同 Windows 操作系统一样有一个直观、易操作、交互性能好的图形用户界面。

※ 设备独立性。UNIX 可以把文件、目录和设备都当作文件来看待，只要有驱动程序就可以像使用文件一样来使用这些设备。

※ 具有很好的可移植性。UNIX 可以在从微型计算机到大型计算机的任何环境中和任何平台上运行。

※ 直接支持网络功能。UNIX 的通信和网络功能方面优于其他操作系统。

※ 可靠的系统安全。UNIX 采取了许多安全技术措施，包括对读写进行权限控制、带保护的子系统、审计跟踪、核心授权等，这些都为网络用户提供了必要的安全保障。

4. Linux 操作系统

Linux 是与 UNIX 相关的网络操作系统，最早是由一名计算机爱好者设计的一个能代替 UNIX 的操作系统，这个操作系统可用于 PC 上，并且具有 UNIX 操作系统的全部功能。

Linux 以它的高效性和灵活性著称，它能够在计算机上实现全部的 UNIX 特性，并具有多任务、多用户的能力。同时还带有多个窗口管理器的 X-Window 图形用户界面、文本编辑器、高级语言编辑器等软件。

Linux 越来越受到大家的重视，主要就是因为它是开放的自由软件，用户可免费获得它及其源代码，可以根据自己的需要进行必要的修改，无偿使用。目前有中文版本的 Linux，如 Redhat（红帽子）、红旗 Linux 等。它们在国内得到了用户充分的肯定，主要体现在它的安全性和稳定性方面，它与 UNIX 有许多类似之处。但目前这类操作系统仍主要应用于中高档服务器中。

4.9.3　局域网常用协议

网络协议是计算机网络实现其通信功能必须遵守的规则，目前局域网常用的 3 种通信协议是 NetBEUI 协议、IPX/SPX 及其兼容协议以及 TCP/IP 协议。

1. NetBEUI 协议

NetBEUI 是 NetBios Enhanced User Interface 的简称，是由 IBM 公司于 1985 年提出的，是 NetBIOS 协议的增强版本，它被微软公司作为开发 Windows 操作系统的基础协议。

NetBEUI 协议主要是为拥有小于 200 个工作站的小型局域网而设计的，它是一种体积小、通信效率高、速度快的广播型协议。它占用内存少，对系统要求不高，安装后不需要进行设置，特别适合于在“网络邻居”中传送数据。但由于 NetBEUI 协议没有路由能力，无法在网络之间选择路由，不具备跨网段工作的能力，因此仅适用于单网段部门级的小型局域网，不能适应较大的网络。由于 NetBEUI 协议不能从一个局域网经路由器到另一个局域网，因此对无须经路由器与其他网络通信的小型局域网，安装 NetBEUI 协议就足够了，如果需要路由到其他局域网，则必须安装 TCP/IP 或 IPX/SPX 协议及其兼容协议。

微软公司在 Windows XP 以前的所有产品（如 Windows NT 和 Windows 2000）中都将 NetBEUI 协议作为基本的系统支持协议，但在 Windows XP 之后的产品中没有将其设置为默认协议，如果需要使用该协议需要单独安装。

2. IPX/SPX 及其兼容协议

IPX/SPX 是 Internetwork Packet Exchange/Sequential Packet Exchange（互联网包交换 / 顺序包交换）的简称，它是由 Novell 公司开发的用于客户机和服务器进行通信的网络协议。其中，IPX 协议是一个无连接协议，负责数据包的传送，但不保证数据被有序和正确地传送到接收方；SPX 是一个基于 IPX 上的提供面向连接服务的协议，负责数据包传输的正确性和完整性。SPX 协议在发送数据之前需要与接收方建立连接，在传输过程中检测数据包是否被正确和完整地传送到了接收方。如果发现数据包错误或丢失，SPX 协议会重新发送数据包。

IPX/SPX 协议具有很强的适应性，具有路由功能，通过 IPX/SPX 协议可以跨过路由器访问其他网络，适用于大型网络。同时 IPX/SPX 协议不需要配置，安装简单。

在网络应用中，IPX/SPX 主要用于 Novell 网络中，如果不是在 Novell 网络环境中，一般不使用 IPX/SPX 协议，而是使用 IPX/SPX 兼容协议。尤其是在 Windows 网络操作系统组成的局域网中，为了使 Windows 系统能够与 Novell 网络系统通信，必须在 Window 系统上安装

IPX/SPX 兼容协议。基于 Windows 的网络操作系统上的 IPX/SPX 兼容协议是 NWlink 协议，因为 NWLink 协议已经包括了 IPX/SPX 协议。

NWLink 协议是 IPX/SPX 的兼容协议，是 Windows 和 NetWare 网络操作系统间的通用协议。主要用于 Windows 网络中的客户机和服务器与 NetWare 网络中的客户机和服务器进行通信。其主要优点有：易于建立和管理，具有路由选择能力。

NWLink 协议在继承 IPX/SPX 协议优点的同时，更适应了 Windows 操作系统环境。当利用 Windows 系统访问 NetWare 服务器时，利用 NWLink 协议获得 NetWare 服务器的服务。

Windows NT 中提供了两个与 NetWare 网络兼容的协议：NWLink IPX/SPX 兼容协议和 NWLink NetBIOS，两者统称为 NWLink 通信协议。

NWLink IPX/SPX 兼容协议只能作为客户端协议访问 NetWare 服务器，离开了 NetWare 服务器，此兼容协议将失去作用。NWLink NetBIOS 协议不但可以在 Windows NT 之间传递数据，而且可用于 Windows NT 之间的通信。

3. TCP/IP 协议

TCP/IP（传输控制协议／网际协议）协议是目前最常用的网络协议，既可以用于广域网，也可以用于局域网。TCP/IP 最早应用于 UNIX 系统中，现在几乎所有的操作系统都支持它，同时 TCP/IP 也是 Internet 的基础协议。TCP/IP 为连接不同操作系统、不同体系结构的互联网络提供了通信手段，其目的是使不同厂家生产的计算机能在各种网络环境下通信。

TCP/IP 是一种可路由的协议，具有很强的灵活性，支持任意规模的网络，几乎可连接所有的服务器和工作站。但其灵活性也带来了复杂性，它需要针对不同的网络进行不同的设置。TCP/IP 的设置和管理在各种协议中是较复杂的一个，需要设置 IP 地址、子网掩码、默认网关等参数。

网络通信协议的选择直接影响到网络的速度和性能。在组建局域网时，具体选择哪一种网络通信协议主要取决于网络规模、网络应用需求、网络平台兼容性和网络管理的方便性等几个方面。如果组建一个小型的单一网段的 Windows 客户机／服务器局域网，只是为了简单的文件和设备的共享，并且暂时没有对外连接的需要，可以选择 NetBEUI 协议，发挥其速度优势。如果网络中存在多个网段或要通过路由器与外部相连或要访问 Internet 时，就不能使用不具备路由和跨网段操作能力的 NetBEUI 协议，而应选择安装 TCP/IP 协议。如果网络操作系统是从 NetWare 迁移到 Windows 系统的，同时还要保留一些基于 NetWare 的应用，IPX/SPX 及其兼容的 NWLink 通信协议则是一个必然的选择。

本章小结

本章主要介绍了局域网概念和主要技术、局域网体系结构和标准、介质访问控制方法、共享式局域网、交换式局域网、虚拟局域网和无线局域网的工作原理及组网方法、局域网操作系统和常用协议等。

1. 局域网概念和主要技术

局域网是在有限的地理范围内，将各种数据通信设备互相连接起来组成的通信网，通过功能完善的网络软件，实现计算机之间的相互通信和共享资源。决定局域网特性的主要技术是传输介质、拓扑结构和介质访问控制方法。其中介质访问控制方法是局域网最重要的基本技术，它对局域网的工作过程和性能产生决定性的影响。

2. 局域网体系结构和标准

局域网体系结构参考模型包含逻辑链路控制子层（LLC）、媒体访问控制子层（MAC）和物理层。IEEE 802 局域网标准委员会 1980 年开始研究制定局域网标准，制定了一系列局域网和城域网的标准，由此产生了 IEEE 802 系列标准，推动了局域网技术的标准化。

3. 介质访问控制方法

介质访问控制方法是对信道的使用权进行合理分配的方法，用来控制网络中各个结点对共享信道的访问权限。介质访问控制方法是局域网最重要的技术，局域网常用的介质访问控制方法有：带冲突检测的载波监听多路访问（CSMA/CD），适用于总线拓扑结构；令牌总线（token-bus），适用于总线型 / 树状拓扑结构；令牌环（token-ring），适用于环形拓扑结构。

4. 共享式局域网

共享式局域网是建立在共享介质的基础上的，以太网、快速以太网、FDDI 等的共性就是共享介质、共享带宽，所以被称为共享式局域网。所谓共享介质就是网络上的所有站点共享一条传输通道，每个站点都在争取得到发送数据的机会，使整个网络的信道始终处于大家共享的状态。

5. 交换式局域网和虚拟局域网

交换式局域网是建立在交换技术的基础上的，交换式局域网从根本上改变了共享式局域网的结构，解决了带宽瓶颈问题。交换式局域网的核心设备是交换机，典型的交换式局域网是交换式以太网；虚拟局域网（VLAN）是在交换式局域网的基础上，通过管理软件将网络中的结点按业务功能、网络应用划分成若干个逻辑工作组，每个逻辑工作组就是一个虚拟网络。VLAN 并不是一种新型局域网技术，而是基于交换技术为用户提供的一种服务。

6. 无线局域网

无线局域网（WLAN）在有线局域网的基础上通过无线集线器、无线接入点（AP）、无线网桥、无线网卡等设备，使无线通信得以实现。无线局域网最初的标准是 IEEE 802.11，之后又提出了 IEEE 802.11b、IEEE 802.11a 和 IEEE 802.11g 标准。

7. 局域网操作系统及常用协议

网络操作系统（NOS）在网络低层所提供的数据传输能力的基础上，为高层用户提供共享资源管理和其他网络服务功能的系统软件。典型的局域网操作系统有 NetWare、Windows、UNIX 和 Linux。网络协议是计算机网络实现其通信功能必须遵守的规则，目前局域网常用的 3 种通信协议是 NetBEUI 协议、IPX/SPX 及其兼容协议以及 TCP/IP 协议。

习题

一、概念解释

局域网，冲突，MAC 地址，CSMA/CD，FDDI，交换式局域网，虚拟局域网。

二、单选题

1. 局域网的网络硬件主要包括服务器、工作站、（ ）和传输介质。

    A. 计算机   B. 网卡   C. 拓扑结构   D. 网络协议

2. 局域网的最主要技术要素是（ ）。

    A. 传输介质   B. 介质访问控制方法

    C. 拓扑结构   D. 服务器软件

3. 局域网中，介质访问控制功能属于（ ）。

    A. MAC 子层   B. LLC 子层   C. 物理层   D. 高层

4. 以太网的核心技术是随机争用型介质访问控制方法，即（ ）。

    A. CSMA/CD   B. 令牌环

    C. 令牌总线   D. CSMA

5. 以太网的访问方法和物理层技术规范由（ ）描述。

    A. IEEE 802.3   B. IEEE 802.4   C. IEEE 802.5   D. IEEE 802.6

6. 令牌环的介质访问控制方法和物理层技术规范由（ ）描述。

    A. IEEE 802.3   B. IEEE 802.4   C. IEEE 802.5   D. IEEE 802.6

7. 在令牌环网中（ ）。

    A. 无冲突发生   B. 有冲突发生

    C. 冲突可以减少，但冲突仍然存在   D. 重载时冲突严重

8. 在令牌环网中，当数据帧在循环时，令牌（ ）。

    A. 在接收站点   B. 在发送站点

    C. 在环中循环   D. 以上均不是

9. 在令牌环网中，介质访问控制时使用（ ）。

    A. 单令牌、多数据帧   B. 多令牌、多数据帧

    C. 多令牌、单数据帧   D. 单令牌、单数据帧

10. FDDI 局域网技术的拓扑结构是（　　）。

    A. 环形　　　　B. 星形　　　　C. 总线型　　　　D. 网状

11. 物理层组网标准 10Base-T 和 10Base-5 规定使用的传输介质分别是（　　）。

    A. 粗同轴电缆和细同轴电缆　　　　B. 双绞线和粗同轴电缆

    C. 粗同轴电缆和粗同轴电缆　　　　D. 双绞线和细同轴电缆

12. 100Base-T 标准规定网卡与集线器之间的非屏蔽双绞线长度最大为（　　）。

    A. 50m　　　　B. 100m　　　　C. 200m　　　　D. 500m

13. 有 10 台计算机组建成 10Mb/s 以太网，如分别采用共享式以太网和交换式以太网技术，则每个站点所获得的数据传输速率分别为（　　）。

    A. 10Mb/s 和 10Mb/s　　　　　　B. 10Mb/s 和 1Mb/s

    C. 1Mb/s 和 10Mb/s　　　　　　D. 1Mb/s 和 1Mb/s

14. 下面对虚拟局域网的说法中，错误的是（　　）。

    A. 虚拟局域网是一种全新的局域网，其基础是虚拟技术

    B. 虚拟局域网是一个逻辑子网，其组网的依据不是物理位置，而是逻辑位置

    C. 每个虚拟局域网是一个独立的广播域

    D. 虚拟局域网通过软件实现虚拟局域网成员的增加、移动和改变

15. 在下面 4 个虚拟局域网中，移动结点时需要对网络进行重新配置的是（　　）。

    A. 基于端口的虚拟局域网　　　　B. 基于 MAC 地址的虚拟局域网

    C. 基于第三层协议的虚拟局域网　　D. 基于用户的虚拟局域网

16. 以下（　　）不是网络操作系统提供的服务。

    A. 文件服务　　　　　　　　B. 打印服务

    C. 通信服务　　　　　　　　D. 办公自动化服务

17. 如果组建一个小型的单一网段的 Windows 局域网，只是为了简单的文件和设备的共享，且没有对外连接的需要，最好选择（　　）协议。

    A. NetBEUI　　　　　　　　B. IPX/SPX

    C. TCP/IP　　　　　　　　D. 以上都可以

三、填空题

1. 决定局域网特性的主要技术有 3 个，它们是＿＿＿＿、传输介质、＿＿＿＿。

2. 常用的介质访问控制方法有 3 种，分别是＿＿＿＿、＿＿＿＿、＿＿＿＿。

3. 局域网参考模型的分层结构是_____层、_____层、_____层。

4. 数据链路层在局域网参考模型中被分成了两个子层：_____与_____。专门用来解决广播网中信道分配问题的是_____层。

5. _____层在单个局域网中并不需要，原因是_____。

6. 著名的以太网（Ethernet）采用的就是_____拓扑结构。

7. IEEE 802.3 的总线局域网采用的组网标准有 10Base-T、_____和_____。其中 10 的含义是_____；Base 的含义是_____；T 的含义是_____。

8. 以太网常使用传输介质有_____、_____、_____。现组建 10Mb/s 以太网使用非屏蔽双绞线作为传输介质，遵循的组网标准是_____。

9. IEEE 802.5 是_____网，为了解决争用信道使用权的问题，使用一个称为_____的特殊标记，只有获得该特殊标记的站点才有权发送数据。

10. IEEE 802.4 是_____网，是_____物理结构，逻辑上采用_____工作原理，使各站_____获得发送权。

11. 交换式以太网以_____为核心设备连接站点和网段，允许多对站点同时通信，每个站点可以_____传输通道和带宽。

12. FDDI 的含义是_____，FDDI 局域网的拓扑结构是_____型，采用的传输介质是_____，介质访问控制方法是_____。

13. 虚拟局域网建立在_____基础上，以软件的方法将网络中的结点按工作性质与需要划分成若干个逻辑工作组，每个逻辑工作组就是一个_____。

14. 虚拟局域网实现的技术主要有_____、基于 MAC 地址的虚拟局域网、基于第三层协议的虚拟局域网和_____。

15. 操作系统可以理解为用户与计算机之间的接口，网络操作系统是_____与_____之间的接口。

16. 除了 TCP/IP 协议之外，目前局域网常用的通信协议有_____和_____。

四、简答题

1. 简述局域网的主要特点，画图表示 IEEE 802 局域网的分层结构与 OSI/RM 的对应关系。

2. CSMA / CD 的全称是什么？简述 CSMA / CD 的工作原理及优缺点。

3. 什么是冲突？在 CSMA/CD 中，如何解决冲突？在令牌环网和令牌总线网中存在冲突吗？为什么？

4. 说明 MAC 层的主要功能。

5. 简述标准以太网的工作原理及优缺点。

6. 说明 10Base-2、10Base-5 和 10Base-T 网络的主要技术参数。

7. 简述令牌环介质访问控制方法。

8. FDDI 是什么？简述其特点。

9. 快速以太网有几个组网标准？

10. 什么是交换式以太网？请绘出交换式以太网的结构示意图。

11. 虚拟局域网是否是一种新型的局域网技术？简述构建虚拟局域网的方法。

12. 网络操作系统有哪些基本功能？

第 5 章

广域网与网络互联

广域网是覆盖广阔地理范围的数据通信网，为了在更大范围内实现资源共享和数据传输，还可以把单一的网络互联起来形成更大的网络环境，这就是网络互联。

本章要点

※ 广域网技术基础

※ 网络互联设备

※ 路由协议

5.1 广域网技术基础

5.1.1 广域网概述

广域网又称为远程网，是覆盖广阔地理范围的数据通信网。覆盖一个城市、一个地区或者整个国家的通信网络都可以称为广域网。广域网的主要任务是远距离传送数据，还可以利用广域网把远距离的局域网或计算机系统互联起来。

广域网很容易和互联网混淆，互联网即使覆盖范围很广，一般也不称为广域网，因为在互联网中，不同网络的互联才是它最主要的特征，互联网必须使用路由器来连接。而广域网是指单个网络，它使用结点交换机连接各主机而不是用路由器来连接各网络。广域网和局域网都是互联网的重要组成构件。广域网具有以下特点：

※ 主要提供面向数据通信的服务，支持用户使用计算机进行远距离的信息交换。

※ 覆盖范围广，通信距离远，需要考虑的因素多，如媒体的成本、线路的冗余、媒体带宽的利用和差错处理等。

※ 广域网是一种数据通信网络，由电信部门或公司负责组建、管理和维护，并向全社会提供面向数据通信的有偿服务，存在流量统计和计费问题。

※ 广域网技术主要对应于 OSI/RM 的物理层、数据链路层和网络层。

与局域网相比，广域网除了地理覆盖范围更大之外，还有一些明显的差异。从通信方式角度来讲，广域网的主要技术采用电路交换和存储转发，和局域网共享传输介质的广播方式不同；从组成上来讲，广域网通常是由一些结点交换机及链路组成，结点之间是点对点的连接，而局域网通常采用多点接入、共享传输介质的方法；从层次上讲，广域网使用的协议主要在网络层，主要考虑路由选择问题，而局域网使用的协议主要在数据链路层及物理层，由于广域网的传输距离远，要经过多个结点设备转发，因此其数据传输比局域网要慢。

1．广域网的组成结构

广域网由资源子网和通信子网组成，重要组成部分是通信子网。通信子网一般由一些结点交换机和连接这些交换机的链路组成，如图 5-1 所示。广域网中结点和结点之间通过链路直接连接，不同的局域网则通过路由器与广域网相连，组成了一个覆盖范围很广的互联网。相距很远的不同局域网的主机都能通过广域网进行通信。

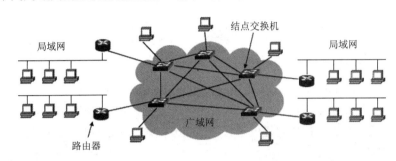

图 5-1　局域网和广域网构成互联网

2．广域网中数据的传输方式

广域网中数据的传输主要有电路交换和分组交换两种方式。电路交换是指主机在通信前通过呼叫建立物理电路连接，连接建立好后，信息通过该电路传输。在传输过程中，线路被限制为只能被建立连接的主机使用，当信息发送完毕后，电路再释放给其他的主机。在这种方式中，当主机占用线路却没有传输数据时，会造成资源的浪费，但是比较稳定和可靠。

分组交换是指用户数据在发送前被分割为数据块，分组由一块用户数据、必要的目的地址和协议信息组成，主机将数据分组并逐个发送至网络上，当分组被传输到某一个结点时，该结点选择的下一个分组传输结点取决于路由选择和当前网络状况。当数据都到达目的地址后，目的主机会把收到的所有分组按照顺序重新排列，合并出初始数据。因此，多个用户数据并不一定通过同一路径传送，数据也不一定会按顺序到达，并且有丢失的可能。在这种方式下，主机没有传输数据时就没有占用网络，资源利用率高。

3．公共传输网络

广域网的通信子网一般都是由电信部门的公共传输网络（公用数据通信网）充当的。公共传输网络主要分为 3 类：第一类是电路交换网；第二类是分组交换网；第三类是专用线路网，主要是数字数据网（DDN）。从用户角度看，公共传输网络为用户提供的通信服务主要有 3 种类型：电路交换服务、分组交换服务和租用线路或专线服务。

※　电路交换网。是面向连接的网络，在数据需要发送的时候，发送设备和接收设备之间必须建立并保持一个连接，等到用户发送完数据后中断连接，电路交换网在每个通话过程中有一个专用通道，它提供模拟和数字的电路交换服务，典型的电路交换网是公共交换电话网（PSTN）和综合业务数字网（ISDN）。

※ 分组交换网。提供无连接的数据报和面向连接的虚电路两种服务。在数据报服务中，数据包是带着目的地址等控制信息从源主机发出的，在传输过程中，需要交换机根据数据包的目的地址查询本机路由表，选择下一个交换机将数据发送出去；在虚电路服务中，通信双方通过建立虚电路而相互传送分组，一条物理线路可以复用成多条逻辑信道。典型的电路交换网有 X.25 分组交换网、帧中继和异步传输模式（ATM）。

※ 专用线路网。专用线路是在两个结点之间建立的一条安全、永久的通道，专用线路网不需要经过建立或拨号即可进行连接，它是点到点连接的网络。用户从电信局租用专线来组建自己的网络系统，数字数据网（DDN）就提供这类专线服务。

5.1.2　电路交换网

电路交换网主要有两种：公共交换电话网和综合业务数字网。

1. 公共交换电话网

公共交换电话网（Public Switched Telephone Network，PSTN）是以模拟技术为基础的电路交换网络。它是自发明电话以来所有的电路交换式电话网络的集合，是目前普及程度最高、成本最低的公用通信网络。它主要提供语音通信服务，同时还提供数据通信业务，如数据交换、传真、可视图文等。

从功能角度讲，PSTN 由国际交换局、长途交换局、中心交换局、端交换局和用户等层次构成。从设备构成角度讲，PSTN 是由交换机、传输电路（用户线和局间中继电路）和用户终端设备（如电话机）3 部分组成的。

通过 PSTN 可以实现网络互联，但 PSTN 以模拟技术为基础，为接入设备提供模拟通道。当计算机等数字设备通过 PSTN 连接时，需要在两端使用调制解调器来实现数字信号和模拟信号之间的转换。如图 5-2 所示为计算机以电话拨号方式通过 PSTN 接入 Internet。

图 5-2　计算机通过 PSTN 接入 Internet

利用 PSTN 的数据通信是廉价的，但它的数据传输速率较低，不能提供流量控制、差错控制等服务，所以传输质量较差。PSTN 只能用于通信速率要求不高的场合，而且中间没有存储转发功能，难以实现变速传输。由于 PSTN 分布范围广，费用小，因此是早期家庭用户和要求不高的小型网络接入 Internet 的方案。

2. 综合业务数字网

综合业务数字网（Integrated Services Digital Network，ISDN）的概念产生于 20 世纪 70 年代，成熟于 80 年代。当时各类不同的公共网络同时并存，分别提供不同的业务，造成相对独立的割裂状态。例如，电话网提供语音业务，用户电报网提供文字通信业务，电路交换和分组交换网提供数据传输业务等。ISDN 的目的就是应用单一网络向公众提供多种不同的业务，不仅可以提供语音业务，而且可以提供数据、图像和传真等各种非语音业务。综合业务数字网（ISDN）有窄带与宽带之分，分别称为 N-ISDN（Narrow ISDN）和 B-ISDN（Broadband ISDN），无特殊说明的 ISDN 是指 N-ISDN。

综合业务数字网（ISDN）是典型的电路交换网，它是由电话综合数字网（IDN）为基础发展而成的通信网，能够提供端到端的数字连接，用来支持语音、数据、图形、视频等综合业务。ISDN 使用单一网接口，利用此接口可实现多个终端同时进行数字通信连接。

ISDN 与其他网络的最大不同之处是，它能够提供端到端的数字传输。所谓"端到端数字传输"是指从一个用户终端到另一个用户终端之间的传输全部是数字化的。在传统电话网中，从用户终端到交换机之间的传输是模拟的，如果用户要进行数据通信，需要使用调制解调器进行模数转换后在用户线上传输，在接收端还需要通过调制解调器进行信号变换。而 ISDN 改变了传统电话模拟用户环路的状态，使全数字化变为现实，用户可以获得数字化的优异性能。简单地说，在现代 PSTN 中，主干网已经完全实现了数字化，但是 PSTN 的用户终端仍然是模拟设备，ISDN 则是在 PSTN 基础上，将设备和传输的信息数字化以后产生的网络。

ISDN 主要是将数字电话终端和数字接入技术引入了 PSTN，形成一个端到端的全数字化的网络。其与 PSTN 的联系和区别如图 5-3 所示。ISDN 是数字交换和数字传输的结合体，不论原始信号是话音、文字、数据还是图像，只要可以转换成数字信号，都能在 ISDN 网络中进行传输。

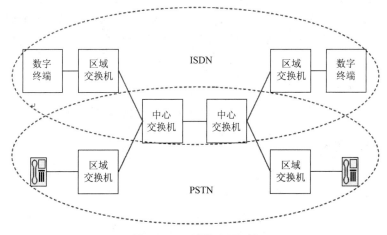

图 5-3 ISDN 网与 PSTN 网

ISDN 的组成部件包括用户终端、终端适配器、网络终端等设备。用户终端有两种类型，即类型 1（TE1）和类型 2（TE2）。TE1 称作 ISDN 标准终端设备，是符合 ISDN 接口标准的用户设备。例如数字电话机和 4 类传真机等，该类型设备通过 4 芯的双绞线数字链路与 ISDN 连接；TE2 称作非 ISDN 标准的终端设备，是不符合 ISDN 接口标准的用户设备，必须通过终端适配器（TA）才能与 ISDN 连接。如果 TE2 是独立设备，则它与终端适配器的连接必须经过标准的物理接口，例如 RS-232C、V.24 和 V.35 等，如图 5-4 所示。终端适配器（TA）完成适配功能，使 TE2 能接入 ISDN 标准接口。

ISDN 的基本速率接口（Basic Rate Interface，BRI）提供两个 B 通道和一个 D 通道，即 2B+D。B 通道的传输速率为 64kb/s，通常用来传输用户数据；D 通道的传输速率为 16kb/s，通常用于传输控制和信令信息。因此，ISDN 的基本速率接口的传输速率通常为 128kb/s，当 D 通道也用于传输数据时，传输速率可达 144kb/s。

图 5-5 所示的就是 ISDN 应用的一个典型实例，家庭个人用户通过以太网 ISDN 终端适配器连接个人计算机、电话等，这样该用户即可连入 Internet 上网了，同时可以打电话，两者互不影响。对于中小型企业而言，把企业的局域网、电话机、传真等通过一台 ISDN 路由器连接到 ISDN 线路，可以接入 Internet。

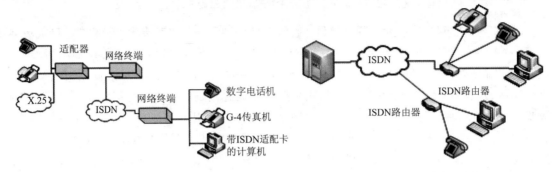

图 5-4 ISDN 的组成部件 　　　　　　图 5-5 ISDN 的应用实例

5.1.3　分组交换网

在分组交换网中，数据都是使用分组交换的方式进行传输的。分组交换网提供包括面向连接的虚电路服务和无连接的数据报服务。X.25 是最早的分组交换技术，它被设计为传输可变长度的分组，提供面向连接服务。后来，在 X.25 的基础上提出了帧中继的概念，缩短了数据帧的转发延时，提高了网络传输速度。再后来，随着传输介质的不断发展，又提出了传输固定长度分组的 ATM 技术。

从原理上看，帧中继与 X.25 及 ATM 都属于分组交换一类。但由于 X.25 带宽较窄，而帧中继和 ATM 带宽较宽，所以常将帧中继和 ATM 称为快速分组交换网。

1．X.25 分组交换网

X.25 网是一种采用分组交换技术的公共分组交换数据网（PSDN）。CCITT（现在的 ITU）于 1974 年提出了对于公共分组交换网的标准访问协议 X.25，由于 X.25 协议就是针对公共分组交换数据网制定的，相应地称此类网络为 X.25 网。

总体说来，X.25 网是一种比较老旧的数据通信服务，它主要应用在线路质量不可靠的模拟电话线上，协议的很大部分集中在寻址、差错校验等一系列问题上，效率比较低，速率小于或等于 64kb/s。尽管如此，X.25 的数据通信量不是很大，对线路质量要求不高的用户还是不错的选择。我国的分组交换网 CHINAPAC 于 1993 年建立，是由当时的邮电部建设和经营的，能提供多种业务的全国分组交换网服务，CHINAPAC 由骨干网和省内网两级构成。骨干网以北京为国际出入口局，广州为港澳地区出入口局。以北京、上海、沈阳、武汉、成都、西安、广州和南京 8 个城市为汇接中心，覆盖了全国所有的省、市、自治区。用户进网方式有电话拨号和专线入网两种方式。普通用户用一个调制解调器通过公用电话网连到分组交换网上。专线用户可租用市话模拟线或数字数据专线，采用 X.25 规程可以方便地进入 CHINAPAC。X.25 网在推动分组交换网的发展中做出了很大的贡献，但是它现在已经逐渐被性能更好、速度更快的网络取代，如帧中继或 ATM 等。

1）X.25 网的组成

X.25 网主要由分组交换机（PSE）、用户接入设备和传输线路组成，如图 5-6 所示。其中 PSE 为分组交换机或称为包交换机，其具有存储转发能力，拥有路由选择和流量控制功能，可适应不同类型、不同速率的用户设备。每个 PSE 至少与两个以上的其他 PSE 相连，当某个 PSE 出现故障时可自动迂回路由，保证网络的可用性。

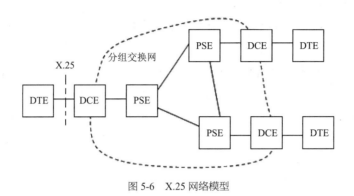

图 5-6　X.25 网络模型

用户接入设备如用户终端和路由器等称为数据终端设备（DTE）。用户终端是一种面向个体的接入设备，终端可分为分组型终端（PDTE）和非分组型终端（NPDTE）两种。PDTE 可直接接入 X.25 网，而 NPDTE 则要通过分组装拆设备（PAD）接入 X.25 网。

2）X.25 协议

X.25 协议是 DTE 和 DCE 之间的接口规程。为了使用户设备经公共分组交换数据网的连接实现标准化，国际电信联盟（ITU）提出了 X.25 建议，该建议规定了以分组方式工作的用户数据终端（DTE）与通信子网的数据电路端接设备（DCE）之间的接口标准，X.25 协议所规定的正是关于这一接口的标准。

X.25 网包括 OSI/RM 中的下三层，即物理层、数据链路层和网络层。各层在功能上互相独立，每一层接收来自下一层的数据，并为上一层提供服务。从 OSI/RM 来看，X.25 网相当于通信子网。

（1）物理层像是一条串行通道，其接口标准是 X.21 协议，控制功能主要由数据链路层和网络层来完成。

（2）数据链路层的主要功能是在 DTE 和 DCE 之间有效地传输数据，确保收发之间的同步及检测，以及纠正传输中的误码等。接口标准是平衡链路接入规程（LPAB），它是 HDLC 协议的一个子集。

（3）网络层提供虚电路服务。其功能是在 X.25 接口处为每个用户提供一个逻辑信道，为每个用户的呼叫连接提供有效的分组传输，以及检测和恢复分组层的误码等。在这一层上，DTE 和 DCE 之间可建立多条逻辑信道（0～4095 号），这样，可使一个 DTE 同时与网上多个 DTE 建立虚电路并进行通信。用户设备以点对点的方式接入 PDN 时，虽然只有单一的物理链路，但能在单一的物理链路上同时复用多条逻辑通道，即虚电路，能够使一个用户同时和网上其他多个用户建立虚电路并进行通信，同时，它支持交换虚电路和永久虚电路。

X.25 网在设计时就着眼于高可靠性，在网络的第二层协议上采用了可靠措施，在第三层协议上使用的是面向连接的虚电路服务。同时在网络内部的每个交换结点至少与另外两个交换机相连，从而提高抗毁性和可靠性。当一个交换机出现故障时能够自动迂回路由，保证网络的可用性。X.25 网的突出优点是可以在一条物理电路上同时开放多条虚电路，为多个用户同时使用。并且它面向连接，提供可靠交付的虚电路服务，保证服务质量，而且网络具有动态路由功能和复杂、完备的误码纠错功能。X.25 网可提供点对点、一点对多点、多点对多点等多种通信方式，可用于实现终端与主机、主机与主机、主机与 LAN、LAN 与 LAN 之间等的互联。

在早些年，计算机的价格较高，而且通信线路的传输质量一般都比较差，误码率较高，而 X.25 网的面向连接服务能够提供可靠交付的虚电路服务，能保证服务质量，同时还能提供流量控制功能，所以在当时 X.25 网是一种很受欢迎的网络。到了 20 世纪 90 年代，情况发生了很大的变化，通信主干线已经大量使用光纤技术，数据传输质量大大提高，误码率大幅度降低，所以 X.25 网络复杂的数据链路层协议和网络层协议已经显得多余了，足够智能的用户计算机完全可以实现差错控制和流量控制，X.25 分组交换网退出了历史舞台。

2. 帧中继

X.25 网是在早期通信线路非常容易产生误码的情况下出现的，为了在不太可靠的物理链路上确保传输无差错，在每个结点都需要做大量的处理，例如差错检测和恢复等，所以 X.25 网不能提供高速服务，不适合高速分组交换。在 20 世纪 80 年代后期，由于应用技术的发展，要求增加分组交换的速率，因此就需要一种新型的快速网络，帧中继就是为这一目的而提出来的一种快速分组交换技术。

随着光纤技术的发展，使得传输过程中的误码率大幅降低，同时 PC 技术的提高使用户本身也有了很强的差错检测和恢复能力，X.25 网内结点需要处理的内容有很多不再需要了。如果减少结点对每个分组的处理时间，则各分组通过网络的时间延迟就会减少，同时结点对分组的处理能力也就增大了。在这样的基础上，帧中继诞生了。

帧中继（Frame Relay，FR）是在 OSI/RM 第二层用简化的方法传送和交换数据单元的一种技术。该技术实质上是由 X.25 分组交换技术演变而来的，帧中继仅提供 OSI/RM 物理层和数据链路层的核心功能，如复用功能、虚电路等，将差错控制和流量控制均交由用户终端去完成，所以大大缩短了结点的时延，提高了网内数据的传输速率。与 X.25 相比，帧中继不再强调数据传输的可靠性，而着重于数据的快速传输，中间结点无须执行收妥确认和请求重发等操作。用户数据以数据链路层的帧为单位进行传输，所以称为帧中继。

帧中继的原理比较简单，它假设帧的传送基本上不会出错，因此，当一个结点收到一个帧的首部时，只要查出帧的目的地址就立即开始转发该数据帧，使帧直接"穿越"结点被转接到输出链路上。而将结点的流量控制、纠错等任务留给智能终端去完成。这样就大大减少了帧在结点中的存储和处理时间，使帧中继网的吞吐量要比 X.25 网提高了很多。这种数据传输方式也称为 X.25 的流水线方式。帧中继的工作过程如图 5-7 所示。

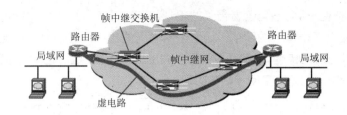

图 5-7 帧中继提供虚电路服务

像上面这样一边接收帧一边转发此帧的方式，称为快速分组交换。帧中继的帧长度是可变的。还有一种称为信元中继（cell relay）的快速分组交换方式，它采用固定帧长，每一个帧称为一个信元，这就是 ATM 技术。

综上所述，帧中继主要具有以下特点：

※ 工作在物理层和数据链路层，与高层协议无关，能支持任何高层协议。

※ 可以共用端口，在一个物理端口上支持多个虚电路，适合一点对多点的连接。

※ 采用面向连接的虚电路方式，可提供交换虚电路和永久虚电路业务。

※ 协议简单，传输速度快，向用户提供的典型速率是 64kb/s ～ 2.048Mb/s。

※ 提供动态带宽管理机制，适合于传输突发性数据。

帧中继既可作为公用网络的接口，也可作为专用网络的接口。专用网络接口的典型实现方式是，为所有的数据设备安装带有帧中继网络接口的 T1 多路选择器，而其他如语音传输、电话会议等应用则仅需安装非帧中继的接口。在这两类网络中，连接用户设备和网络装置的电缆可以用不同速率传输数据，一般速率在 56kb/s 到 E1 速率（2.048Mb/s）之间。帧中继的常见应用如下：

※ 局域网的互联。由于帧中继具有支持不同数据速率的能力，使其非常适于处理局域网到局域网的突发数据流量。传统的局域网互联，每加一条端到端线路，就要在用户的路由器上增加一个端口。基于帧中继的局域网互联，只要局域网内每个用户至网络间有一条带宽足够的线路，则既不用增加物理线路也不占用物理端口，即可增加端到端线路，而不会对用户性能产生影响。

※ 语音传输。帧中继不仅适用于对时延不敏感的局域网应用，还可以进行对时延要求较高的低档语音（质量低于长途电话）的应用。

※ 文件传输。帧中继既可以保证用户所需的带宽，又有令人满意的传输时延，非常适合大流量文件的传输。

5.1.4 异步传输模式

当今人们对通信的要求越来越高，除原有的语音、数据、传真业务外，还要求综合传输高清晰度电视、广播电视、高速数据传真等宽带业务。现今的任何网络（例如电话网、公用分组交换网、LAN、WAN、MAN、CATV 等）都无法完成，因为这些网络都是面对特定业务类型设计的，既不能满足未来用户对通信业务的高速度、多样化及灵活性的要求，也克服不了在网络维护和管理上给网络运营者带来的困难，所以无论从用户的角度还是从网络运营者的角度，都希望建立一个单一的网络，且这个网络既能传送高速信号，也能传送低速信号；既能适应语音信号的时延特性，又能适应数据信号的误码特性，进而也能适应图像信号的传输。这种网络便是宽带综合业务数字网（B-ISDN）。

针对窄带综合业务数字网（N-ISDN）的不足提出的高速传输网络 B-ISDN 的设计目标是：以光纤为传输介质，提供远远高于一次群的传输信道，并对不同的业务采用相同的交换方法，即致力于真正做到用统一的方式来支持多种不同的业务。为此，一种新的数据交换方式即异步传输模式 ATM 被提出来。现在 ATM 技术作为关键技术成为 B-ISDN 的重要基础。

1. ATM 基本概念

ATM（Asynchronous Transfer Mode，异步传输模式）是一种转换模式，在这一模式中信息被组织成固定长度的信元（cell），包含一段信息的信元并不需要周期性地出现在信道上，从这个意义上说，这种传输是异步的。这种模式不严格要求信元交替地从不同的源到来，信元可以从任意不同的源到来，而且不要求从一个数据源到来的信元是连续的，数据信元之间可以有间隔，这些间隔由特殊的空闲信元填充。

ATM 是一种面向连接的高速交换和多路复用技术，可以同时传送各种信息，包括图像、声音和数据。

ATM 技术综合了电路交换的可靠性和分组交换的高效性，借鉴了两种交换方式的优点，采用基于信元的统计时分复用技术，将来自不同信息源的信元汇集到一起，在一个缓冲期内排队，队列中的信元逐个输出到传输线路，在传输线路上形成首尾相接的信元流。信元的信头中写有信息的标识，说明信元所去的地址，网络根据信头中的标识来传送信元。

由于信息源传输信息是随机的，信元到达队列也是随机的，速率高的业务信元来得十分频繁，速率低的业务信元来得很稀疏。信元按输出次序复用在传输线路上，信元在传输线路上并不对应某个固定的时隙，也不是按周期出现的，即不采用固定时隙，而是按需动态分配时隙，只要时隙空闲，任何允许发送的数据信元都能占用。正是采用了统计时分复用方式，使得 ATM 具有很大的灵活性，任何业务都按实际需要来占用资源，对特定的业务，传送的速率随信息到达的速率而变化，因此，网络资源可以得到最大限度的利用。

ATM 网络系统由 ATM 业务终端、复用器、ATM 交换机、传输介质等部分组成，如图 5-8 所示。其中，ATM 交换机是 ATM 网络的核心，它采用面向连接的方式实现信元交换。

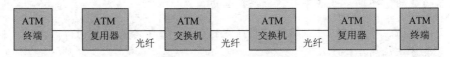

图 5-8　ATM 网络系统组成

ATM 交换结点的工作比 X.25 分组交换网中的结点要简单得多。ATM 交换结点不做差错控制，也不参与流量控制，这些工作都留给终端去做。ATM 结点的主要工作就是读信头，并根据信头的内容快速将信元送出，这项工作在很大的程度上依靠硬件来完成，所以 ATM 交换的速度非常快，可以和光纤的传输速度相匹配。

2. ATM 的信元结构

信元是 ATM 用于传输的基本数据单元，ATM 的信元实际上就是固定长度的分组，共有 53B，分两个部分。其结构如图 5-9 所示。其中，前 5 个字节为信元头，载有信元的地址信息和一些控制信息，主要完成寻址的功能；后 48 个字节为信息段，载有来自各种不同业务的用户信息。话音、数据、图像等所有数字信息都要经过切割，封装成统一格式的信元进行传输，并在接收端恢复成所需格式。

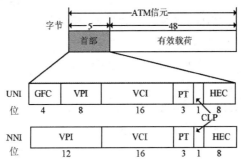

图 5-9 ATM 的信元格式

ATM 的信元头有两种格式，分别对应两个重要的接口：用户 - 网络接口（UNI）和网络结点接口（NNI）。UNI 信头的格式如图 5-9 所示，其中各字段的含义及功能如下：

※ 通用流量控制（GFC）字段：当多个信元等待传输时，用以确定发送顺序的优先级。

※ 虚路径标识（VPI）和虚通道标识（VCI）字段：用作路由选择。

※ 负荷类型（PT）字段：用以标识信元数据字段所携带的数据类型。

※ 信元丢失优先级（CLP）字段：用于阻塞控制，若网络出现阻塞时先丢弃 CLP 置位的信元。

※ 信头差错控制（HEC）字段：用以检测信头中的差错，并可纠正其中的 1 位错。HEC 的功能在物理层实现。

3. ATM 的层次结构

ATM 进一步简化了网络功能，不参与任何数据链路层功能，将差错控制与流量控制工作都交给终端去做。ATM 参考模式分为 3 层：下面是物理层，中间是 ATM 层，上面是 ATM 适配层（AAL）。ATM 层次结构如图 5-10 所示。

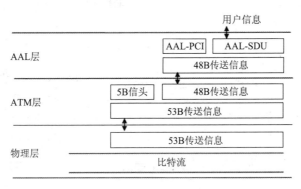

图 5-10 ATM 层次结构

AAL 层负责与用户层交换信息，它将上层传递下来的数据分割打包为 ATM 信元，将从 ATM 层传递上来的 ATM 信元组合为原始数据。AAL 层可以进行流量控制和差错控制，并支持不同的流量和服务类型。

ATM 层主要完成信元的交换和复用功能。

ATM 的物理层主要是将数据编码并解码为适当的电波或光波形式，用于在特定物理介质上传输和接收。物理层通常使用的介质有光纤、双绞线等。

从分组交换、帧中继和 ATM 交换 3 种方式的功能比较中可以看出，分组交换网的结点参与了 OSI/RM 第 1 层到第 3 层的全部功能；帧中继结点只参与第 2 层功能的核心部分，即数据链路层中的帧定界、0 比特插入和 CRC 检验功能，第 2 层的差错控制和流量控制以及第 3 层功能则由终端处理；ATM 网络则更简单，除了第 1 层的功能之外，交换结点不参与任何工作。从功能分布的情况来看，ATM 网和电路交换网有点相似，可以说 ATM 网是综合了分组交换和电路交换的优点而形成的一种网络。

5.1.5　数字数据网

数字数据网（Digital Data Network，DDN）是利用数字传输通道（如光纤、数字微波、卫星）和数字交叉复用技术组成的以传输数字信号为主的公共数字数据传输网络。DDN 可以为用户提供各种速率的高质量数字专用线路，以满足用户多媒体通信和组建中高速计算机通信网络的需要。

1. DDN 的特点

DDN 区别于传统的模拟电话专线，其显著特点是：采用纯数字线路，传输质量高，时延小；信道固定分配，将多路复用技术应用于数字传输信道，支持多个用户共享通信资源；可支持网络层以及其上的任何协议，从而可满足数据、图像、声音等多种业务的需要。网络运行管理简便，没有任何检错、纠错功能；DDN 的基本速率为 64kb/s，用户租用的信道速率应为 64kb/s 的整数倍。

DDN 和 X.25 的区别是：X.25 是一个面向连接的虚电路分组交换网，需要呼叫建立临时虚连接，而 DDN 不具备交换功能，在申请专线后，连接就已建立。X.25 按流量计费，DDN 可以按固定的月租收费。所以 DDN 更适用于具有实时性、突发性、高速和通信量大等特点的系统。

2. DDN 的组成

DDN 由用户环路、DDN 结点、数字信道和网络控制管理中心 4 个部分组成，其网络组成结构框图如图 5-11 所示。

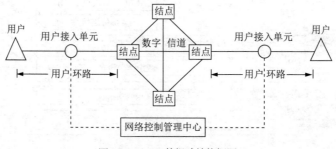

图 5-11　DDN 的组成结构框图

※ 用户环路。又称为用户接入系统，通常包括用户设备、用户线和用户接入单元。用户设备通常是数据终端设备（DTE），如电话机、传真机、个人计算机以及用户自选的其他用户终端设备。目前用户线一般采用市话电缆的双绞线。用户接入单元可由多种设备组成，对目前的数据通信而言，通常是基带型或频带型单路或多路复用传输设备。

※ DDN 结点。从功能区分，DDN 结点可分为用户结点、接入结点和 E1 结点。从网络结构区分，DDN 结点可分为一级干线网结点、二级干线网结点及本地网结点。用户结点主要为 DDN 用户入网提供接口并进行必要的协议转换，包括小容量时分复用设备，以及 LAN 通过帧中继互联的桥接器/路由器等；接入结点主要为 DDN 各类业务提供接入功能；E1 结点用于网上的骨干结点，执行网络业务的转接功能，主要提供 2048kb/s 接口，对 $N \times 64$kb/s 进行复用和交叉连接，以收集来自不同方向的 $N \times 64$kb/s 电路，并把它们归并到适当方向的 E1 输出，或直接接到 E1 进行交叉连接。

※ 数字信道。使用光纤、数字微波、卫星作为数字信道。

※ 网络控制管理。包括用户接入管理，网络资源的调度和路由管理，网络状态的监控，网络故障的诊断、报警与处理，网络运行数据的收集与统计，计费信息的收集与报告等。

3. DDN 的业务应用

DDN 的基本业务就是向客户提供多种速率的数字数据专线服务，这种业务适用于局域网之间的互联、不同类型网络的互联以及会议电视等图像业务的传输。如果租用一条 DDN 专线，两端加上复用设备，把分处两地的电话系统和计算机系统连接起来，即可在两地间方便地通信。这样既节省了两地之间的长途电话费，又能实现计算机系统的互联互通。

※ 话音或传真业务。DDN 可以提供模拟专线业务，在一条线路上同时支持电话和传真，支持标准的语音压缩，质量优良。

※ VPN 业务。VPN 是 Virtual Private Network 的简写形式，意思是虚拟专网。所谓虚拟是指客户并没有真正拥有一个物理网，而是基于 DDN 智能化的特点，利用 DDN 的网络资源所形成的一种网络，这种专用网络可根据客户需要而设置。VPN 可以支持数据、语音及图像业务，也可以支持 DDN 所具有的其他业务。人们可以利用 VPN 组建自己的专用计算机网络，不仅通信质量、安全可靠性总能得到保证，而且避免了重复投资，节省了远距离联网的费用。

5.2 网络互联概述

5.2.1 网络互联的概念

随着计算机技术、网络技术和通信技术的飞速发展，单一的网络环境已经不能满足社会对信息网络的需要，通常都需要将两个或多个计算机网络通过设备在物理上和逻辑上连接起来，以实现广泛的资源共享和信息交流。

计算机网络互联就是利用互联设备及相关技术和协议，将不同的计算机网络连接起来，成为一个覆盖范围更大的网络，即互联网。其目的是使一个网络上的用户能访问其他网络上的资源，使不同网络上的用户互相通信和交换信息，扩大资源共享的范围，或者容纳更多的用户。这不仅有利于资源共享，也可以从整体上提高网络的可靠性。例如，Internet 就是由很多个计算机网络互联起来的，全世界最大、覆盖面积最广的计算机互联网络。

由于不同网络技术具有不同的体系结构、不同的协议和不同的特性，在它们之间存在着很大的差异，因此，网络互联技术必须解决以下问题，从而协调和适配这些差异，确保各个网络之间的正常通信。

※ 如何在物理上把两种网络互联起来，在网络之间提供一条数据传输链路。

※ 如何解决不同网络之间协议、处理速率等方面的差别，不修改互联在一起的各自网络原有的结构和协议，就可以实现网络之间的相互通信。

为了解决以上问题，网络互联实现时使用网络互联设备连接不同的网络。根据互联网络种类的不同，也就对互联设备提出了不同的要求，要求网络互联设备应能进行协议转换，协调各个网络的不同性能。互联设备主要有中继器、集线器、网桥、交换机、路由器和网关。

为了叙述方便，把各种网络统一抽象描述为同类网和异类网两种类型的网络，同类网指的是执行的协议相同的网络；异类网指的是执行的协议不相同的网络。网络互联不外乎同类网之间和异类网之间互联。

5.2.2　网络互联的形式

由于计算机网络按照覆盖范围可以划分为局域网和广域网，所以常见的网络互联形式有局域网与局域网的互联、局域网与广域网的互联、局域网通过广域网与局域网互联和广域网与广域网的互联 4 种形式。

1. 局域网与局域网的互联

在许多情况下，常常需要将局域网互联起来，以实现更大范围的计算机联网。局域网 - 局域网（LAN-LAN）是最常见的一种互联方式，它是两个或两个以上的局域网通过网络互联设备形成一个新的网络。局域网与局域网互联一般又可细分为以下两种形式：

※ 同类局域网互联，是指具有相同类型的局域网互联，如两个以太网之间互联。

※ 异类局域网互联，是指具有不同类型的局域网互联，如以太网和令牌环网之间的互联。

2. 局域网与广域网的互联

局域网与广域网的互联（LAN-WAN）解决了小区域范围内的网络互联，人们希望将局域网与广域网或者通过广域网和远距离的局域网互联，扩大数据通信网络的连通范围，从而形成世界范围的数据通信网络。局域网与广域网的互联设备主要有路由器和网关。

3. 局域网 - 广域网 - 局域网互联

将分布在不同地理位置的局域网通过广域网实现互联。局域网 - 广域网 - 局域网互联（LAN-WAN-LAN）可以通过路由器和网关来实现。

4．广域网与广域网的互联

广域网与广域网的互联（WAN-WAN）一般在政府的电信部门或国际组织间进行。它主要是通过路由器或网关将两个或多个广域网互联起来，以构成更大规模的网络。

5.2.3　网络互联的层次

实现网络互联时，一般都不能简单地直接相连，而是通过一个中间设备互联。这个网络互联的中间设备，按照 ISO 的术语，也称为中继系统。中继系统在 OSI/RM 中可能处在不同的层上，参照 OSI/RM，协议转换的过程可以发生在任何层，如果某中继系统在进行数据转发时协议转换发生在第 n 层，那么这个中继系统就称为第 n 层中继系统。

由于网络间存在不同的差异，也就需要用不同的网络互联设备将各个网络互联起来。根据网络互联设备工作的层次及其所支持的协议，可以将网络互联设备分为中继器、集线器、网桥、交换机、路由器和网关。网络互联设备和 OSI/RM 中层次的对应关系如图 5-12 所示。网络互联设备属于通信子网的范畴（网关除外），互联设备所处的层次越高，复杂度就越高，并且互联设备使用的通信协议与所在层也相对应。

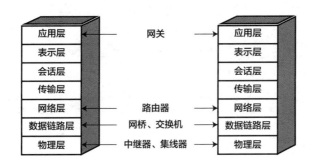

图 5-12　互联设备和 OSI/RM 层次的对应关系

1．物理层互联

物理层互联负责不同地理范围内的网段互联。通过物理层互联，在不同的通信介质中传送比特流，要求连接的各网络的数据传输率和数据链路协议必须相同。

物理层的互联设备是中继器（repeater）和集线器（hub），用于同类网络的物理层连接，对信号起到放大的作用。它们主要用于连接局域网中的不同网段，构成更大范围的局域网。

2．数据链路层互联

数据链路层互联负责互联两个或多个同一类型的局域网和不同类型的局域网，工作在数据链路层的互联设备有网桥（bridge）和交换机（switch）。数据链路层互联设备作用于物理层和数据链路层，对网络中结点的物理地址进行过滤、网络分段以及跨网段数据帧的转发。它既可以延伸局域网的距离，扩充结点数，还可以将负荷过重的网络划分为较小的网络，缩小冲突域，达到改善网络性能和提高网络安全性的目的。使用数据链路层互联设备所连接的网络，在物理层和数据链路层的协议既可以相同，也可以不同，但网络层以上使用的协议必须相同或兼容。

3．网络层的互联

网络层的互联主要解决路由选择、阻塞控制、差错处理、分段等问题。如果网络层的协议相同，则互联主要解决路由选择问题；如果网络层的协议不同，则需要使用多协议路由器进行不同网络层协议的转换。

网络层的互联设备是路由器（router）。路由器提供各种网络间的网络层接口，可用来互联两个或两个以上的局域网和广域网。路由器是主动的、智能的网络结点，它们参与网络管理，提供网间数据的路由选择，并对网络的资源进行动态控制等。网桥只能互联局域网，而路由器既可以互联局域网，也可互联广域网。用路由器进行互联时，互联网络的网络层及其以下各层的协议可以相同，也可以不同。

4．高层互联

高层互联负责在高层之间进行不同协议的转换，传输层以上各层协议不同的网络之间的互联属于高层互联，它也是最复杂的。

实现高层互联的设备是网关。网关实际上是一个协议转换器，用于连接两个或多个不同的网络，使之能相互通信。这种"不同"常常是物理网络和高层协议都不一样，网关必须提供不同网络间协议的相互转换功能。最常见的如将某一特定种类的局域网或广域网与某个专用的网络体系结构互联起来。网关可能工作在不同的层上，大部分的网关都是应用层的网关。

5.3 网络互联设备

5.3.1 物理层互联设备

1．中继器

中继器又称为转发器，是OSI/RM中物理层的设备，主要功能是对接收到的信号进行复制、放大和整形，并发送到另一条电缆上，起到扩展传输距离的作用。所以可以使用中继器来扩展局域网网段的长度。通常中继器只有一个输入端口和一个输出端口。

信号沿传输线路传播时会有衰减并且会受到噪声的干扰，若传输线路太长，则有的信号将会衰减得很弱，以致网络传输无法正常工作。中继器可以消除由于经过一长段传输信道而造成的信号失真和衰减，从而使信号的波形和强度达到所要求的指标。但是中继器在放大信号的同时也会将噪声放大，中继器没有信号纠错的功能。

中继器的典型应用是连接两个以上的以太网网段，其目的是为了延长网络的距离。例如在粗缆以太网中，收发器的信号传输最远距离仅500m，可以通过多个中继器使传输距离达到2.5km。

2．集线器

集线器是一种特殊的中继器，也工作在物理层。集线器的作用和中继器一样，用于防止信号的衰减，对信号进行放大和再生，然后再转发到集线器的其他端口，所以又称为多端口的中继器。集线器的外形如图5-13所示。使用集线器来互联的网络和中继器一样应该是同类网络，如以太网和以太网的互联。

　　集线器是共享式设备，连接在集线器上所有结点共享集线器的带宽，例如一个 100Base-T 网络中的集线器有 10 个端口，那么每个端口的结点共享这 100Mb/s 的带宽，那么每个结点可得带宽为 10Mb/s。这是因为当集线器收到一个数据包后，它会把该数据包向集线器的所有端口广播，即连在该集线器上的所有结点都能收到这一数据包。通常，集线器是组建共享式局域网的核心设备，如 10Base-T、100Base-T 等以太网，联网方式如图 5-14 所示。

图 5-13　集线器外形

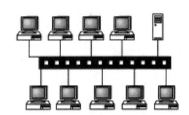

图 5-14　集线器联网方式

3. 中继器和集线器的特性

中继器和集线器的特性如下：

※　中继器和集线器仅工作在物理层，只具有对信号进行放大与再生、对网络进行物理上的扩展功能。

※　仅可以互联同类型的局域网。也就是说，用中继器或集线器互联的网络应该具有相同的协议和速率。如 IEEE 802.3 以太网之间的互联或 IEEE 802.5 令牌环网之间的互联。

※　可以互联相同和不同传输介质的同类型网络。例如，10Base-2 细缆以太网之间的连接、10Base-2 细缆以太网与 10Base-T 双绞线以太网的连接。

※　用中继器或集线器连接起来的网络在物理上和逻辑上都是同一个网络、同一个冲突域，仅仅是扩大了地理范围。

※　由于中继器或集线器在物理层实现互联，所以要求物理层以上各层协议完全相同。

5.3.2　数据链路层互联设备

1. 网桥

　　网桥又称桥接器，是一种存储转发设备，主要用于局域网 - 局域网的互联。网桥的每个端口连接一个局域网网段，常用于将共享带宽的计算机结点数较多的局域网分为两个局域网网段，以减少计算机在网络传输数据时可能发生的冲突。网桥的主要功能就是隔离不同网段之间的数据通信量。

　　网桥是工作在 OSI/RM 中数据链路层 MAC 子层的网络连接设备，能够连接同类局域网，也可以连接异类局域网。一般情况下，被连接的网络系统都具有相同的逻辑链路控制规程（LLC），但媒体访问控制协议（MAC）可以不同。

　　1）网桥的工作原理

　　网桥连接两个局域网，如图 5-15 所示。首先来看一下网桥的内部结构，如图 5-16 所示。

在网桥的内部有一个 MAC 地址和端口的映射表，从映射表中可以看到，MAC 地址为 201 和 202 的站点在局域网 1 中，对应网桥的端口 1，而 MAC 地址为 103 和 104 的站点在局域网 2 中，对应网桥的端口 2。

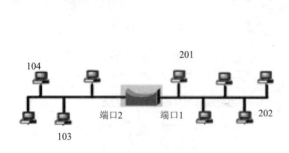

图 5-15　网桥的联网情况

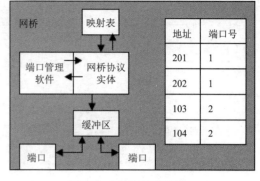

图 5-16　网桥的内部结构

现假设站点 201 要向站点 104 传输数据，传输的数据到网桥后，网桥会从映射表中查找目的站点、源站点和网桥端口的对应关系，发现源站点 201 对应端口 1，而目的站点 104 对应端口 2，那么源站点和目的站点不在同一个局域网内，网桥就会把数据从源站点 201 转发到目的站点 104。

如果站点 201 向站点 202 传输数据，网桥在查找映射表的时候会发现源站点 201 和目的站点 202 都对应网桥的端口 1，网桥就知道源站点 201 和目的站点 202 在同一个局域网内，网桥就会把数据丢弃，数据自行在局域网内部传输即可。

从用户角度看，用户并不知道网桥的存在，局域网 1 和局域网 2 就像一个网络。在一个大型局域网中，网桥常用来将局域网分隔成既独立又能相互通信的多个网段，从而改善各个网段的性能与安全性。

2）网桥的主要作用

网桥的主要作用如下：

※　隔离网段。可以利用网桥将一个局域网分成多个网段，如果局域网段 1 出现了故障断点，那么网桥可以把故障部分隔离，不会影响到局域网段 2，从而提高了网络的可靠性。

※　过滤数据帧，均衡负载。使用网桥进行互联的网络，每个网段内部的数据帧传输不会扩展到其他网段，这样可以均衡各个网段的负载，减少网段内的信息量，提高网络的性能。

※　寻址。网桥是一种存储转发设备，它先接收整个数据帧加以缓存，然后根据 MAC 地址经路由选择后再进行数据帧转发。由于网桥根据 MAC 地址进行帧的过滤与转发，它不检查网络层的网络地址，它与网络层无关，而广播信息是根据网络地址（如 IP 地址）进行传输的，因此，网桥转发所有的广播帧，没有隔离广播信息的能力。

※　协议转换。网桥能够互联不同类型的局域网，在不同的局域网之间提供协议转换功能。连接不同局域网的网桥需要对不同的帧格式、帧大小进行转换，还需要对不同的局域网的传输速率进行匹配等。其协议转换过程如图 5-17 所示。

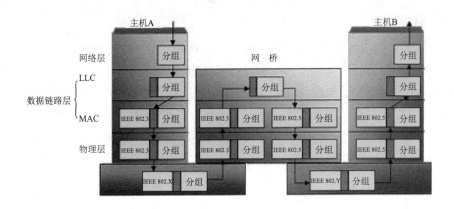

图 5-17　网桥的协议转换工作过程

主机 A 有一个数据分组要发送给主机 B，分组从高层下传到 LLC 子层，加上一个 LLC 帧头部后送给 MAC 子层，在 MAC 子层加上 IEEE 802.3 帧头部，通过传输介质传送到网桥的 MAC 子层，去掉 IEEE 802.3 帧头部，再送到网桥的 LLC 子层，经 LLC 子层的处理，送给网桥的 IEEE 802.5 一边，再加上 IEEE 802.5 帧头部构成 IEEE 802.5 MAC 帧，经传输介质传送到主机 B。

3）网桥的类型

根据网桥的路径选择方法，可以把网桥分为透明网桥和源路由选择网桥两种。

（1）透明网桥。

透明网桥通过查找网桥内部的转发地址表进行路径选择，它的存在和操作对网络站点完全是透明的，所以称为透明网桥。透明网桥通过逆向学习法自动建立和维护内部转发地址表。表中记录着每个站点 MAC 地址和网桥端口号的对应关系。在进行路由选择时，遵循如下原则：如果目的站点和源站点在同一个网段内，就丢弃要传递的数据帧。如果目的站点和源站点不在同一个局域网中时，透明网桥就从对应的端口把数据转发给目的站点。如果转发地址表中没有目的站的 MAC 地址和端口映射关系，说明透明网桥还没有学习到该映射关系，网桥采用泛洪法，向所有端口转发该数据帧。

利用透明网桥互联的局域网中，各个站点不负责路由选择，路由选择都由网桥负责。使用这种网桥，其优点是安装容易，不需要改动硬件和软件，无须装入路由表或参数，只需插入电缆即可，现有 LAN 的运行完全不受网桥的任何影响。

（2）源路由选择网桥。

在源路由选择网桥中，路由选择不是由网桥负责的，而是由发送数据的源站负责的，即谁发送数据帧，谁就负责路由选择。源路由选择的核心思想是假定每个帧的发送者都知道接收者是否在同一局域网上。

源站点通过广播"查找帧"的方式，获得到达目的站点的最佳路径。在每个帧中都带有这个路由信息，途经的网桥会从帧头部中获得最佳路径，并按这个路径将数据帧转发到目的站点。源路由网桥能按照用户要求寻找最佳路由，这对保密性很强的信息传输来说很重要。但由于要采用某种算法的路由选择程序，工作站实现起来比较复杂。源路由选择网桥适合网络规模不大的网络，主要用于连接 IEEE 802.5 令牌环网。

2. 交换机

交换机工作在数据链路层，常被称为多端口的网桥，每个端口都具有桥接功能。交换机与网桥有许多共同的属性，它们都是工作在数据链路层的，但也有一些不同之处。交换机比网桥转发速度快，因为交换机使用硬件实现交换，而网桥是用软件实现交换的。有些交换机支持直通交换，直通交换机减少了网络延迟，而网桥仅支持存储转发。交换机能为每个端口提供专用带宽，而且还能提供更多的端口。由于交换机比网桥具有更好的性能，因此网桥逐渐被交换机所取代。交换机的工作原理可参见本书 4.6 节中的相关内容。

5.3.3　网络层互联设备

路由器（router）是工作在网络层上的一种存储转发设备，用于互联两个或多个独立的相同类型或异构类型的网络。路由器拥有多个不同类型的接口，如串行口、以太网口、令牌网口、SONET 口等，每个端口可以分别连接到局域网、广域网或另一台路由器上。路由器的外形如图 5-18 所示。

图 5-18　路由器

路由器是连接多个不同的逻辑网络的设备，所谓逻辑网络代表一个单独的网络或者一个子网，这些网络都有不同的网络地址，属于不同的逻辑网络。

1. 路由器的工作原理

在使用路由器连接的互联网络中，当连接在不同子网上的主机需要通信时，路由器负责把数据分组，通过互联网沿着一条路径从源端传送到目的端。在这条路径上可能要经过一个或多个路由器，数据分组所经过的路由器必须知道怎样把数据分组传送到目的端，需要经过哪些路由器。因此，路由器的主要工作就是为经过路由器的每个数据分组按照某种策略寻找一条最佳传输路径，并将该数据分组有效地传送到目的端主机，即路由选择和数据转发。

为了完成路由选择和数据转发，每个路由器中都保存着一个路由表，在路由表中保存着各种传输路径的相关信息，包括要到达的目的网络地址、下一跳路由器地址或路由器端口号、到达目的网络的距离等路由信息。表中每条路由项都指明数据分组到某子网或某主机应通过路由器的哪个物理端口发送，即可到达该路径的下一个路由器（间接交付），或者不再经过其他的路由器而传送到直接相连的网络中的目的主机（直接交付）。

路由表还可以包括其他信息，如 metric（度量值）、管理距离和路由存活时间等。不同厂家、不同型号的路由器中的路由表的表现形式有所不同，但信息的含义是基本相同的。

如图 5-19 所示，4 个网络 10.1.0.0、10.2.0.0、10.3.0.0 和 10.4.0.0 通过 3 个路由器互联。每个路由器中都存放着一个路由表，路由表的内容包含目的网络与输出端口的对应关系。以路由表 A 为例，它的第一行表示到达目的网络 10.1.0.0 的数据包从端口号 E0 发送出去，因为目的网络与路由器直接相连，所以到达目的网络经过的路由器的费用（跳数）为 0。而第三行表示到达 10.3.0.0 网络的数据包从 S0 端口发送，经过 1 跳路由器 B 到达目的网络。

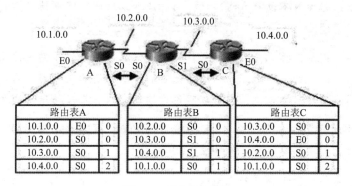

图 5-19　路由表示意图

　　路由表可以是由网络管理员固定设置好的，也可以由路由器自动调整。由网络管理员事先设置好的固定的路由表称为静态路由表，它一般在系统安装时根据网络配置情况预先设定，不会随着未来网络结构的改变而改变；动态路由表是路由器根据网络结构、运行状态情况而定期地自动计算数据传输的最佳路径，并更新路由表。

　　路由器的某个端口接收到一个数据分组后，路由器会从数据分组的头部解析出网络层的目的网络地址（如 IP 地址），与路由器中路由表的目的网络地址对比。如果发现分组的目的地址与本路由器的某个端口所连接的网络地址相同，则将数据转发到相应端口；如果发现数据分组的目的地址不是自己的直连网络，路由器会在路由表中查找分组的目的网络所对应的端口，并从相应的端口转发出去，将数据分组转发给下一跳路由器；如果路由表中记录的目的网络地址与数据分组的目的网络地址都不相配，则根据路由器配置转发到默认端口，在没有配置默认端口的情况下会给发送端返回目标地址不可达的信息。

2. 路由器的功能

　　由于路由器在网络层对数据分组进行存储转发，实现多个网络互联，因此，路由器应具有下述功能：

※　路径选择。路由器为所收到的数据分组选择到达下一个结点的最佳传输路径。路由选择的实现方法是，当数据分组从互联的网络到达路由器时，路由器能根据数据分组的目的网络地址，依据其内部的路由表提供的路由信息，为所收到的数据分组选择一条最佳路径，将分组转发给下一跳路由器。

※　协议转换。路由器能对网络层及其以下各层的协议进行转换，因此，路由器具有很强的异类网互联能力。它不仅可以连接不同类型的 MAC 协议、不同的传输介质和拓扑结构的局域网，还可以连接多种广域网。

※　分段和组装。当用路由器互联多个网络时，不同网络的数据分组的大小可能不相同，因此，需要路由器对分组进行分段或组装。如果原站所用分组较大，而且目的站所用数据分组较小，使目的站无法接收，此时路由器可将原站发出的分组分成若干个小的分段，在分别封装成小数据分组后发往目的站所在的网络；反之，若路由器收到的分组较小，而在通往目的站的路径上，所有结点都能接收较大的数据分组，则路由器又可把属于同一报文的多个小的分组按序号组装成一个大的数据分组后传送，以提高传输效率。

※ 流量控制。路由器不仅具有缓冲区，而且还可以通过网络层协议控制数据流量，解决网络拥塞问题。

※ 子网隔离，抑制广播风暴。广播式信息一般只在一个逻辑子网中传输，每一个逻辑子网都是一个独立的广播域。而路由器是互联不同的逻辑子网的，因此，路由器在逻辑子网之间不转发广播信息，它可以隔离广播信息，防止广播风暴的产生。

※ 网络管理。管理员通过对路由器进行合理的配置，可以大幅优化网络性能，包括配置管理、性能管理、容错管理和流量控制等。

※ 实施安全策略。路由器在转发数据分组时，依据的是网络地址，因此，路由器能够基于 IP 地址进行包过滤，具有初级的防火墙功能。

3. 路由器与交换机的区别

路由器与交换机的主要区别体现在以下几个方面：

※ 工作层次不同。最初的交换机是从网桥发展而来的，其工作在数据链路层，属于 OSI/RM 的第二层设备。而路由器工作在网络层，属于 OSI/RM 的第三层设备。这种互联协议级别上的差异使路由器在路径选择、多协议机制传输、安全性和可管理性等方面都强于交换机。

※ 数据转发所依据的地址不同。交换机基于数据链路层的物理地址（MAC 地址）来确定是否转发数据；路由器是根据网络层逻辑地址（IP 地址）中的目的网络地址决定数据转发的路径，进行数据分组的转发。由于交换机只需识别帧中的 MAC 地址，直接根据 MAC 地址产生选择转发端口算法简单，便于实现，转发速度高。而路由器工作在网络层，可以得到更多的协议信息，处理的信息量比交换机要多，因而处理速度比交换机慢，但路由器可以做出更加智能的转发决策。

※ 传统的交换机只能分割冲突域，不能分隔广播域，而路由器可以分隔广播域。由二层交换机连接的网段仍属于同一个广播域，广播数据包会在交换机连接的所有网段上传播，在某些情况下会导致通信拥塞和出现安全漏洞。路由器工作在网络层，能识别网络层的地址，有能力过滤第三层的广播消息。实际上，除非进行特别设置，否则路由器从不转发广播类型的数据包。因此，路由器的每个端口所连接的网络都独自构成一个广播域。

冲突域是指会产生冲突的最小范围，广播域是指网络中能接收任意设备发出的广播数据包的所有设备的集合。集线器和其所有接口所接的主机共同构成了一个冲突域和一个广播域。而交换机就明显地缩小了冲突域的大小，交换机上的每个端口都是一个冲突域，即一个或多个端口的传输不会影响其他端口的传输。但交换机同样没有过滤广播通信的功能，如果交换机收到一个广播数据包，它会向其所有的端口转发此广播数据包。所以交换机和其所有接口所连接的主机共同构成了一个广播域。因此，交换机能分隔冲突域，但不能分隔广播域。

相比较而言，路由器的功能较交换机要强大，但速度相对也慢，价格昂贵。第三层交换机既有交换机线速转发报文的能力，又有路由器良好的控制功能，因此得以广泛应用。

5.3.4　应用层互联设备

中继器、网桥和路由器等都是属于通信子网范畴的网间互联设备，它们与应用系统无关。而在实际的网络应用中并不都是基于同一个协议——TCP/IP，而许多应用系统是基于专用网络协议的。当在使用不同协议的系统之间进行通信时，例如在 X.400 协议的电子邮件应用系统与使用 SMTP 协议的系统之间传送邮件时，就必须进行协议转换。网关就是为了解决这类问题而设计的。

网关又称协议转换器，它工作在传输层以上各层，即传输层到应用层。网关支持不同协议之间的转换，在高层实现应用系统级的网络互联，通常由软件来实现。它能使处于通信网上采用不同高层协议的主机仍然互相合作，完成各种分布式应用。可以说，网关是互联网络中操作在 OSI/RM 网络层之上的具有协议转换功能的设施。之所以称为"设施"，是因为协议转换器不一定是一台设备，有可能在一台主机中实现协议转换器的功能。在使用不同的通信协议、数据格式或语言甚至体系结构完全不同的两种系统之间，网关是一个翻译器。网关可以用于广域网 - 广域网、局域网 - 广域网、主机 - 局域网的互联。

需要说明的是，当配置 TCP/IP 协议时，在"Internet 协议（TCP/IP）属性"对话框中的"默认网关"中的网关（Gateway）和互联设备中讨论的"网关"不是同一个意义，此时的"网关"均指 TCP/IP 协议下的网关，就是一个网络连接到另一个网络的"关口"。如果网络 A 中的主机发现数据包的目的主机不在本地网络中，就把数据包转发给它自己的网关，再由网关转发给网络 B 的网关，网络 B 的网关再转发给网络 B 的某个主机。网关的 IP 地址是具有路由功能的设备的 IP 地址。具有路由功能的设备有路由器、启用了路由协议的服务器、代理服务器，此时这些服务器相当于一台路由器。

5.4　路由协议

前面已经介绍，在使用路由器互联的网络中，路由器能根据分组的目的地址，依据其内部的路由表为所收到的分组选择一条最佳路径，将分组转发出去。路由表是路由器的核心，它决定了分组的转发方向。路由表可以通过人工指定的静态方式建立，也可以利用路由选择算法动态建立。由于静态路由方式在一个有众多网络的互联网中使用几乎是不可能的，因此，在互联网络中，大多数路由器采用动态方式建立路由表。

在动态建立路由表时，如何建立和维护路由表是由路由协议规定的。当一台路由器的路由表由于某种原因发生变化时，它需要将这一变化的路由信息及时地通知与之相连接的其他路由器，以保证网络上的路由选择路径处于可用状态，从而保证数据的正确传递。

路由协议（routing protocol）也称路由选择协议，定义了路由器之间相互交换路由信息的规范，是路由器之间实现路由信息共享的一种机制。路由协议的主要作用是在路由器之间不断地转发最新的路由信息，用来动态建立和维护路由表。当网络发生变化时，路由器间按照路由协议的规定互通信息更新维护路由表，使之正确反映网络的拓扑变化，以保证路由表的正确性和完整性。

5.4.1 路由协议的类型

互联网的规模非常大，它的通信子网是由大量的路由器连接在一起形成的。如果每个路由器知道所有的网络怎样到达，路由表将非常大，处理起来不仅要花费大量的时间，而且各个路由器之间交换路由信息所需的带宽就会使通信链路饱和。同时许多单位不希望外界了解自己单位的网络布局细节，以及所采用的路由协议。基于上述的原因把整个互联网划分成许多较小的自治系统（Autonomous System，AS）。

自治系统是指拥有同一路由选择策略，并且处于一个管理机构控制之下的一组路由器。它可以是一个路由器直接连接到局域网上，同时也连接到 Internet 上，也可以是一个路由器互联的多个局域网。一个自治系统内的所有网络都属于一个行政单位（例如，一个公司、一所大学、政府的一个部门等）来管辖。一个自治系统最重要的特点就是有权决定在本系统内采用哪种路由协议。在一个自治系统中所有的路由器必须运行相同的路由协议，同时每个自治系统都分配一个 AS 编号。

自治系统实际上是把互联网络的路由器分成内外两层，内层路由器完成内部主机间的分组交换，并通过一个主干路由器接入到外层主干区域（backbone），通过主干区域把各个自治系统互联起来。自治系统内部的路由器向主干路由器报告内部的路由信息，主干路由器维护着外部其他自治系统的路由。这样根据路由协议作用范围可把路由协议分为两大类：内部网关协议和外部网关协议。

1. 内部网关协议

内部网关协议（Interior Gateway Protocol，IGP）是在一个自治系统内部运行的路由协议，它与互联网中其他自治系统选用什么路由协议无关。目前这类路由选择协议使用得最多，如路由信息协议（RIP）、开放最短路径优先协议（OSPF）、内部网关路由协议（IGRP）等。

2. 外部网关协议

外部网关协议（External Gateway Protocol，EGP）是在多个自治系统之间运行的路由协议。如果源主机和目的主机处在不同的自治系统中，当数据包传送到一个自治系统的边界时，就需要使用一种协议将路由信息传递到另一个自治系统中，这样的协议就是外部网关协议。这些协议工作在自治系统之间，它们处在系统的边缘上，而且仅仅交换所必需的、最少的信息，用以确保自治域系统之间的通信。外部网关协议有边界网关协议（Border Gateway Protocol，BGP）等。

3. 内部和外部网关协议的使用示例

在如图 5-20 所示的网络中，路由器 A 和路由器 B 都使用内部网关路由协议，进行路由更新，生成路由表，以确保自治系统 A 内部主机之间的通信。而路由器 1、路由器 2 和路由器 3 之间则需要运行外部网关路由协议，以保证如果有数据包需要跨越自治系统，能将数据包在自治系统 A、B、C 之间传送。

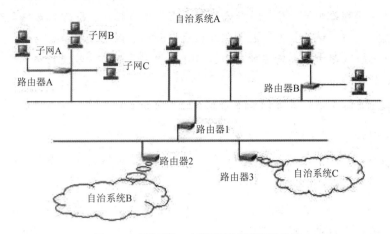

图 5-20 自治系统、内部网关和外部网关协议

5.4.2 内部网关协议

1. 路由信息协议

路由信息协议（Routing Information Protocol，RIP）是最早推出的一种分布式的基于距离向量算法的路由协议，属于内部网关协议。RIP 采用距离向量算法，即路由器根据距离选择路由，所以也称为距离向量协议。

RIP 的工作原理是：规定互联网络中的每个路由器每 30s 向其相邻路由器广播自己的整个路由表。当网络拓扑发生变化时也发送路由选择更新消息。当路由器收到的路由选择更新信息中包含对路由表中的条目的修改时，将更新路由表，以反映新的路由。

路由器在衡量两点间的最优路径时仅考虑结点间的距离，不考虑网络的拥塞状况和连接速率因素。这里的距离是指一个分组到达目标所必须经过的路由器的数目（跳数），每经过一个路由器距离加 1。因此路由器的跳数是描述距离向量算法中距离的单位，最佳路径就是距离最短，即经过的路由器的数目最少，即使存在另一条高速但路由器较多的路径也不会选择，并且 RIP 允许一条路径最多只能经过 15 个路由器，当距离超过 15 时，RIP 认为目的地不可达。

路由器收集所有可到达目的地的不同路径，并且保存到达每个目的地的最少跳数的最佳路径信息，任何其他信息均予以丢弃。同时路由器也把所收集的路由信息用 RIP 协议通知相邻的其他路由器。这样，正确的路由信息逐渐扩散到了全网。

RIP 最大的优点就是实现简单，开销小。RIP 的缺点也比较多，例如，它由于单纯地以跳数作为选路的依据不能充分描述路径特性，可能会导致所选的路径不是最优的；其限定了最大距离是 15，就限定了网络的规模，因此只适用于小系统；而且每隔 30s 一次的路由信息广播也是造成网络的广播风暴的重要原因之一。

2. 开放最短路由协议

开放最短路径优先（Open Shortest Path First，OSPF）是一种基于链路状态的路由协议。该协议针对 RIP 的缺点进行了较大改进，弥补了它不能适应大规模异构网络互联的不足。"开放"表明 OSPF 不受某一厂商控制，而是公开的；"最短路径优先"是因为使用了 Dijkstra 提出的最短路径算法。OSPF 的要点如下：

※ 每个路由器都维护着一个链路状态数据库，这个数据库实际上就是整个互联网的拓扑结构图。所谓"链路状态"就是该路由器都和哪些网络或路由器相邻，以及将数据发往这些网络或路由器所需要的费用。OSPF 将这些费用称为度量（metric），可以是距离、时延、带宽等。

※ 每个路由器使用链路状态数据库中的数据，根据最短路径算法 Dijkstra 独立计算出到达每个结点的最短路径，即路由表。

※ 只要网络拓扑发生任何变化，链路状态数据库就能很快更新，路由器就能够重新计算出新的路由表。

※ 每个路由器向同一管理域内的其他所有路由器发送链路状态公告（LSA）信息，彼此交换链路状态信息来建立链路状态数据库，并维持该数据库在全网范围的一致性。

OSPF 规定，相邻路由器之间每隔 10s 要交换一次 Hello 报文，以便确知哪些相邻路由器是可达的。若有 40s 没有接收到某个相邻路由器发来的 Hello 报文，则认为该路由器是不可达的，应立即修改链路状态数据库，并重新计算路由表。

OSPF 作为一种内部网关协议，用于在同一个自治域系统（AS）中的路由器之间发布路由信息。区别于 RIP，OSPF 只有当链路状态发生变化时，路由器才向所有路由器发送这一新消息，且仅发送它的路由表中描述了其自身链路状态的那一部分；而 RIP 不管网络拓扑有无变化，都要定期地交换路由信息，且仅向其邻接路由器发送有关路由更新信息。OSPF 具有支持大型网络、路由收敛快、在更新路由信息时产生的流量较少等优点，在目前应用的路由协议中占有相当重要的地位。

5.4.3 外部网关协议

边界网关协议 BGP 是为 TCP/IP 互联网设计的一种用于自治系统之间的外部网关协议。其主要功能是与其他自治域的 BGP 交换网络可达信息，实现自治系统之间的路由信息交换。

BGP 是一种基于距离向量算法的路由协议，但不是纯粹的距离向量算法，比起 RIP 等典型的距离向量协议，又有很多增强的性能。BGP 使用 TCP 作为传输协议，使用端口号 179。在通信时，要先建立 TCP 会话，这样传输的可靠性就由 TCP 来保证，BGP 协议不再使用差错控制和重传机制，从而简化了复杂程度。另外，BGP 使用增量的触发性路由更新，而不是一般的距离向量协议的这个路由表定期地更新，这样节省了更新所占用的带宽。BGP 还使用"保留"信号（keep-alive）来监视 TCP 会话的连接。而且 BGP 还有多种衡量路由路径的度量标准（称为路由属性），可以更加准确地判断出最优的路径。

BGP 作为一个应用层协议运用在一台特定的路由器上，系统启动时通过发送整个 BGP 路由表交换路由信息，之后为了更新路由表，只交换更新信息，在系统运行过程中，通过接收和发送 keep-alive 消息来检测相互之间连接是否正常。

BGP 特性的描述如下：

※ BGP 是一种外部路由协议，与 OSPF、RIP 等内部路由协议不同，其着眼点不在于发现和计算路由，而在于控制路由的传播和选择最好的路由。

　　※　使用 TCP 作为其传输层协议，提高了协议的可靠性。

　　※　通过交换带有自治区域号（AS）序列属性的路径可达信息，可解决路由循环问题。

　　※　为控制路由的传播和路由选择，它为路由附带属性信息。

本章小结

　　本章主要介绍了广域网和网络互联的相关知识，包括文件的广域网技术基础、网络互联的概念、网络互联设备和路由协议的概念和类型。

1．广域网

　　广域网是覆盖广阔地理范围的数据通信网。广域网技术主要对应于 OSI/RM 的物理层、数据链路层和网络层。广域网中数据的传输主要有电路交换和分组交换两种方式。广域网的通信子网一般都是由电信部门的公共传输网络（公用数据通信网）充当的，公共传输网络主要分为 3 类：第一类是电路交换网，典型的电路交换网是公共交换电话网（PSTN）和综合业务数字网（ISDN）；第二类是分组交换网络，典型的分组交换网有 X.25 分组交换网、帧中继和异步传输模式（ATM）；第三类是专用线路网，主要是数字数据网（DDN）。

2．网络互联

　　计算机网络互联就是利用互联设备及相关技术和协议将不同的计算机网络连接起来，成为一个覆盖范围更大的网络。常见的网络互联形式有局域网与局域网的互联、局域网与广域网的互联、局域网通过广域网与局域网互联和广域网与广域网的互联 4 种形式。

　　实际网络互联时是通过一个中间设备互联，这个网络互联的中间设备，按照 ISO 的术语，也称为中继系统。中继系统在 OSI/RM 中可能处在不同的层上，参照 OSI/RM，协议转换的过程可以发生在任何层，如果某中继系统在进行数据转发时协议转换发生在第 n 层，那么这个中继系统就称为第 n 层中继系统。

3．网络互联设备

　　根据网络互联设备工作的层次及其所支持的协议，可以将网络互联设备分为中继器、集线器、网桥、交换机、路由器和网关。物理层的互联设备是中继器（repeater）和集线器（hub），用于同类网络的物理层连接，对信号起到放大的作用。它们主要用于连接局域网中的不同网段，构成更大范围的局域网。工作在数据链路层的互联设备有网桥（bridge）和交换机（switch）。网络层的互联设备是路由器（router）。网关工作在传输层以上各层。

4．路由协议

　　路由协议（routing protocol）也称路由选择协议，定义了路由器之间相互交换路由信息的规范，是路由器之间实现路由信息共享的一种机制。路由协议的主要作用是在路由器之间不断地转发最新的路由信息，用来动态建立和维护路由表。根据路由协议作用范围可把路由协议分为两大类：内部网关协议和外部网关协议。

习题

一、概念解释

PSTN，ISDN，DDN，ATM，中继系统，网关，路由协议，自治系统（AS），IGP，EGP，RIP，OSPF。

二、单选题

1. 广域网技术不包括 OSI/RM 中的（   ）。

    A. 物理层　　　B. 数据链路层　　C. 网络层　　　D. 传输层

2. 帧中继技术与 X.25 协议的主要关系是（   ）。

    A. 帧中继对 X.25 协议进行了扩充　B. 帧中继对 X.25 协议进行了简化

    C. 帧中继与 X.25 协议基本无关　　D. 以上都不是

3. 帧中继技术是在（   ）的基础上，用简化的方法交换数据的一种技术。

    A. 分组交换　　B. 电路交换　　　C. 报文交换　　D. 以上都不是

4. 异步传输模式（ATM）是（   ）技术的结合。

    A. 电路交换和报文交换　　　　　B. 分组交换和帧交换

    C. 电路交换和分组交换　　　　　D. 分组交换和报文交换

5. 涉及 OSI/RM 的物理层、数据链路层和网络层，而不涉及其他层的是（   ）。

    A. 网关　　　　B. 中继器　　　　C. 路由器　　　D. 网桥

6. 路由器是工作在（   ）的设备。

    A. 物理层　　　B. 数据链路层　　C. 网络层　　　D. 传输层

7. 在路由器互联的多个局域网中，通常要求每个局域网的（   ）。

    A. 数据链路层协议和物理层协议必须相同

    B. 数据链路层协议必须相同，而物理层协议可以不同

    C. 数据链路层协议可以不同，而物理层协议必须相同

    D. 数据链路层协议和物理层协议都可以不同

8. 下列设备中，可隔离广播风暴的是（   ）。

    A. 交换机　　　B. 网桥　　　　　C. 调制解调器　　D. 路由器

9. 用于高层协议转换的网间连接器是（   ）。

    A. 路由器　　　B. 集线器　　　　C. 网关　　　　D. 网桥

10. 路由信息协议（RIP）是（　　）

    A. 采用距离向量算法的内部网关协议

    B. 采用距离向量算法的外部网关协议

    C. 采用链路状态算法的内部网关协议

    D. 采用链路状态算法的外部网关协议

11. 在同一自治系统内实现路由器之间自动传播可达信息的协议是（　　）。

    A. EGP（外部网关协议）   B. BGP（边界网关协议）

    C. IGP（内部网关协议）   D. GGP（网关到网关协议）

三、填空题

1. 广域网中数据的传输主要有_____和_____两种方式。

2. 一般广域网的通信子网都是由电信部门的公共传输网络（公用数据通信网）充当的，公用数据通信网提供电路交换服务的_____和_____，提供分组交换服务的_____和_____，提供专线服务的_____。

3. 广域网技术只涉及 OSI/RM 的低 3 层，分别是_____、_____和_____。

4. ISDN 的含义是_____，ISDN 分为_____和_____。

5. ISDN 的基本速率接口（BRI）包括一个_____信道和两个_____信道。基本速率接口的速率为_____。

6. ATM 的含义是_____，ATM 信元固定为_____B，其中承载控制信息的信元头是_____B，承载用户要发送的信息的信元体是_____B。

7. DDN 的基本速率为_____，用户租用的信道速率应为其整数倍。

8. 计算机网络互联是利用_____及相应的技术和_____把两个以上的计算机网络互联起来，实现计算机网络之间的连接。

9. 网络互联的类型主要有_____、_____、_____。

10. 在数据链路层进行互联的互联设备有_____和_____。

11. 交换机工作在 OSI/RM 的_____层，路由器工作在_____层。

四、简答题

1. 简述广域网的主要特点。

2. 什么是网络互联？它有哪几种形式？

3. 网络互联设备有哪几种？它们分别工作在 OSI/RM 的哪一层？

4. 简述交换机和路由器的区别。

5. 简述路由器的功能。

6. 简单说明路由信息协议（RIP）的工作原理和不足之处。

7. IGP 和 EGP 这两类路由协议的主要区别是什么？

第6章

网络互联协议 TCP/IP

网络互联是目前网络技术研究的热点之一，虽然有许多协议都已被修改得可用于互联网，但在诸多网络互联协议中，有一系列协议使用最广泛，即 TCP/IP。TCP/IP 是为互联网开发的一套协议簇，是 Internet 使用的协议，利用 TCP/IP 协议簇可以方便实现多个网络的互联。

本章要点

※　TCP/IP 概念及各层协议

※　新一代的互联网协议 IPv6

6.1　TCP/IP 协议簇简介

TCP/IP（Transmission Control Protocol/Internet Protocol，传输控制协议 / 网络互联协议）是一组用于实现网络互联的通信协议，是 Internet 最基本的协议和互联网络的基础。

TCP/IP 协议定义了在互联网络中如何传送数据（如文件传送、收发电子邮件、远程登录等），并制定了在出错时必须遵循的规则。

TCP/IP 起源于 20 世纪 70 年代，当时美国国防部下属的高级研究计划局（ARPA）为了实现不同种类的网络之间的互联与互通，大力资助网间网技术的开发与研究工作。1973 年，由斯坦福大学的两名研究人员提出 TCP/IP，在 1977—1979 年间推出 TCP/IP 体系结构和协议规范，1983 年 TCP/IP 被 UNIX 系统采用，随着 UNIX 的成功，TCP/IP 逐渐成为 UNIX 系统的标准协议。由于 TCP/IP 具有跨平台性，开始在 ARPANET 上实施，所有接入 ARPAnet 的计算机全部采用 TCP/IP 作为通信协议，随着 ARPAnet 的发展，其最终形成了因特网（Internet）。时至今日，TCP/IP 成为最流行的网际互联协议，并由单纯的 TCP/IP 协议发展成为一系列以 IP 为基础的 TCP/IP 协议簇。

从字面上看，TCP/IP 包括了两个协议——传输控制协议（TCP）和网络互联协议（IP），但 TCP/IP 实际上是一组协议的代名词，它还包括许多不同功能且互为关联的协议，组成了 TCP/IP 协议簇，而 TCP 和 IP 是保证数据完整传输的两个最基本、最重要的协议，所以称为 TCP/IP。经常提到的 TCP/IP 不是指 TCP 和 IP 这两个具体的协议，而实际是指整个 TCP/IP 协议簇，TCP/IP 协议簇为互联网提供了基本的通信机制。目前，众多的网络产品厂家都支持 TCP/IP 协议，TCP/IP 已成为一个事实上的工业标准。

6.1.1 TCP/IP 各层的协议

有关 TCP/IP 模型在第 3 章中已经做过介绍，这里回顾一下 TCP/IP 模型及各层协议的功能。各层主要协议的详细描述将在本章中予以介绍。

TCP/IP 是一组协议的总称，包括了许多的协议，这些协议按其实现的不同通信功能被划分到不同的层次中。TCP/IP 模型分为 4 层，从高到低分别是应用层、传输层、网络互联层和网络接口层。TCP/IP 分层结构与各层协议如图 6-1 所示。

应用层	TELNET、FTP、SMTP、DNS、HTTP 以及其他应用协议
传输层	TCP、UDP
网络互联层	IP、ARP、RARP、ICMP
网络接口层	各种通信网络接口（以太网等）（物理网络）

图 6-1 TCP/IP 分层结构与各层协议

从图 6-1 中可以看到，TCP/IP 的主要功能集中在应用层、传输层和网络互联层，一般来说，TCP 提供传输层服务，而 IP 提供网络互联层服务。以下从体系结构的角度分层介绍 TCP/IP 协议簇。

TCP/IP 的最高层——应用层相当于 OSI/RM 的 5 ~ 7 层，该层中包括了所有的高层协议，如常见的远程登录协议（TELNET），提供远程登录服务；文件传输协议（FTP），提供应用级的文件传输服务；简单邮件传输协议（SMTP），提供简单的电子邮件发送服务；域名系统（DNS），负责域名和 IP 地址的映射；简单网络管理协议（SNMP），提供网络管理服务和超文本传输协议（HTTP），提供 WWW 浏览服务等。

TCP/IP 的传输层相当于 OSI/RM 的传输层，该层负责在源主机和目的主机之间提供端到端的数据传输服务。这一层上主要定义了两个协议：面向连接的传输控制协议（TCP）和无连接的用户数据报协议（UDP）。TCP 提供用户之间的面向连接的可靠报文传输服务；UDP 提供用户之间的不可靠无连接的报文传输服务。

TCP/IP 的网络互联层相当于 OSI/RM 的网络层，网络互联层的主要功能是实现互联网络环境下端到端的数据分组传输，这种端到端的数据分组传输采用无连接交换方式来完成。为此，网络互联层提供了基于无连接的数据传输、路由选择、拥塞控制和地址映射等功能，这些功能主要由 4 个协议来实现：IP、ARP、RARP 和 ICMP。其中，IP 提供数据报按 IP 地址传输、路由选择等功能；ARP 和 RARP 提供逻辑地址与物理地址映射功能；Internet 控制报文协议（ICMP）提供传输差错控制信息以及主机 / 路由器之间的控制信息。

TCP/IP 的底层为网络接口层，网络接口层与 OSI/RM 中的物理层和数据链路层相对应。网络接口层是 TCP/IP 与各种 LAN 或 WAN 的接口。该层负责将 IP 分组封装成适合在物理网络上传输的帧并发送出去，或将从物理网络接收到的帧解封并将 IP 分组递交给高层。这一层与物理网络的具体实现有关，自身并无专用的协议。事实上，任何能传输 IP 分组的协议都可以运行。各物理网络可使用自己的数据链路层协议和物理层协议，但当使用串行线路连接主机与网络或连接网络与网络时，例如，主机通过调制解调器和电话线接入 Internet，则需要在网络接口层运行 SLIP（Serial Line Internet Protocol）或 PPP（Point to Point Protocol）。

SLIP 提供了一种在串行通信线路上封装 IP 数据报的简单方法，使用户通过电话线和调制解调器能方便地接入 TCP/IP 网络。

SLIP 是一种简单的组帧方式，使用时还存在一些问题。首先，SLIP 不支持在连接过程中的动态 IP 地址分配，通信双方必须事先告知对方 IP 地址，这给没有固定 IP 地址的个人用户使用 Internet 带来了很大的不便；其次，SLIP 帧中无协议类型字段，因此它只能支持 IP；再次，SLIP 帧中无列校验字段，因此，链路层上无法检测出传输差错，必须由上层实体或具有纠错能力的调制解调器来解决传输差错问题。为了解决 SLIP 存在的问题，在串行通信应用中又开发了 PPP 协议。

PPP 是一种有效的点对点通信协议，它是为在同等单元之间传输数据报这样的简单链路设计的链路层协议。这种链路提供全双工操作，并按照顺序传递数据包。设计目的主要是用来通过拨号或专线方式建立点对点连接发送数据，使其成为各种主机、网桥和路由器之间简单连接的一种共通的解决方案。PPP 协议包含 3 个部分：链路控制协议（Link Control Protocol，LCP）、网络控制协议（Network Control Protocol，NCP）和验证协议。它解决了 SLIP 存在的问题，由于 PPP 帧中设置了校验字段，因而 PPP 在链路层上具有差错检验的功能。PPP 中的 LCP 提供了通信双方进行参数协商的手段，并且提供了一组 NCP，使得 PPP 可以支持多种网络层协议，如 IP、IPX、OSI 等。另外，支持 IP 的 NCP 提供了在建立连接时动态分配 IP 地址的功能，解决了个人用户上网的问题。

6.1.2　基于 TCP/IP 的数据传输过程

两台计算机通过 TCP/IP 协议进行数据传输的过程如图 6-2 所示。不同的协议层对数据包有不同的称谓，在传输层的协议数据单元称为段（segment），在网络层的协议数据单元称为数据报（datagram），在链路层的协议数据单元称为帧（frame）。数据封装成帧后发到传输介质上在局域网内传输，到达目的主机后，每层协议再剥掉相应的首部，最后将应用层数据交给应用程序处理。

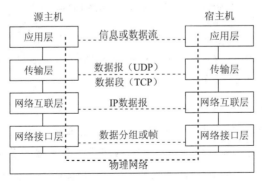

图 6-2　基于 TCP/IP 的数据传输

在数据传送时，主机高层协议将数据传给 IP，IP 再将数据封装为 IP 数据报，并交给数据链路层协议通过局域网传送。如果目的主机直接连在本网中，IP 可直接通过网络将数据报传给目的主机；如果目的主机在其他网络中，即两台计算机在不同的网络中，则 IP 将数据报传送给网络互联设备——路由器，而路由器则依次通过下一网络将数据报传送到目的主机或再下一个路由器，直到终点为止。

6.1.3 TCP/IP 协议的特点

※ TCP/IP 不依赖于特定的网络传输硬件，所以 TCP/IP 能够集成各种各样的网络。用户能够使用以太网、令牌环网、拨号线路、X.25 网以及所有的网络传输硬件。

※ TCP/IP 不依赖于任何特定的计算机硬件或操作系统，提供开放的协议标准，即使不考虑 Internet，TCP/IP 也获得了广泛的支持，以 TCP/IP 成为一种联合各种硬件和软件的实用协议。

※ 基于 TCP/IP 的网络使用统一的寻址系统，在世界范围内给 TCP/IP 网络指定唯一的 IP 地址，这样无论用户的物理地址是什么，任何其他用户都用 IP 地址找到该用户。

6.2 互联网协议 IP

网络互联层对应于 OSI/RM 的网络层，主要解决主机到主机的通信问题。该层有 4 个主要协议：互联网协议（IP）、地址解析协议（ARP）、反向地址解析协议（RARP）和互联网控制报文协议（ICMP）。其中，IP 是网络互联层最重要的协议。

6.2.1 IP 的主要功能和提供的服务

1. IP 的主要功能

网络互联层的功能主要由 IP 协议来完成，IP 的基本任务是通过互联网传送 IP 数据报，把高层的数据以 IP 数据报的形式通过互联网分发出去。

除了提供端到端的 IP 数据报分发功能外，IP 还提供了很多扩充功能。例如，为了克服数据链路层对帧大小的限制，提供了数据分块和重组功能，使得很大的 IP 数据报能以较小的分组在网上传输。网络互联层的另一个重要功能是在互相独立的局域网上建立互联网络，互联网络间的报文来往根据它的目的 IP 地址通过路由器传到另一网络。概括地说，IP 提供以下功能。

※ 寻址。用 IP 地址来标识网络上的主机，在每个 IP 数据报中，都会携带源 IP 地址和目标 IP 地址，从而标识该 IP 数据报的源主机和目的主机。指出发送和接收 IP 数据报的源 IP 地址及目的 IP 地址。

※ 数据报的路由转发。网络中每个中间结点（路由器），根据 IP 数据报中接收方的目的 IP 地址，确定是本网传送还是跨网传送。若目的主机在本网中，可在本网中将数据报传给目的主机；若目的主机在别的网络中，还需要为其选择从源主机到目的主机的合适转发路径（即路由）。IP 协议可以根据路由选择协议提供的路由信息对 IP 数据报进行转发，直至抵达目的主机。

※ 数据报分段和重组。IP 数据报通过不同类型的通信网络发送，不同网络的数据链路层可传输的数据帧的最大长度不同，IP 数据报的大小会受到这些网络所规定的最大

传输单元（MTU）的限制。例如，以太网是 1500B，令牌环是 17914B，FDDI 是 4352B。因此，IP 要能根据不同情况，对数据报进行分段封装，使得很大的 IP 数据报能以较小的分组在网上传输。主机上的 IP 能根据 IP 数据报中的分段和重组标识，将各个 IP 数据报分段重新组装为原来的数据报，然后交给上层协议。

2．IP 提供的服务

网络互联层向传输层提供服务，网络互联层中的 IP 向传输层提供的是一个不可靠的、无连接的、尽力的数据报投递服务。

※　不可靠的投递服务。IP 无法保证数据报投递的结果。IP 的基本任务是通过互联网传送数据报，不保证服务的可靠性，在主机资源不足的情况下，它可能丢弃某些数据报，同时 IP 也不检查被数据链路层丢弃的报文，即在传输过程中，IP 数据报可能会丢失、重复传输、延迟、乱序，IP 服务本身不关心这些结果，也不将结果通知收、发双方。

※　无连接的投递服务。每一个 IP 数据报是独立处理和传输的，由一台主机发出的数据报在网络中可能会经过不同的路径，到达接收方的顺序可能会混乱，甚至其中一部分数据还会在传输过程中丢失。

※　尽力的投递服务。决不简单地丢弃数据报，只要有一线希望，就尽力向前投递。

6.2.2　IP 数据报的格式及封装

1．IP 数据报的格式

IP 数据报是网络互联层的协议数据单元。目前 Internet 上广泛使用的 IP 协议版本为 IPv4。图 6-3 是 IPv4 数据报的格式结构，一个 IP 数据报由报头（首部）和数据两部分组成，其中，报头包含 20B 的固定单元与可变长度的任选项和填充项。

图 6-3　IP 数据报格式

※　版本号。4 位，标识 IP 协议版本，有 IPv4、IPv6 两个版本，现在普遍用的是 IPv4。

※　首部长度。4 位，长度是指首部以 32b 为单位的数目，包括任何选项。由图 6-3 可知，首部所占位数为 4+4+8+16+16+3+13+8+8+16+32+32+0=160b，正好是 32b 的 5 倍，所以首部长度最小为 5。如果选项字段有其他数据，则这个值会大于 5。由于它是一

个 4 位字段，因此，首部最长为 60B。普通 IP 数据报（不含选项字段）首部长度字段的值是 5，首部长度为 20B。

※ 服务类型。共 8 位，包括一个 3 位的优先权子字段，4 位的 TOS 子字段和 1 位未用位（必须置 0）。其中 TOS 为 4 位，分别表示最小延时、最大吞吐量、最高可靠性、最小费用。如果 4 位 TOS 子字段均为 0，那么就意味着是一般服务。

※ 总长度。16 位，总长度是指首部和数据之和的整个 IP 数据报的长度，以字节（B）为单位。利用首部长度字段和总长度字段，即可知道 IP 数据报中数据内容的起始位置和长度。由于该字段长 16 位，所以 IP 数据报最长可达 65 535B。

※ 标识字段、标志字段、片偏移量字段。用来控制数据报的分片和重组。其中，标识字段唯一标识主机发送的每一份数据报，通常每发送一份报文，标识字段的值就会加 1。

IP 软件在存储器中维持一个计数器，每产生一个数据报，计数器就加 1，并将此值赋给标识字段。但这个"标识"并不是序号，因为 IP 是无连接服务的，数据报不存在按序接收的问题。当数据报由于长度超过网络的 MTU 而必须分片时，这个标识字段的值就被复制到所有数据报的标识字段中。相同的标识字段的值使分片后的各数据报片最后能正确地重装成为原来的数据报。这在分片和重组技术中将会用到。

※ 生存时间（TTL）。8 位，生存时间字段常用的英文缩写是 TTL（Time To Live），表明数据报在网络中的寿命。它是由发出数据报的源点设置的，其目的是防止无法交付的数据报无限制地在因特网中"兜圈子"，因而白白消耗网络资源。最初的设计是以秒（s）作为 TTL 的单位。每经过一个路由器时，就把 TTL 减去数据报在路由器消耗掉的一段时间。若数据报在路由器消耗的时间小于 1s，就把 TTL 值减 1。当 TTL 值为 0 时，就丢弃这个数据报。一般可以理解为经过路由器的最大数目。

※ 协议。8 位，协议字段指出此数据报携带的数据是使用何种协议（上层协议），以便使目的主机的网络互联层知道应将数据部分上交给哪个处理过程。协议可包括 TCP、UDP、TELNET 等。1=ICMP，2=IGMP，3=TCP，17=UDP。

※ 首部校验和。16 位，根据 IP 首部计算的检验和码，帮助确保 IP 协议头的完整性。它不对首部后面的数据进行计算。

※ 源 IP 地址。32 位，发送主机的 IP 地址。

※ 目的 IP 地址。32 位，接收主机的 IP 地址。

※ 选项。允许 IP 支持各种选项，如安全性等。

※ 数据。上层的数据。

2. IP 数据报封装

IP 屏蔽下层各种物理网络的差异，向 TCP 层提供统一的 IP 数据报，相反，上层的数据经 IP 形成 IP 数据报。IP 数据报的投递利用了物理网络的传输能力，网络接口层负责将 IP 数据报封装到具体物理网络的帧（LAN）或者分组（X.25 网络）中的信息字段，即将 IP 数据报封装到以太网的 MAC 数据帧中，如图 6-4 所示。

图 6-4　IP 数据报的封装

可以看出，IP 地址放在 IP 数据报的头部，而 MAC 地址放在 MAC 帧的头部。在网络互联层（IP 层）及以上使用的是 IP 地址，而数据链路层及以下使用的是 MAC 地址。

IP 数据报被封装在 MAC 帧中，MAC 帧在不同的局域网上传送时，其 MAC 帧头部是变化的。MAC 帧头部的这种变化在上面的网络互联层是看不见的。尽管互联在一起的网络硬件地址体系各不相同，但网络互联层抽象的互联网却屏蔽了下层的这些细节，并使用统一的、逻辑的 IP 地址进行通信。

6.2.3　IP 地址

IP 地址是网络互联层的逻辑地址，用于标识主机在网络中的位置。Internet 上的主机通过 IP 地址来标识，在 Internet 中一个 IP 地址可唯一地标识出网络上的每个主机。一个数据报在网络中传输时，用 IP 地址标识数据报的源地址和目的地址。

1. IP 地址的结构及表示方法

目前因特网地址使用的是 IPv4（IP 第 4 版）的 IP 地址，IPv4 中规定 IP 地址由 32 位（4B）二进制数组成，即 IP 地址长度为 32 位，可以有 $2^{32}-1$ 个地址。IP 地址由网络 ID 和主机 ID 两部分组成，如图 6-5 所示。网络 ID（也称为网络标识）具有唯一性，用来识别入网主机所在的网络；而主机 ID（也称为主机标识）用来区分同一网络上的不同主机。相同网络 ID 中的每个主机 ID 必须是唯一的。IP 地址的结构可以在 Internet 上方便地寻址，即先按网络号找到网络，再按主机号找到主机。

图 6-5　IP 地址结构

为了简化记忆，将 32 位 IP 地址中的每 8 位二进制数用其对应的十进制数字表示，十进制数之间用"."分开，称为点分十进制。例如，一个 IP 地址的二进制数为 11001010 01110111 00000010 11000111，其对应的点分十进制表示为 202.119.2.199。计算机很容易将十进制地址转换为对应的二进制 IP 地址，再供网络设备识别使用。

2. IP 地址的分类

IP 地址可分为 A、B、C、D、E 五类，可分配给用户使用的是前 3 类地址，D 类地址称为多播地址，而 E 类地址尚未使用，保留给将来的特殊用途。从 IP 地址的详细结构来看，IP 地址的前几位用于标识地址的类型，如图 6-6 所示。

图 6-6 IP 地址的分类

※ A 类地址。用第一个字节数字表示网络 ID，并规定最左位为 0，即凡是以 0 开始的 IP 地址均属于 A 类网络。因此，第一个字节取值范围是 00000000 ～ 01111111，即 0 ～ 127。可用的 IP 地址范围为 1.0.0.1 ～ 126.255.255.254（二进制表示为 00000001 00000000 00000000 00000001 ～ 01111110 11111111 11111111 11111110）。A 类地址用后 3 个字节（24 位）表示主机 ID，所以可用的 A 类网络有 126 个，每个 A 类网络能容纳的主机数量最多为 16 777 214（2^{24}-2）个。

※ B 类地址。用前两个字节（16 位）来表示网络 ID，并规定最前面两位为 10，即凡是以 10 开始的 IP 地址均属于 B 类网络。因此，第一个字节数字的取值范围是 10000000 ～ 10111111，即 128 ～ 191。可用的 IP 地址范围为 128.1.0.1 ～ 191.254.255.254（二进制表示为 10000000 00000001 00000000 00000001 ～ 10111111 11111110 11111111 11111110）。B 类地址用后两个字节（16 位）表示主机 ID，所以可用的 B 类网络有 16 382 个，每个 B 类网络能容纳的主机数量最多为 65 534（2^{16}-2）个。

※ C 类地址。用前 3 个字节（24 位）来表示网络 ID，并规定最前面 3 位为 110，即凡是以 110 开始的 IP 地址均属于 C 类网络。因此，第一字节数字的取值范围是 11000000 ～ 11011111，即 192 ～ 223。可用的 IP 地址范围为 192.0.1.1 ～ 223.255.254.254（二进制表示为 11000000 00000000 00000001 00000001 ～ 11011111 11111111 11111110 11111110）。C 类地址用最后一个字节（8 位）表示主机 ID，所以 C 类网络可达 209 万多个，每个 C 类网络中的主机数量最多为 254（2^8-2）个。

※ D 类地址。也称为多播地址，用于多播。它是一个专门保留的地址，并不指向特定的网络，目前这一类地址被用在多播（multicast）中。D 类 IP 地址第一个字节最前面 4 位为 1110，地址范围为 224.0.0.1 ～ 239.255.255.254。

※ E 类地址。是一个通常不用的实验性地址，保留作为以后使用。E 类地址的最高位为 11110，即凡是以 11110 开始的 IP 地址均属于 E 类地址。

说明：主机标识位全为 1 的地址表示该网络中的所有主机，即广播地址。主机标识位全为 0 的地址表示该网络本身，即网络地址。网络中分配给主机的地址不包括广播地址和网络地址。因此，网络中可用的 IP 地址数 =2^n-2（n 为 IP 地址中主机标识部分的位数）。

A 类地址一般分配给具有大量主机的网络使用，B 类地址通常分配给规模中等的网络使用，C 类地址通常分配给小型局域网使用。

3. 特殊的 IP 地址

※ 网络地址。主机 ID 为全 0 的 IP 地址，不分配给任何主机，仅用于表示某个网络的网络地址，例如 202.119.2.0。

※ 直接广播地址。主机 ID 为全 1 的 IP 地址。使用直接广播地址，一台主机可以把数据分组广播给某个网络中的所有结点，例如 202.119.2.255。

※ 32 位为全 1 的 IP 地址（255.255.255.255）。称为有限广播地址或本地网广播地址。对本机来说，这个地址指本网段内的所有主机，用于在本网络内部广播。

※ 32 位为全 0 的 IP 地址（0.0.0.0）。表示本机地址。若主机要在本网内通信，但又不知道本网的网络地址，那么可以利用全 0 地址。

※ 回送地址。任何一个以数字 127 开头的 IP 地址（127.×××.×××.×××）都称为回送地址。它是一个保留地址，最常见的表示形式为 127.0.0.1。

在每个主机上对应于 IP 地址 127.0.0.1 都有一个接口，称为回送接口。IP 规定，当任何程序用回送地址作为目标地址时，主机上的协议软件不会把该数据包向网络上发送，而是把数据直接返回给本主机。因此，目的地址的网络号等于 127 的数据包不会出现在任何网络上，主机和路由器不能为该地址广播任何寻径信息。回送地址常用于本机上的软件测试和本机上网络应用程序之间的通信地址。一般在系统中都有一个 hosts 文件（Windows XP 操作系统为 C:\Windows\system32\drivers\etc\hosts），文件中有一行：

```
127.0.0.1                localhost
```

4. 公有地址和私有地址

公有地址由 InterNIC（Internet Network Information Center，Internet 信息中心）负责。这些 IP 地址分配给注册并向 InterNIC 提出申请的组织机构，是通过 Internet 可直接访问的地址。私有地址属于非注册地址，专门为组织机构内部使用。

IANA（Internet Assigned Numbers Authority，Internet 分配数字机构）将 A、B、C 类地址的一部分保留为专用，以作为私有 IP 地址空间，供专用网络（如企业内部局域网、校园网）使用。当使用路由设备与广域网连接时，路由设备会自动将该地址段的信号隔离在局域网内部，因此，不用担心当 IP 地址相同时会与其他局域网中的 IP 地址发生冲突。路由器或网关会自动将这些 IP 地址拦截在局域网络之内，而不会将其路由到公有网络中，即使在两个局域网中均使用相同的私有 IP 地址段，彼此之间也不会发生冲突。

因此，使用私有 IP 地址的私有网络在要连接到公共的 Internet 时，本地主机必须经过网络地址迁移服务器（NAT 或代理服务器）将私有地址转换成公用合法的 IP 地址才能访问 Internet。表 6-1 列出的地址段为保留的私有 IP 地址，这些 IP 地址是被禁止在公共网络中使用的，仅用于内部专网，即 Internet 上的路由器不会向这些地址转发数据。

表 6-1　私有 IP 地址

地址类型	私有 IP 地址范围	网络个数
A 类	10.0.0.0 ～ 10.255.255.255	1 个 A 类地址
B 类	172.16.0.0 ～ 172.31.255.255	16 个连续的 B 类地址
C 类	192.168.0.0 ～ 192.168.255.255	256 个连续的 C 类地址

企业内部网主机的 IP 地址可以设置成私有 IP 地址，进行企业内部的网络应用，并可通过代理服务器访问 Internet，如图 6-7 所示。这样只需要申请少量的 Internet IP 地址，既解决了 IP 地址不足的问题，又解决了网络安全问题。

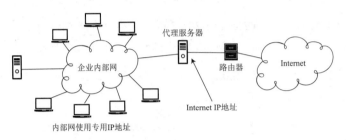

图 6-7　内部网络通过代理服务器访问 Internet

6.2.4　子网与子网掩码

随着 Internet 的飞速发展，IPv4 标准中的 IP 地址出现了不够用的情况。一方面，设计者没有预计到微型计算机普及得如此之快，使得各种局域网和网络上的主机数目急剧增长；另一方面，按类别分配地址造成了地址空间的很大浪费。以 C 类地址为例，可以分配使用的主机数是 254 个，如果一个单位申请到一个 C 类 IP 地址，但该单位只有的 50 台主机，其余的 204 个主机号就浪费了，因为其他单位的主机无法使用这些主机号。为解决这个问题，在网络中引入了子网和子网掩码的概念，对地址中的主机标识（主机号）位进行逻辑细分，划分出子网，并通过子网掩码识别。注意，这里的"子网"与前面所说的通信子网是两个完全不同的概念。

1．子网

IP 地址的结构是由网络 ID 和主机 ID 组成的，通过保持网络号不变，将 IP 的主机号部分进一步划分为子网号和主机号的方法，把一个包含大量主机的网络划分成许多较小的网络，每个小的网络就是一个子网。在 TCP/IP 网络中，通过路由器连接的网段就是子网。

引入了子网的概念后，则将 IP 地址中的主机号部分再一分为二，一部分作为子网号，另一部分作为子网内的主机号。这样，IP 地址的结构则由网络号、子网号和主机号 3 部分组成。含有子网的 IP 地址结构如图 6-8 所示。

图 6-8　子网编址结构

子网是一个逻辑概念，同一子网中主机的 IP 地址必须具有相同的网络号和子网号。每个子网都是一个独立的逻辑网络、独立的广播域。

将一个大型网络划分为若干个既相对独立又相互联系的子网后，网络内部各子网便于管理、隔离故障和广播信息，提高了网络的可靠性和安全性，而且还可以更有效地利用 IP 地址空间。

2. 子网掩码

子网掩码是一个应用于 TCP/IP 网络的 32 位二进制数，与 IP 地址一样也是用点分十进制数表示的，如 255.255.255.0。它可以屏蔽 IP 地址中的一部分，从而分离出 IP 地址中的网络号部分与主机号部分，基于子网掩码，网络管理员可以将网络进一步划分为若干子网。

子网掩码、IP 地址子网掩码与 IP 地址结合使用，可以区分出一个 IP 地址的网络号、子网号和主机号。计算方法是：用子网掩码和 IP 地址进行"与"运算，便得到其所属的网络号（含子网号）；用子网掩码的反码和 IP 地址进行"与"运算，便得到其所属网络的主机号。利用子网掩码可以判断两台主机是否在同一子网中，若两台主机的 IP 地址分别与它们的子网掩码进行"与"运算后的结果相同，则说明这两台主机在同一子网中。

1）标准子网掩码（划分子网前的子网掩码）

子网掩码构成规则是：对应 IP 地址的网络号位为全 1，主机号位为全 0。因此，A、B、C 3 类网络都有一个标准子网掩码，即默认子网掩码。

A 类 IP 地址的默认子网掩码是 255.0.0.0，写成二进制是 11111111 00000000 00000000 00000000，即前 8 位用于 IP 地址的网络号部分，其余 24 位是主机号部分。

B 类 IP 地址的默认子网掩码是 255.255.0.0，写成二进制是 11111111 11111111 00000000 00000000，即前 16 位用于 IP 地址的网络号部分，其余 16 位是主机号部分。

C 类 IP 地址的默认子网掩码是 255.255.255.0，写成二进制是 11111111 11111111 011111111 00000000，即前 24 位用于 IP 地址的网络号部分，其余 8 位是主机号部分。

2）非标准子网掩码（划分子网后的子网掩码）

子网掩码的构成规则是：对应 IP 地址的网络号位和子网号位为全 1，主机号位为全 0。即可以通过主机的 IP 地址与子网掩码进行"与"运算后屏蔽 IP 地址中的主机号位，保留网络号位和子网号位，从而得知该 IP 地址的子网地址。

3. 划分子网的方法

将 IP 地址中的主机号段再分为子网号和主机号，从 IP 地址中主机号部分的最高位开始借位作为子网位，主机号剩余的部分仍为主机号位。通过这种划分方法可建立更多的子网，而每个子网的主机数相应有所减少。划分子网要兼顾子网的数量以及子网中主机的最大数量而定。具体做法如下：

（1）将要划分的子网数目转换为最接近的 2 的 x 次方。例如，要划分 6 个子网，则 $x=3$；要划分 5 个子网，x 也取 3。

（2）从主机号位最高位开始借 x 位，即为最终确定的子网掩码。例如，$x=3$，则该段的掩码是 11100000，转换为十进制为 224。所以，根据划分子网后的子网掩码的构成规则，对 C 类网，子网掩码为 255.255.255.224；对 B 类网，子网掩码为 255.255.224.0；对 A 类网，子网掩码为 255.224.0.0。

注意：由于每个子网中的主机数量为 2^n-2（n 为未屏蔽的主机号位数），则子网掩码的最大表现形式为 255.255.255.252（11111111 11111111 11111111 11111100），此时主机号位只有两位，可以编 2^2 个主机号，去掉全 1 和全 0，只有两个主机号可用，即每个子网只有两台主机。

例如，将一个 C 类网络地址 199.5.12.0 划分为 4 个子网，并确定各子网的子网地址及 IP 地址范围。

分析：要划分为 4 个子网，$4=2^2$，这是一个 C 类网络地址，因此从主机号位（最后一个字段）的最高位开始借 2 位，即该段的子网掩码是 11000000，转换为十进制为 192。因此，依据子网掩码的构成规则，该 C 类网络的子网掩码为 11111111.11111111.11111111.11000000，即 255.255.255.192，并且每个子网拥有相同的子网掩码。

4 个子网的子网络号分别为 00、01、10、11。

4 个子网的网络地址分别为（其中 ×.×.× 代表 199.5.12）：

×.×.×.00000000，转换为十进制为 199.5.12.0；

×.×.×.01000000，转换为十进制为 199.5.12.64；

×.×.×.10000000，转换为十进制为 199.5.12.128；

×.×.×.11000000，转换为十进制为 199.5.12.192。

4 个子网的 IP 地址范围（不包括全 0 和全 1 的地址）分别为：

00 子网：×.×.×.00000001 ~ ×.×.×.00111110，199.5.12.1 ~ 199.5.12.62；

01 子网：×.×.×.01000001 ~ ×.×.×.01111110，199.5.12.65 ~ 199.5.12.126；

10 子网：×.×.×.10000001 ~ ×.×.×.10111110，199.5.12.129 ~ 199.5.12.190；

11 子网：×.×.×.11000001 ~ ×.×.×.11111110，199.5.12.193 ~ 199.5.12.254。

网络地址 199.5.12.0 通过 255.255.255.192 子网掩码划分的子网如下：

子网	子网地址	IP 地址范围
1	199.5.12.0	199.5.12.1 ~ 199.5.12.62
2	199.5.12.64	192.9.200.65 ~ 199.5.12.126
3	199.5.12.128	199.5.12.129 ~ 199.5.12.190
4	199.5.12.192	199.5.12.193 ~ 199.5.12.254

检查子网地址是否正确的简便方法是：检查它们是否为第一个非 0 子网地址的倍数。例如，上例中 128 和 192 都是 64 的倍数。

6.3 控制报文协议 ICMP

从 IP 的功能可知，IP 提供的是一种不可靠的、无连接的数据报送服务。IP 尽力传递并不表示数据报一定能够投递到目的地，IP 本身没有内在的机制获取差错信息并进行相应的控制，而基于网络的差错可能性很多，如通信线路出错、网关或主机出错、信宿主机不可到达、数据报生存期（TTL 时间）结束、系统拥塞等。为了使互联网能报告差错，或提供有关意外情况的信息，在 IP 层加入了一类特殊用途的报文机制，即互联网控制报文协议（Internet Control Message Protocol，ICMP）。

1. ICMP 的作用

ICMP 主要用于网络设备和结点之间的控制和差错报告报文的传输。从 Internet 的角度来看，Internet 是由收发数据报的主机和中转数据报的路由器组成的。鉴于 IP 本身的不可靠性，ICMP 的目的仅仅是向源发主机告知网络环境中出现的问题。ICMP 主要支持路由器将数据报传输的结果信息反馈回源发主机。常用的检查网络连通性的 ping 命令实际上就是典型的基于 ICMP 协议的实用程序，借助于 ICMP 回应请求 / 应答报文测试宿主机的可达性。

接收方利用 ICMP 来通知 IP 数据包发送方某些方面所需的修改。ICMP 通常是由发现报文有问题的站产生的，例如可由目的主机或中继路由器来发现问题并产生有关的 ICMP。如果一个 IP 数据报不能传送，ICMP 便可以被用来警告分组源，说明有网络、主机或端口不可达。ICMP 也可以用来报告网络拥塞。

2. ICMP 报文的形成与传输

当路由器发现某份 IP 数据报因为某种原因无法继续转发和投递时，则形成 ICMP 报文，并从该 IP 数据报中截取源主机的 IP 地址，形成新的 IP 数据报，转发给源主机，以报告差错的发生及其原因。

携带 ICMP 报文的 IP 数据报在反馈传输过程中不具有任何优先级，与正常的 IP 数据报一样进行转发。如果携带 ICMP 报文的 IP 数据报在传输过程中出现故障，转发该 IP 数据报的路由器将不再产生任何新的差错报文。图 6-9 示意了 ICMP 报文的形成与返回。

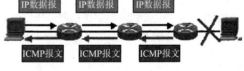

(a) ICMP 报文的形成   (b) ICMP 报文的返回

图 6-9 ICMP 报文的形成与返回

3. ICMP 报文格式与封装

ICMP 主要支持 IP 数据报的传输差错结果，ICMP 仍然利用 IP 传递 ICMP 报文。产生 ICMP 报文的路由器负责将其封装到新的 IP 数据报中，并提交 Internet 返回至原 IP 数据报的源发主机。ICMP 报文分为 ICMP 报文头部和 ICMP 报文体部两个部分，其中头标包括类型、代码和校验和 3 个字段，如图 6-10 所示。

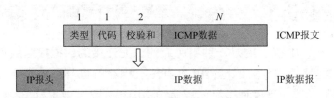

图 6-10　ICMP 报文的格式及封装

※　类型字段。占 1B，表示差错的类型。ICMP 报文的类型见表 6-2。

※　代码字段。占 1B，表示差错的原因。

※　校验和。共 2B，提供整个 ICMP 报文的校验和。

※　ICMP 数据。包括出错数据报报头和该数据报前 64 位数据，以便帮助源主机确定出错数据报、差错原因及说明。

表 6-2　类型字段的值与 ICMP 报文类型的关系

类型字段的值	ICMP 报文的类型
0	回应应答
3	目的主机不可达
4	源主机抑制
5	改变路由，重定向
8	回应请求
11	数据报超时
12	数据报参数错
13、14	时戳请求、时戳应答
17、18	地址掩码请求、应答

6.4　地址解析协议 ARP 和 RARP

在 TCP/IP 网络环境下，每个主机都分配了一个 32 位的 IP 地址，这种地址是网络中标识主机的一种逻辑地址。网络用户之间的数据交换是通过 IP 地址进行传输的，而数据传输必须通过物理网络实现。物理网络不能直接识别 IP 地址，必须使用实际的物理地址，即 MAC 地址。为了让报文在物理网上传送，必须经过一定的转换，将 IP 地址映射为网络的物理地址。以以太网环境为例，为了正确地向目的站传送报文，必须把目的站的 32 位 IP 地址转换成 48 位以太网目的地址。这就需要在网络互联层有一组服务将 IP 地址转换为相应的物理地址。

地址之间的映射称为地址解析，地址解析包括两方面的内容：从 IP 地址到物理地址的映射和从物理地址到 IP 地址的映射。为此，TCP/IP 专门提供了两个协议，ARP（地址解析协议）用于从 IP 地址到物理地址的映射，RARP（反向地址解析协议）用于从物理地址到 IP 地址的映射。

1. IP 地址到物理地址的映射

从 IP 地址到物理地址的转换是由地址解析协议（ARP）来完成的。ARP 地址解析原理是：在每台使用 ARP 的主机中都保留了一个专用的高速缓存区，其中存放着最近获得的 IP 地址和 MAC 地址的映射表，称为 ARP 缓存表。ARP 缓存表中存放着该主机目前知道的 IP 地址与 MAC 地址的一一对应关系。在进行数据报发送时，源主机先在其 ARP 缓存表中查看有无目的主机的 IP 地址。若有，可查出其对应的 MAC 地址，将查到的 MAC 地址写入 MAC 数据帧中，然后通过局域网发往此硬件地址的主机；若没有，这可能是目的主机才入网，也可能是源主机刚刚加电开机，其 ARP 缓存表还是空的。在这种情况下，源主机通过广播 ARP 请求帧的方式查找目的主机的 MAC 地址，并将获取的信息写入源主机的 ARP 缓存表。在局域网中通过广播 ARP 请求帧的方式查找目的主机 MAC 地址的过程如下。

（1）ARP 请求。主机 A 发 ARP 请求广播帧，上面带有目的主机的 IP 地址、本机 IP 地址和物理地址。在本局域网上所有主机上运行的 ARP 进程都会收到此 ARP 请求广播帧。

（2）ARP 响应。主机 B 在 ARP 请求广播帧中见到自己的 IP 地址，向主机 A 发送 ARP 响应帧，响应帧中写入自己的物理地址。

（3）ARP 更新。主机 A 收到主机 B 的 ARP 响应帧后，就在 ARP 缓存表中写入主机 B 的 IP 地址到物理地址的映射。主机 A 和主机 B 即可用物理地址在物理网中进行数据通信。

当主机 A 向主机 B 发送数据帧时，很可能不久以后主机 B 还要向主机 A 发送数据帧，因而主机 B 也可能要向主机 A 发送 ARP 请求帧。为了减少网络的通信量，主机 A 在发送其 ARP 请求帧时，就将自己的 IP 地址到硬件地址的映射写入 ARP 请求帧，当主机 B 收到主机 A 的 ARP 请求帧时，主机 B 就将主机 A 的这一地址映射写入主机 B 自己的 ARP 缓存表中。这样以后主机 B 向主机 A 发送数据帧时就方便了。

在互联网环境下，为了将报文送到另一个网络的主机，数据报先定向到发送方所在网络 IP 路由器。因此，发送主机首先必须确定路由器的物理地址，然后依次将数据发往接收端。除基本 ARP 机制外，有时还需在路由器上设置代理 ARP，其目的是由 IP 路由器代替目的主机对发送方 ARP 请求做出响应。

2. 物理地址到 IP 地址的映射

除了地址解析协议（ARP）之外，还有一种比较重要的解析协议，即反向地址解析协议（RARP）。RARP 与 ARP 相似，都是用来解决地址映射问题的，只是 RARP 实现了从物理地址向 IP 地址的转换，与 ARP 的过程截然相反。

反向地址解析协议（RARP）用于一种特殊情况，如果主机只有自己的物理地址而没有 IP 地址，则它可以通过 RARP 发出广播请求，征求自己的 IP 地址，而 RARP 服务器则负责回答。这样，无 IP 地址的站点可以通过 RARP 取得自己的 IP 地址，这个地址在下一次系统重新开始以前都有效，不用连续广播请求。RARP 广泛用于无盘工作站获取 IP 地址和动态主机配置。

在一个物理网络中，每台主机或路由器都被分配了一个或多个 IP 地址，通过 IP 地址实现通信。当发送一个 IP 分组时，主机或路由器要知道自己的 IP 地址是多少。分配的 IP 地址一般都存放在主机的硬盘或路由器的存储器中。但是对于无盘工作站来说，它的每台主机只能靠 ROM 中的固化信息来引导主机，其中固化的信息不包括自身的 IP 地址。要使无盘工作站也能使用 TCP/IP 进行通信，就必须先获得 IP 地址。RARP 通过主机具有的唯一物理地址来获得 IP 地址。在物理网络中，至少要有一台 RARP 服务器，存放无盘工作站所需的 IP 地址。主机先向网络发送 RARP 请求，并给出自己的物理地址。RARP 服务器从自己的地址映射表中查找到该物理地址所映射的 IP 地址，再将该 IP 地址返回给先前的无盘工作站。无盘工作站用此方法来获得 IP 地址，保存在工作站的内存中。

6.5 传输层协议

传输层对应于 OSI/RM 的传输层，位于 IP 层之上，应用层之下，提供端到端的数据传输服务。该层定义了两个主要协议：传输控制协议（TCP）和用户数据报协议（UDP）。它们都建立在 IP 的基础之上，其中，TCP 提供的是面向连接的可靠的传输服务，而 UDP 提供的是无连接的不可靠的传输服务。所谓"面向连接"是指其通信过程包括建立连接、数据传送、断开连接 3 个阶段；所谓"可靠"是指通过确认 / 重传机制和限定发送窗口来进行差错控制和流量控制。

6.5.1 协议端口号

互联网协议（IP）能提供主机与主机之间的传输数据能力，每个 IP 数据报根据其目的主机的 IP 地址进行互联网中的路由选择，最终找到目的主机。由于一台主机可以运行多个应用程序，它们在同一时间内都在进行通信。例如，一个用户正在向某一服务器上传文件，另一个用户同时正在使用该服务器的邮件服务，如果仅靠 IP 地址是不能区分不同的应用进程的。因此，为了能够区分出对应的应用程序进程，引入了协议端口的概念。

协议端口号用来标识应用进程。为了允许同一台主机上的多个应用程序各自独立地进行数据报的发送和接收，在 TCP/IP 协议体系中设计了协议端口号。将每台主机看作是一些协议端口号的集合，协议端口号能区分一台主机上运行的多个程序。TCP 和 UDP 使用端口号作为其数据传送的最终目的地，以实现应用程序进程之间端到端的通信，即通过"IP 地址 + 端口号"可区分不同的应用程序进程。

端口号实质上是操作系统标识应用程序的一种方法，其取值可由用户定义或者系统分配。TCP 和 UDP 报头中的端口号字段占 16 位，因此，端口编号的取值范围是 0 ～ 65 535。TCP/IP 协议约定，0 ～ 1023 为保留端口号，标准应用服务使用，其中，0 ～ 254 用于公共应用，255 ～ 1023 分配给有商业应用的公司；1024 以上是自由端口号，供用户应用服务使用，没有限制，用户可自行定义使用。UNIX 系统中的 /etc/services 文件列出了系统提供的服务及各服务的端口号等信息。对于一些常用的应用服务，尤其是 TCP/IP 协议集提供的应用服务，使用固定的保留端口号。例如，电子邮件（SMTP）的端口号为 25，文件传输（FTP）的端口号为 21 等。常用的保留端口号如图 6-11 所示。

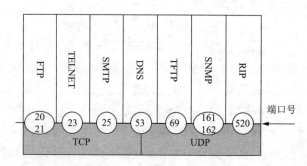

图 6-11 TCP/UDP 常用的保留端口号

6.5.2　用户数据报协议

用户数据报协议（UDP）使用下层互联网协议传输报文，同 IP 一样，提供不可靠的无连接传输服务。它是对 IP 的扩充，增加了一种机制，发送方使用这种机制可以区分一台主机上的多个接收者。每个 UDP 报文除了包含某用户进程发送的数据外，还有报文的目的端口号和报文的源端口号。UDP 的这种扩充使得在两个用户进程之间传送数据报成为可能。

1. UDP 的服务与特点

UDP 不与对方建立连接，提供不可靠的无连接服务。它不使用确认信息对数据报的到达进行确认，不对收到的数据报进行排序，也不提供反馈信息来控制站点之间数据传输的速率，而是直接就把数据报发送过去。因而它的服务和 IP 一样是无连接的和不可靠的，这种服务不用确认，不对报文排序，也不进行流量控制，UDP 报文可能会出现丢失、重复、失序等现象。尽管 UDP 提供的是不可靠的服务，但是它开销小，效率高，因而适用于数据量较少、速度要求较高而功能简单的类似请求 / 响应方式的数据通信。例如，通常采用 UDP 的应用层协议有域名系统（DNS）中域名地址 /IP 地址的映射请求和应答、TFTP（简单文件传输）等应用等。UDP 的不足是当使用 UDP 传输信息流时，用户应用程序必须负责解决数据报排序、差错确认等问题。

2. UDP 数据报的格式

UDP 数据报由报头和数据两部分组成。报头长度为 8B，由 4 个 16 位长的字段组成，分别说明该 UDP 报文的源端口、目的端口、长度及校验和。数据报格式如图 6-12 所示。

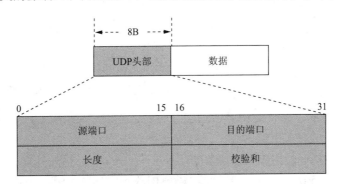

图 6-12　UDP 数据报的报头结构

※　源端口字段。16 位，说明发送进程的端口号。

※　目的端口字段。16 位，说明接收进程的端口号。

※　长度字段。记录 UDP 数据报的总长度，以字节（B）为计算单位，包括报头和数据。

※　校验和字段。用于简单的差错检测，如果该字段值为 0，则表明不进行校验。一般来说，使用校验和字段是必要的。如果有差错，通常是将 UDP 数据报丢弃。

由于 IP 只对数据报的报头进行正确性校验，因此这里的校验和是使用 UDP 的传输层确定数据是否无错到达的唯一手段。通过校验和进行检错的方法简单易行，处理速度较快，但检错能力不强。

3. UDP 数据报的封装

在 TCP/IP 层次结构模型中，UDP 位于网络互联层之上，应用层之下。应用程序访问 UDP，然后使用 IP 传送数据报。一个 UDP 报文在互联网中传输时要封装到 IP 数据报中，然后网络接口层将 IP 数据报封装到一个数据帧中在网络上传输。UDP 报文封装过程如图 6-13 所示。

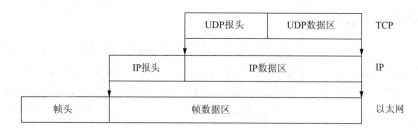

图 6-13　UDP 的封装过程

从图 6-13 中可看出，IP 的报头指明了源主机和目的主机的 IP 地址，而 UDP 的报头指明了主机上应用进程的源端口和目的端口。

6.5.3　传输控制协议

传输控制协议（TCP）定义了两台计算机之间进行可靠的传输而交换的数据和确认信息的格式，以及计算机为了确保数据的正确到达而采取的措施。协议规定了怎样识别给定计算机上的多个目的进程，如何对分组丢失和分组重复这类差错进行恢复。协议还规定了两台计算机如何初始化一个 TCP 数据流传输以及如何结束这一传输。

1. TCP 的服务及特性

与 UDP 不同，TCP 提供的是一种可靠的、面向连接的数据传输服务。TCP 具有确认与重传机制，以及差错控制和流量控制等功能，以确保报文段传送的顺序和传输无错。

IP 协议提供不可靠、无连接和尽力投递的服务，构成了 Internet 数据传输的基础。当传送的数据受到干扰，或基础网络故障，或网络负荷太重而使无连接的报文递交系统不能正常工作时，就需要通过其他协议来保证通信的可靠性，TCP 就是这样的协议。TCP 在 IP 提供的服务基础上，增加了确认 - 重发、滑动窗口和复用或解复用等机制，提供面向连接的、可靠的流投递服务。

TCP 允许一台计算机的多个应用进程同时进行通信，也能对收到的数据进行分解，分别送到多个应用程序。TCP 使用协议端口号来标识一台计算机上的多个目的进程。

由于 TCP 通信建立在面向连接的基础上，实现的是一种虚电路的概念，它所标识的对象不是某个端口，而是一个虚电路连接。TCP 使用连接而不是协议端口号作为基本抽象概念，连接是用一对端点来表示。

TCP 将端点定义为一对整数（Host：Port），其中 Host 是主机的 IP 地址，Port 是该主机上的 TCP 端口号。由于 TCP 使用端点来识别连接，一台主机上的某个 TCP 端口号可以被多个连接所共享。因此，程序员能设计同时为多个连接提供服务的程序，而不需要为每个连接设置各自的本地端口号。

　　TCP 是面向连接的协议，它需要两个端点都同意连接才能进行通信。双方通信之前，连接双方的应用程序必须建立连接。采用客户机 / 服务器模式建立连接时，客户方应用程序主动打开连接请求，通知操作系统希望建立一个连接，连接建立之后，应用程序开始传输数据。这种数据传输方式能提高效率，但事先建立连接和事后拆除连接需要开销。

　　TCP 采用"带重传的肯定确认"技术来实现传输的可靠性。简单的"带重传的肯定确认"是指与发送方通信的接收者每接收一次数据就送回一个确认报文，发送者对每个发出去的报文都留一份记录，等到收到确认之后再发出下一报文。发送者发出一个报文时，启动一个计时器，若计时器计数完毕，确认还未到达，则发送者重新送该报文分组。

　　TCP 还采用一种称为滑动窗口的机制来解决流量控制和提高网络吞吐量这两个问题。窗口的范围决定了发送方发送的但未被接收方确认的数据报的数量。每当接收方正确收到一则报文时，窗口便向前滑动，这种机制使网络中未被确认的数据报数量增加，提高了网络的吞吐量。TCP 允许随时改变窗口的大小。它采用滑动窗口机制，不仅提供了可靠的传输服务，而且提供了流量控制功能。

　　TCP 协议是 Internet 中重要的协议之一，大多数 Internet 应用程序使用了 TCP。TCP 具有如下主要特性：

　　※　面向流的投递服务。应用程序之间传输的数据可视为无结构的字节流（或位流），流投递服务保证收发的字节顺序完全一致。

　　※　面向连接的投递服务。数据传输之前，两个端点之间需建立连接，其后的 TCP 报文在此连接基础上传输。

　　※　可靠传输服务。接收方根据收到报文中的校验和判断传输的正确性，如果正确，进行应答，否则丢弃报文。发送方如果在规定的时间内未能获得应答报文，自动进行重传。

　　※　提供强制性传输（立即传输）和缓冲传输两种手段。缓冲传输允许将应用程序的数据流积累到一定的体积，形成报文后，再进行传输。

　　※　全双工传输。TCP 之间可以进行全双工的数据流交换。

　　※　流量控制。提供滑动窗口机制，支持收发 TCP 之间的端到端流量控制。

2. TCP 报文段的格式及数据的封装

　　TCP 的协议数据单元被称为报文段（segment），TCP 通过报文段的交互来建立连接、传输数据、发出确认、进行差错控制、流量控制及关闭连接。

　　TCP 报文段由报头和数据两部分组成，报头结构如图 6-14 所示。报头包含了必需的端口标识和控制信息，报头的前 20B 是固定的。

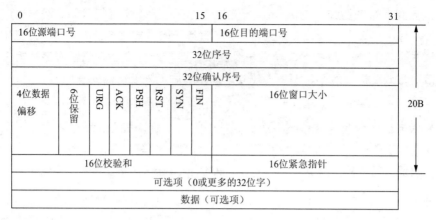

图 6-14 TCP 报文段的报头结构

报头固定部分各字段的意义如下：

※ 源端口和目的端口。各占 2B。端口是一个 16 位的整数值，该整数值被称为 TCP 端口号。由于 IP 地址只对应到 Internet 中的某台主机，而 TCP 端口号可对应到主机上的某个应用进程，因此，32 位的 IP 地址加上 16 位的端口号构成了相当于运输层服务访问点 TSAP 的地址。需要服务的应用进程与某个端口号进行连接（binding），这样 TCP 模块就可以通过该 TCP 端口与应用进程通信。

※ 序号。占 4B，是本报文段所发送的数据部分第一个字节的序号。在 TCP 传送的数据流中，每一个字节都有一个序号。例如，在一个报文段中，序号为 300，而报文中的数据共 100B。那么，在下一个报文段中，其序号就是 400。因此，TCP 是面向数据流的。

※ 确认序号。占 4B，是期望收到对方下次发送的数据的第一个字节的序号，也就是期望收到的下一个报文段的首部中的序号。

※ 数据偏移。占 4 位，它指出数据开始的地方离 TCP 报文段的起始处有多远。这实际上就是 TCP 报文段首部的长度。

下面 6 位是说明本报文段性质的控制字段（或称为标志）。各位的意义如下：

※ 紧急位（URGent，URG）。当 URG=1 时，表明此报文段应尽快传送（相当于加速数据），而不要按原来的排队顺序来传送。例如，已经发送了很长的一个程序要在远地的主机上运行。但后来发现有些问题，要取消该程序的运行，因此，从键盘发出中断信号，这就属于紧急数据。此时要与第 5 个 32 位字中的后一半"紧急指针"（Urgent Pointer）字段配合使用。紧急指针指出在本报文段中的紧急数据的最后一个字节的序号。紧急指针使接收方可以知道紧急数据共有多长。值得注意的是，即使当窗口大小为 0 时也可发送紧急数据。

※ 确认位（ACK）。只有当 ACK=1 时确认序号字段才有意义；当 ACK=0 时，确认序号没有意义。

※ 急迫位（PuSH，PSH）。当 PSH=1 时，表明请求远地 TCP 将本报文段立即传送给其应用层，而不要等到整个缓冲区都填满了后再向上交付。

※ 重建位（ReSeT，RST）。当 RST=1 时，表明出现严重差错（如由于主机崩溃或其
他原因），必须释放连接，然后再重建传输连接。重建位还用来拒绝一个非法的报文
段或拒绝打开一个连接。

※ 同步位（SYN）。在连接建立时使用。当 SYN=1 而 ACK=0 时，表明这是一个连接
请求报文段。对方若同意建立连接，则应在发回的报文段中使 SYN=1 和 ACK=1。因
此，同步位 SYN 置为 1，就表示这是一个连接请求或连接接受报文，而 ACK 位的值
用来区分是哪一种报文。

※ 终止位（FINal，FIN）。用来释放一个连接。当 FIN=1 时，表明欲发送的字节串已经发完，
并要求释放传输连接。

※ 窗口。占 2B。窗口字段实际上是报文段发送方的接收窗口，单位为字节（B）。通
过此窗口告诉对方，在未收到确认时，对方能发送的数据的字节数至多是此窗口的
大小。

※ 校验和。占 2B。校验和字段检验的范围包括报头和数据两部分。

※ 选项。长度可变。TCP 只规定了一种选项，即最长报文段（Maximum Segment
Size，MSS）。MSS 告诉对方的 TCP："我的缓冲区所能接收的报文段的最大长度
是 MSS。"

TCP 报文的封装过程如图 6-15 所示，从图中可以看出，数据链路层的头部指明了源主机
和目的主机的 MAC 地址，IP 层的头部指明了源主机和目的主机的 IP 地址，而 TCP 层的头部
指明了主机上应用进程的源端口和目的端口。

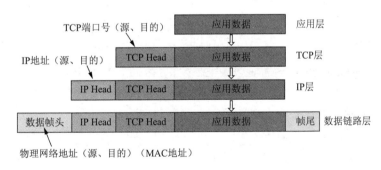

图 6-15　TCP 报文的封装

3. TCP 传输连接的建立与关闭

TCP 是基于连接的协议，无论哪一方向另一方发送数据之前，都必须在双方之间建立一
个连接。TCP 传输通常需要 3 个阶段，在正式收发数据前，必须和对方建立可靠的连接；传
输报文数据后再拆除 TCP 连接。

1）建立连接

TCP 连接的建立必须经过三次握手（对话）才能建立起来，整个过程由发送方请求连接、
接收方确认、发送方再发送一则关于确认的确认 3 个过程组成，如图 6-16 所示。

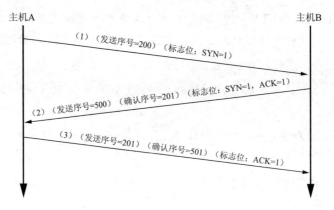

图 6-16　"三次握手"建立 TCP 连接的报文序列

（1）主机 A 向主机 B 发出一个同步报文段请求建立连接，报头中的 SYN=1，并包含本机的初始报文发送序号 x（假设初始发送序号 $x=200$）。这是握手的第一个报文段。

（2）主机 B 收到主机 A 发送来的连接请求报文段后，若同意连接，则发回一个报文段进行确认（ACK=1），同时也向主机 A 进行同步请求。报头中的 SYN=1，并包含确认序号，确认序号为 $x+1$（即 201）和本机的初始报文发送序号 y（假设初始发送序号 $y=500$），表示对第一个报文段的确认，并继续握手操作。

（3）主机 A 收到主机 B 的确认报文段后，向主机 B 返回一个确认号为 $y+1$，发送序号为 $x+1$ 的确认（ACK）报文段。该报文段是一个确认信息，用来通知目的主机双方已完成一个标准的 TCP 连接的建立。这样，一个正常的 TCP/IP 握手成功，下一步就转入数据传送。

通常运行在一台计算机上的 TCP 软件被动地等待握手，而另一台计算机上的 TCP 软件则主动发起连接请求。但握手协议也允许双方同时试图建立连接，也就是说连接可以由任何一方发起或双方同时发起，一旦连接建立，就可以实现双向对等的数据流动，而没有主、从关系。

三次握手协议是连接两端正确同步的首要条件，因为如果 TCP 建立在不可靠的分组传输服务之上，报文可能丢失、延迟、重复和乱序。因此，协议必须使用超时和重传机制。如果重传的连接请求和原先的连接请求在连接正在建立时到达，或者当一个连接已经建立、使用和结束之后，某个延迟的连接请求才到达，就会出现问题，所以采用三次握手协议可以解决这些问题。

2）关闭连接

TCP 连接建立起来后，就可以在两个方向传送数据流。当 TCP 的应用进程再没有数据需要发送时，就发送关闭命令。

TCP 使用修改的三次握手协议来关闭连接，以结束会话，即关闭一个连接需要经过 4 次握手，这是由 TCP 的半关闭造成的。由于 TCP 连接是双工的数据通道，可以看作两个独立的不同方向数据流的传输，因此，每个方向的连接必须单独地进行关闭。例如，一个应用程序通知数据已经发送完毕时，TCP 将单向关闭这个连接。

关闭的过程是一方发出关闭连接请求的报文段后，不是立即拆除连接，而是等待对方确认；对方收到关闭连接请求后，发送确认报文段，并拆除本方的连接；发起方收到确认后，完成拆除连接操作。

在关闭连接时，既可以由一方发起而另一方响应，也可以双方同时发起。无论怎样，收到关闭连接请求的一方必须使用 ACK 段给予确认。

6.6　应用层协议

应用层对应于 OSI/RM 的高层，为用户提供所需要的各种应用服务。例如，目前 Internet 上广泛采用的 HTTP、FTP、TELNET 等都是建立在 TCP 协议之上的应用层协议，不同的协议对应着不同的应用。下面简单介绍几个常用协议的功能。

※　HTTP（超文本传输协议）。用于在 Internet 上从 WWW 服务器传输超文本文件到本地浏览器。用户通过 URL 可链接到相应的 WWW 服务器，并打开需要访问的页面。

※　FTP（文件传输协议）。使用户可以在本地机与远程机之间进行有关文件传输的相关操作，如上传、下载等。FTP 也工作在客户 / 服务器模式下，它包含客户 FTP 和服务器 FTP。客户 FTP 启动传送过程，而服务器对其做出应答。客户 FTP 大多有一个交互式界面，使客户可以灵活地向远地传文件或从远地取文件。一个 FTP 服务器可同时为多个客户端提供服务，并能够同时处理多个客户端的并发请求。

※　TELNET（远程登录协议）。也称为远程终端访问协议。使用该协议，通过 TCP 连接可登录到远程主机上，使本地机暂时成为远程主机的一个仿真终端。它可把在本地机输入的每个字符传递给远程主机，再将远程主机输出的信息回显在本地机屏幕上。使用 TELNET 协议进行远程登录时需要满足以下条件，即在本地机上必须安装包含 TELNET 协议的客户程序，必须知道远程主机的 IP 地址或域名，必须知道登录标识（用户名）与口令。

※　SMTP（简单邮件传送协议）。规定了在两个相互通信的 SMTP 进程之间应如何交换邮件信息的规则。由 SMTP 来控制信件的中转方式，帮助每台计算机在发送或中转信件时找到下一个目的地。

※　SNMP（简单网络管理协议）。它为网络管理系统提供了底层网络管理的框架。SNMP 协议的应用范围非常广泛，在多种网络设备、软件和系统中都有所采用。一个典型的网络管理系统必须包含 3 个要素，即管理进程、管理代理和管理信息数据库（MIB）。

※　DNS（域名服务系统）。是域名服务的协议，提供域名到 IP 地址的转换，允许对域名资源进行分布式管理。

6.7　新一代互联网协议 IPv6 简介

IPv6 是 Internet Protocol Version 6 的缩写，IPv6 是互联网工程任务组（Internet Engineering Task Force，IETF）设计的用于替代现行版本 IP 协议的下一代 IP 协议。

随着近年来 Internet 应用及用户的急剧增加，当前的 IPv4 的固有缺陷已经造成了 IP 地址匮乏、路由表急剧膨胀、缺乏对移动和网络服务质量的支持等一系列问题，原来的 IPv4 已经无法满足现有网络快速发展的需要。为彻底解决 IPv4 存在的问题，IETF 早在 20 世纪 90 年代中期就提出了拥有 128 位地址的 IPv6 互联网协议，并在 1998 年进行了进一步的标准化工作。除了对地址空间的扩展以外，还对 IPv6 地址的结构重新做了定义。IPv6 还提供了自动配置，以及对移动性和安全性的更好支持等新的特性。目前，IPv6 的主要协议都已经成熟并形成了 RFC 文本，其作为 IPv4 的唯一取代者的地位已经得到了世界的一致认可。国外各大通信设备厂商都在 IPv6 的应用与研究方面投入了大量的资源，并开发出了相应的软硬件。

6.7.1 IPv6 的优势

IPv6 是 Internet 的新一代通信协议，兼容了原有 IPv4 的所有功能。与 IPv4 相比，IPv6 的优势还体现在以下方面：

※ 更大的地址空间。具有长达 128 位的地址空间，理论上地址数量可以达到 2^{128}，可以彻底解决 32 位 IPv4 地址不足的问题。

※ 简化的报头格式和灵活的扩展。在结构上 IPv6 对报头做了简化，取消了原 IPv4 的部分报头字段，如选项字段，采用 40B 的固定报头。它不仅减小了报头长度，而且由于报头长度固定，在路由器上处理起来也更加便捷。另外，IPv6 还采用了扩展报头机制，更便于协议自身的功能扩展。

※ 地址的自动配置。这是对 DHCP 协议的改进和扩展，使网络（尤其是局域网）的管理更加方便和快捷。

※ 具有更高的安全性。在 IPv6 网络中，用户可以对网络层的数据进行加密并对 IP 报文进行校验，IPv6 中的加密与鉴别选项提供了分组的保密性与完整性，这样增强了网络层数据的安全性。

※ 支持组播方式。广播地址已不再有效，这个功能被 IPv6 中的组播地址所代替。

※ 更好的服务质量（QoS）支持。IPv6 报头中增加了流标签字段，使用流标签功能可以更好地实现服务质量支持。数据发送者可以使用流标签对属于同一传输流的数据进行标记，在传输过程中可以根据流标签，对整个流提供相应的服务质量。

※ 允许扩充。如果新的技术或应用需要时，IPv6 允许协议进行扩充。

6.7.2 IPv6 报文格式

1．IPv6 数据报文格式

与 IPv4 数据报格式相同，IPv6 数据报也是由报文头部和数据组成，不同的是 IPv6 报头是由 3 个部分组成的：IPv6 报头（基本报头）、扩展报头和上层协议数据单元，如图 6-17 所示。

※ IPv6 报头。又称基本报头，该报头长度固定为 40B，包含源地址、目的地址和数据报的重要信息，每一个 IPv6 数据包都必须包含报头。

※ 扩展报头。该报头是可选的，一个 IPv6 报文可以有 0 个或多个扩展报头，而且扩展报头长度不固定，包含额外信息以支持不同特性，包括分片、源路由、安全和选项。IPv6 扩展报头代替了 IPv4 报头中的选项字段。

※ 上层协议数据单元。来自上层需要被传输的数据可以是一个 TCP 报文、UDP 报文或 ICMPv6 报文。

图 6-17　IPv6 报文格式

2. IPv6 基本报头

IPv6 报头长度固定为 40B，去掉了 IPv4 中的一切可选项，只包括 8 个必要的字段，因此尽管 IPv6 地址长度为 IPv4 的 4 倍，IPv6 包头长度仅为 IPv4 包头长度的 2 倍。每一个数据报都必须有 IPv6 报头，它包含寻址和控制信息，这些信息用来管理数据报的处理和选路，IPv6 报头格式如图 6-18 所示。

图 6-18　IPv6 报头格式

IPv6 报头中的 8 个字段简要介绍如下：

※ 版本（Version）。4 位，IP 协议的版本号，IPv6 的版本号固定为 0110。

※ 通信类别（Traffice Class）。8 位，指示 IPv6 数据流通信类别或优先级。功能类似于 IPv4 的服务类型（TOS）字段。

※ 流标签（Flow Label）。20 位，IPv6 新增字段，标记需要 IPv6 路由器特殊处理的数据流。该字段用于某些对连接的服务质量有特殊要求的通信，诸如音频或视频等实时数据传输。在 IPv6 中，同一信源和信宿之间可以有多种不同的数据流，彼此之间以非 0 流标记区分。如果不要求路由器做特殊处理，则该字段值置为 0。

※ 负载长度（Payload Length）。16 位，标明除去基本首部外数据包的总长度，负载长度包括所有的扩展报头和上层 PDU 数据所占的字节数。16 位最多可表示 65 535B 负载长度。超过这一字节数的负载，该字段值置为 0，使用扩展头逐个跳段（hop-by-hop）选项中的巨量负载（jumbo payload）选项。

※ 下一个头（Next Header）。8 位，该字段代替了 IPv4 中的协议字段并有两个用途。当数据报有扩展报头时，该字段指明第一个扩展报头的标识，即数据报下一个报头。如果数据报只包含主报头而没有扩展报头，其作用类似于 IPv4 中的协议字段或可选字段，指明某个传输层协议类型：TCP 为 6，UTP 为 17，ICMPv6 为 58。而如果下一个是新的数据报的头部，则为 41，如果其后没有其他头部（包括基本报头和扩展报头）则为 59。这是 IPv6 对 IPv4 协议的一个重要改进，将 IPv4 报头的可选字段摒弃，放到扩展报头中。字段的不同取值所代表的含义见表 6-3。

※ 跳数（跃点）限制（Hop Limit）。8位，类似于 IPv4 的 TTL（生命期）字段。IPv6 用包在路由器之间的转发次数来限定包的生命期，包每经过一次转发，该字段减1，当减到 0 时就把这个包丢弃。

※ 源地址（Source Address）。128 位，标识发送方主机的 IPv6 地址。

※ 目的地址（Destination Address）。128 位，标识接收方主机的 IPv6 地址。

表 6-3　下一个头字段的不同取值所代表的含义

下一报头值	对应的扩展报头类型
0	逐跳选项扩展报头
6	上层协议为 TCP
17	上层协议为 UDP
41	经封装的 IPv6 报头
43	路由扩展报头
44	分段扩展报头
50	封装安全有效负荷（ESP）扩展报头
51	认证扩展报头
58	ICMPv6 信息报文扩展报头
59	无下一报头
60	目的选项扩展报头

IPv6 报头和 IPv4 报头的比较如下：

※ IPv6 报头中字段个数减少，长度固定。IPv6 报头中去掉了几个 IPv4 的字段，分别是报头长度、标识、标志位、分段偏移量、报头校验和、选项和填充。

※ 与 IPv4 相比，IPv6 报头新增了流标签字段和优先级字段，以支持实时业务和 QoS。

※ IPv6 报头使用扩展字段代替 IPv4 中的选项字段。

3. IPv6 扩展报头

IPv6 将所有的可选项都移出 IPv6 报头，置于扩展头中。由于除 Hop-by-Hop（逐跳）头外，其他扩展头不受中转路由器检查或处理，这样就能提高路由器处理包含选项的 IPv6 分组的性能。通常一个典型的 IPv6 包没有扩展头，仅当需要路由器或目的结点做某些特殊处理时，才由发送方添加一个或多个扩展头。与 IPv4 不同，IPv6 扩展头长度任意，不受 40B 的限制，但是为了提高处理选项头和传输层协议的性能，扩展头总是 8B 长度的整数倍。IPv6 扩展头的一般格式如图 6-19 所示。

下一个头	扩展头长度	各扩展相关字段
	扩展头内容	

图 6-19　IPv6 扩展头的一般格式

目前，RFC 2460 中定义了 6 种类型的扩展头：逐跳（Hop-by-Hop）头、目的选项头、路由头、分段头、认证头和 ESP 加密头。这里仅对 6 种类型的扩展头进行简要描述，各种类型扩展头的具体格式及用法请参见其他相关文献。

※　逐跳头。包含数据报传送过程中每个路由器都必须检查和处理的参数选项。IPv6 基本报头中的"下一个头"字段值为 0 表示该数据报包含了逐跳头。逐跳头用于巨型数据包和路由器警告。路由器警告提醒路由器数据报内容需要做特殊处理。

※　目的选项头。此扩展头代替了 IPv4 选项字段，包含只需被目的结点检查的信息。IPv6 基本报头中的"下一个头"字段值为 60，表示下一个头为目的选项头。

※　路由头。类似于 IPv4 的松散源路由。指明数据报从信源到信宿需要经过的中转路由器列表。IPv6 基本报头中的"下一个头"字段值为 43，表示下一个头为路由头。

※　分段头。提供分段和重装服务。当数据报大于链路最大传输单元（MTU）时，源结点负责对分组进行分段，并在分段扩展包头中提供重装信息。在 IPv6 中，只有源结点才能对数据包进行分段，传输路径中的路由器不能进行分段。IPv6 基本报头中的"下一个头"字段值为 44，表示下一个头为分段头。

※　认证头：为 IP 包提供数据源认证、数据完整性检查和反重播保护。认证头不提供数据加密服务，需要加密服务的数据包可以结合使用 ESP 协议。IPv6 基本报头中的"下一个头"字段值为 51，表示下一个头为认证头。

※　ESP 加密头。提供加密服务，用于对紧跟其后的内容进行加密，通过使用某种加密算法使只有正确的目的主机才能读取包的净荷，通常情况下 ESP 加密头会和认证头一起使用，以同时达到验证发送方身份的目的，IPv6 基本报头中的"下一个头"字段值为 50，表示下一个头为加密头。

6.7.3　IPv6 地址

IPv6 采用长度为 128 位的 IP 地址，而 IPv4 的 IP 地址仅有 32 位。因此，IPv6 的地址资源要比 IPv4 丰富得多，其地址空间将有 2^{128} 个可能的 IP 地址。

1. IPv6 的地址表示形式

IPv4 地址用点分十进制表示，IPv6 地址用冒号十六进制表示。

（1）基本表示形式。IPv6 的 128 位地址格式是由 8 个节组成的，每节有 16 个二进制数位，写成 4 个十六进制数，节与节之间用冒号":"分隔，即 ×:×:×:×:×:×:×:×，其中每个 × 代表 4 个十六进制数，称为冒号分十六进制格式。例如：

DACF:FA36:3AD6:BC89:DF00:CABF:EFBA:004E

（2）简略形式（零压缩）。如果基本形式中有部分地址段为 0，可以将冒号十六进制格式中相邻的连续零位进行零压缩，可用双冒号"::"表示。

例如，地址 FE80:0:0:0:2AA:FF:FE9A:4CA2 可压缩为 FE80::2AA:FF:FE9A:4CA2；地址 FF02:0:0:0:0:0:0:2 压缩后，可表示为 FF02::2。

要想知道"::"究竟代表多少个 0，可以这样计算：用 8 去减压缩后的节数，再将结果乘以 16。例如，在地址 FF02::2 中，有两个节 FF02 和 2，那么被压缩掉的 0 共有（8-2）×16=96 位。但是，在一个特定的地址中，零压缩只能使用一次，即在任意一个冒号分十六进制格式中只能出现一个双冒号"::"，否则就无法知道每个"::"所代表的确切零位数了。

（3）混合表示形式。高位的 96 位可划分为 6 个 16 位，按十六进制数表示，低位的 32 位按 IPv4 的点分十进制形式表示，如 FADC:0:0:0:478:0:202.120.3.26。

下面试举一例，先看一个以二进制形式表示的 IPv6 地址：

00100001110110100000000011010011000000000000000010111100111011

00000010101010100000000011111111111111110001010001001110001011010

该 128 位地址以 16 位为一节可表示为

0010000111011010　0000000011010011　0000000000000000　0010111100111011

0000001010101010　0000000011111111　1111111000101000　1001110001011010

每个 16 位节转换成十六进制并以冒号分隔为

21DA:00D3:0000:2F3B:02AA:00FF:FE28:9C5A

IPv6 可以将每 4 个十六进制数字中的前导零位去除做简化表示，但每个节必须至少保留一位数字。去除前导零位后，上述地址可写成

21DA:D3:0:2F3B:2AA:FF:FE28:9C5A

2. IPv6 的地址类型

IPv6 有 3 种地址类型，分别如下：

※ 单播地址（unicast）。单一接口的标识符。送往一个单播地址的包将被传送至该地址标识的接口上。单播地址中有两种特殊地址：单播地址 0:0:0:0:0:0:0:0 称为不确定地址，它不能分配给任何结点，不能在 IPv6 包中用作目的地址，也不能用在 IPv6 路由头中；单播地址 0:0:0:0:0:0:0:1 称为回环地址，结点用它来向自身发送 IPv6 包，它不能分配给任何物理接口。

※ 任意播地址（anycast）。一组接口（一般属于不同结点）的标识符。发往任意播地址的包被送给该地址标识的接口之一。它不能用作源地址，而只能作为目的地址，不能指定给 IPv6 主机，只能指定给 IPv6 路由器。

※ 多播地址（multicast）。一组接口的标识符。送往一个多播地址的包，将被传送至有该地址标识的所有接口上。

6.7.4　IPv4 向 IPv6 过渡

尽管 IPv6 比 IPv4 具有明显的先进性，但是要想在短时期内将 Internet 和各企业网络中所有系统全部都从 IPv4 升级到 IPv6 是不可能的。IPv6 与 IPv4 系统在 Internet 中长期共存是不可避免的现实。因此，实现由 IPv4 向 IPv6 的平稳过渡是引入 IPv6 的基本前提，确保过渡期间 IPv4 网络与 IPv6 网络互通至关重要。

目前，主要提出了 3 种从 IPv4 到 IPv6 的过渡技术：双协议栈技术、采用数据报封装的隧道技术和地址协议转换技术。在实际具体应用中，将以这 3 种技术为基础，由此产生各种性能迥异的过渡机制。

1. 双协议栈技术

双协议栈技术是指在单个网络结点同时支持 IPv4 协议和 IPv6 协议这两种 IP 协议的技术，这类结点常被称为 IPv6/IPv4 结点。这类结点既能与支持 IPv4 协议的结点进行相互通信，又能与支持 IPv6 协议的结点进行相互通信。IPv6/IPv4 结点在两种协议版本下至少都需拥有一个合法的地址。双协议栈结点既可以使用 IPv4 的机制进行 IPv4 地址配置（可以是静态配置，也可以是 DHCP），同样也可以使用 IPv6 的机制来进行 IPv6 地址配置（可以是静态配置，也可以是自动配置）。双协议栈技术是 IPv4 向 IPv6 过渡技术中应用最广泛的一种，同时也是所有其他过渡技术的基础。

2. 隧道技术

隧道技术是指将整个 IPv6 报文封装在 IPv4 报文中，这样，IPv6 协议报文就可以穿越 IPv4 网络进行通信。现在网络普遍使用的是 IPv4 协议，但是总是有一些网络试验性使用 IPv6 协议，这些 IPv6 网络就像 IPv4 海洋中的小岛，隧道就是通过"海底"连接这些小岛的通道，因此而得其名。与双 IP 协议栈相比，这是一种较为复杂的技术。

对于采用隧道技术的设备来说，在发送端（隧道入口处）将 IPv6 的数据报文封装入 IPv4，IPv4 报文的源地址和目的地址分别是隧道入口和出口的 IPv4 地址。在隧道的出口处将其解封，取出 IPv6 协议报文转发给目的站点。隧道技术只要求在隧道的入口和出口处进行修改，对其他部分没有要求，因此很容易实现，但隧道技术不能实现 IPv4 主机和 IPv6 主机的直接通信。

隧道技术的实现分为 3 个步骤：封装、解封和隧道管理。封装是在隧道起始点创建一个 IPv4 数据包头，将 IPv6 数据报文装入 IPv4 数据报文中。解封是在隧道终结点移去 IPv4 包头，还原成 IPv6 数据包。隧道管理是在隧道起始点维护隧道的配置信息，如隧道支持的最大传输单元（MTU）的尺寸等。目前，隧道技术的实现主要可以分为以下几种方式：

※ 手工配置隧道。这种技术一般会在经常通信的结点之间使用，由结点所在网络的网络管理员进行人工配置。

※ 自动配置隧道。自动配置隧道是指进行封装的路由器能够完成对途经数据报文的自动封装，隧道终点的 IPv4 地址则包含在目的地址为 IPv6 地址的数据报文中。

※ 6 over 4。该技术将使那些没有直接与 IPv6 路由器连接的，也就是孤立的 IPv6 结点通过分布在其周围的 IPv4 网络能够与外部的 IPv6 网络进行通信。该过渡机制是借助 IPv4 的组播功能特性来创建一条独立的虚拟链路层，实现孤立的 IPv6 结点与外部 IPv6 网络的互联。这种独立的虚拟链路则称为 6 over 4 隧道，可保证 IPv4 结点与 IPv6 结点之间的互相通信。

※ 6 to 4。该技术是众多自动构造隧道方式中的一种，可使那些孤立于 IPv4 网络环境中的多个 IPv6 子网或者 IPv6 结点通过周围的 IPv4 网络环境能够与其他同样孤立的 IPv6 网络进行互联通信。

※ 隧道代理。该技术能够提供一种虚拟的 IPv6 ISP 来建立一条隧道连接，使得孤立于 IPv4 网络环境中的 IPv6 网络结点与提供隧道代理服务的、在孤立的 IPv6 结点四周

的 IPv4 网络实现互相连通。按照功能划分，隧道代理主要是由 3 种功能单元组成的，分别是隧道代理（TB）、隧道服务器（TS）以及 DNS 服务器。在隧道代理体系中，所有功能单元之间（包括客户和 TB 之间、TB 和隧道服务器之间以及 TB 和 DNS 之间）都需要使用安全机制保护。

※　ISATAP（Intra-Site Automatic Tunnel Addressing Protocol，站内自动隧道寻址协议）。在 IETF 的 RFC 中进行定义，通常应用在网络边缘，如企业网或接入网。ISATAP 可以和 6 to 4 技术联合使用，实现了孤立在 IPv4 网络结点中的 IPv6/IPv4 双栈结点通过 ISATAP 自动隧道连通进入处于 IPv4 网络边缘的 IPv6 路由器，并使不处于同一物理链路的 IPv6 路由器和 IPv6/IPv4 双栈结点通过四周的 IPv4 网络中构造的 ISATAP 站内自动隧道，将数据报文发送到 IPv6 结点的下一跳。

3. 网络地址转换 / 协议转换技术

在网络的过渡时期不可能要求网络中的所有主机或者中间结点都升级支持双协议栈，在网络中也必然存在只支持 IPv4 协议的主机和只支持 IPv6 协议的主机。而两者之间也必然发生通信的需求，由于两者协议栈的不同，就要采用翻译转换来对这些协议进行处理，保证两者之间能够相互通信。

网络地址转换 / 协议转换技术通过对数据报文的转换，实现了在网络过渡期 IPv4 结点和 IPv6 结点不同协议之间的相互通信。其基本工作过程如下：当网关接收到来自 IPv6 网络中的 IPv6 数据报文的时候，网关将该数据报文转换成 IPv4 数据报文，并发送给 IPv4 网络；反之，当网关接收到来自 IPv4 网络中的 IPv4 数据报文的时候，网关就将该数据报文转换成 IPv6 数据报文，并发送给 IPv6 网络。内部原理就是对通过网关的 IPv4 数据报文以及 IPv6 数据报文中的首部信息进行规定的替换以符合对方网络的需求，因此网关就需要存储一张 IPv4 地址与 IPv6 地址相对应的映射表，这就是协议的翻译过程。在 NAT/PT 基础上利用相应的端口信息，就可以实现 NAT/PT 翻译技术，这与当前在 IPv4 协议下的 NAT/PT 并无实质上的区别。

以上 3 种过渡技术是从技术本身角度分类介绍，它们的工作原理不同，所适用的场合也不同，不存在一种过渡技术适用于所有场合的情况，同一场合也可能使用多种过渡技术，具体使用哪种过渡技术，需要结合技术本身和实际环境综合考虑。

4. 三种过渡技术的比较

双协议栈技术的优点是设计理念明确、清晰，基于双协议栈进行的网络规划相对于其他方法来说也要更为简单，同时在相应的 IPv6 逻辑网络中可以最大规模地发挥 IPv6 协议研究设计时预设的所有优点。但是双协议栈技术也存在着许多缺点。例如，该技术对网络单元设备的要求非常高，不但要求所有的网络结点设备要支持基于 IPv4 的路由协议，同时也要支持基于 IPv6 的路由协议，这就需要这些网络单元设备具有足够的内存空间以存储和维护大量的协议和数据。此外，基于双协议栈技术的网络升级替换必将牵涉到整个网络中的全部设备，就必然会带来庞大的资本浪费，也包括升级周期的长时间消耗。

隧道技术是在 IPv4 向 IPv6 升级过渡中最常使用的一种技术。在 IPv4 向 IPv6 过渡的初期，隧道技术成为一种方便、适宜的选择，其原因主要在于当前隧道技术的最大优点就是能够最大化地利用现存的网络资源。但是根据隧道技术的原理，在隧道的出口或入口处均会出现对于途经的基于 IPv4 协议及基于 IPv6 协议的数据报文进行相应协议的重组甚至拆分过程，从实际效果来说，增加了隧道出入口程序的实现复杂度，降低了网络的处理效率，不适合在网络升级中大规模使用。

网络地址转换／协议转换技术的最大优点就在于无须对网络中的所有 IPv4 或 IPv6 结点进行升级改造，但由此也引入了一个缺点，那就是一个 IPv4 结点与相应的 IPv6 结点进行通信的实现方法的复杂性也会比较高，同时网络中的设备单元在进行处理地址转换或者协议转换时的开销也会比较大。所以，这种技术通常是在其他的过渡方式无法使用的情况下才选用实施的。

本章小结

本章主要介绍了 TCP/IP 协议簇，包括网络层协议、传输层协议、应用层协议、新一代互联网协议 IPv6。

1. TCP/IP 的概念

TCP/IP 是一组用于实现网络互联的通信协议，是 Internet 最基本的协议和互联网络的基础。TCP/IP 协议簇定义了在互联网络中如何传送数据（如文件传送、收发电子邮件、远程登录等），并制定了在出错时必须遵循的规则。

2. 网络互联层协议

网络互联层提供了基于无连接的数据传输、路由选择、拥塞控制和地址映射等功能，这些功能主要由 4 个协议来实现：IP、ARP、RARP 和 ICMP，其中，IP 是网络互联层最重要的协议，IP 提供数据报按 IP 地址传输、路由选择等功能，ARP 和 RARP 提供逻辑地址与物理地址映射功能，Internet 报文控制协议（ICMP）提供传输差错控制信息以及主机／路由器之间的控制信息。

3. 传输层协议

传输层负责在源主机和目的主机之间提供端到端的数据传输服务。这一层上主要定义了两个协议：面向连接的传输控制协议（TCP）和无连接的用户数据报协议（UDP）。TCP 提供用户之间的面向连接的可靠报文传输服务，UDP 提供用户之间的不可靠、无连接的报文传输服务。

4. 应用层协议

应用层包括了所有的高层协议，如常见的远程登录协议（TELNET），提供远程登录服务；文件传输协议（FTP），提供应用级的文件传输服务；简单邮件传输协议（SMTP），提供简单的电子邮件发送服务；域名系统（DNS），负责域名和 IP 地址的映射；简单网络管理协议（SNMP），提供网络管理服务；超文本传输协议（HTTP），提供 WWW 浏览服务等。

5. 新一代的互联网协议 IPv6

IPv6 是用于替代现行版本 IPv4 协议的下一代拥有 128 位地址的 IP 协议。IPv6 报头是由

3 个部分组成的：基本报头、扩展报头和上层协议数据单元。IPv6 报头长度固定为 40B，包括 8 个必要的字段。IPv6 地址用冒号十六进制表示。IPv6 有 3 种地址类型，分别是单播地址、任意播地址和多播地址。从 IPv4 到 IPv6 的 3 种过渡技术分别是双协议栈技术、隧道技术和地址协议转换技术。

习题

一、概念解释

IP 数据报，IP 地址，网络地址，直接广播地址，私有地址，子网掩码，地址解析，ARP，ICMP，端口号，TCP，UDP，三次握手，IPv6。

二、单选题

1. 以下协议中不属于 TCP/IP 网络层的协议是（   ）。

   A. ICMP   B. TCP   C. ARP   D. IP

2. TCP/IP 模型的网络互联层含有 4 个重要的协议，它们是（   ）。

   A. IP、ICMP、ARP、UDP   B. TCP、ICMP、ARP、UDP

   C. IP、ICMP、ARP、RARP   D. UDP、CMP、ARP、RARP

3. 在 TCP/IP 协议簇中，IP 协议处理的协议数据单元是（   ）。

   A. 比特   B. 数据帧   C. 数据报   D. 报文

4. 下列关于 IP 地址的说法中，（   ）是错误的。

   A. IP 地址由网络号和主机号两部分组成

   B. 网络中的每台主机分配了唯一的 IP 地址

   C. IP 地址只有 A、B、C 三类

   D. 随着网络主机的增多，32 位 IP 地址的资源正在枯竭

5. IP 地址 127.0.0.1 表示（   ）。

   A. 一个暂时未用的保留地址   B. 一个 B 类 IP 地址

   C. 一个本网络的广播地址   D. 一个表示回送本机的 IP 地址

6. B 类地址中用（   ）位来标识网络中的一台主机。

   A. 8   B. 14   C. 16   D. 24

7. B 类 IP 地址的范围是（   ）。

   A. 0.1.0.0 ~ 126.0.0.0   B. 128.0.0.0 ~ 191.255.255.255

  C．192.0.1.0～223.255.255.0   D．224.0.0.0～239.255.255.255

8．下列描述中（ ）是错误的。

  A．TCP/IP 是计算机网络互联所遵循的协议

  B．TCP/IP 只能用于广域网，而不能用于局域网

  C．Internet 采用的是 TCP/IP

  D．TCP/IP 由 4 个分层组成

9．关于 IP 协议提供的服务，下列（ ）是正确的。

  A．IP 提供不可靠的数据投递服务，因此数据报投递不能得到保障

  B．IP 提供不可靠的数据投递服务，因此它可以随意丢弃报文

  C．IP 提供可靠的数据投递服务，因此数据报投递可以得到保障

  D．IP 提供可靠的数据投递服务，因此它不能随意丢弃报文

10．一个 C 类地址最多能容纳的主机数目为（ ）。

  A．64 516 B．254   C．64 518 D．256

11．能使主机或路由器报告差错情况和有关异常情况的是下列（ ）的功能。

  A．IP   B．HTTP C．ICMP D．TCP

12．文件传输使用（ ）协议。

  A．SMTP B．FTP C．SNMP D．TELNET

13．若两台主机在同一子网中，则两台主机的 IP 地址分别与它们的子网掩码进行"与"运算，结果一定（ ）。

  A．为全 0 B．为全 1 C．相同 D．不同

14．在 TCP/IP 协议簇中，下列（ ）是传输层协议。

  A．IP   B．TCP C．ICMP D．FTP

15．服务器上提供 HTTP 服务的端口号是（ ）。

  A．21   B．23   C．25   D．80

16．IPv6 将 IP 地址的位数扩展到（ ）位。

  A．64   B．128 C．256 D．32

17．IPv6 的基本报头长度是固定的（ ）字节。

  A．20   B．40   C．60   D．80

三、填空题

1. HTTP、IP、TCP 分别工作于 TCP/IP 的_____层、_____层和_____层。

2. 在 TCP/IP 模型的网络互联层含有 4 个重要的协议，分别是_____、_____、_____和_____。

3. IP 地址是_____位比特的二进制数，它通常采用点分_____进制数表示。

4. 32 位的 IP 地址分为两部分：_____和主机号。

5. ARP 用于_____；RARP 用于_____。

6. _____是网络操作系统测试主机是否可达的一个常用命令。

7. 对于一台具有 IP 地址和物理地址（MAC 地址）的计算机而言，_____地址是可变的，_____地址是固定的。

8. ICMP 是_____协议，主要用于传输_____和_____信息。

9. TCP 中，建立连接的方法为_____。

10. TCP 和 UDP 报头中的端口号字段占_____位。

11. IP 数据报的报头长度是_____B；UDP 协议报头的长度是_____B；TCP 报头的长度是_____B。

12. 在 TCP/IP 模型的传输层中，_____协议提供可靠的、面向连接的数据传输服务；_____协议提供不可靠的、无连接的数据传输服务。

13. TCP 连接必须经过_____才能建立起来。

14. TCP/IP 应用层常用协议包括_____、_____、_____、_____。

15. IPv6 的地址用_____进制形式表示。

16. IPv6 地址 2000:0000:0000:0001:0002:0000:0000:0001 采用零压缩法可以简写为_____。

17. IPv6 有 3 种地址类型，分别是_____、_____、_____。

18. IPv6 扩展报头包括_____、_____、_____、_____。

四、简答题

1. 请画出 OSI/RM 和 TCP/IP 模型的层次结构之间的对应关系。

2. 简要说明 IP、ARP、RARP、ICMP 协议的主要作用。

3. 试说明 IP 地址的结构及含义，划分子网后，IP 地址的结构如何？

4. 简述子网掩码的作用。

5. TCP/IP 协议簇中，TCP 与 UTP 的主要区别是什么？

6. 指出应用层 FTP 协议使用传输层的协议类型和默认端口号。

7. 说明 IP 地址与 MAC 地址的区别，并说明它们之间的解析是如何实现的。

8. 简述 TCP 协议采用三次握手建立连接方法的工作过程。

9. 写出 IPv6 报头的格式，IPv6 报文结构和 IPv4 相比有什么变化？

10. 简述 IPv4 向 IPv6 的 3 种过渡技术。

五、应用题

1. 指出以下 IP 地址的类别和它们的标准掩码，并计算出网络地址、直接广播地址。

(a) 129.24.168.3；(b) 24.35.246.27；(c) 183.12.253.1；(d) 211.1.123.253。

2. 如何对一个 C 类网络 202.101.120.0 进行划分以得到 3 个可用的子网？其子网掩码应该是什么？这些子网的网络地址和直接广播地址是什么？

第 7 章

Internet 及应用

Internet 又称因特网，是一个建立在网络互联基础上的开放的、全球性的计算机互联网络，所有采用 TCP/IP 协议的计算机都可加入 Internet，实现信息共享和相互通信。

本章要点

※ Internet 概念及其工作模式

※ Internet 域名系统

※ Internet 提供的基本服务

※ Internet 接入技术

※ Intranet 基本知识

7.1 Internet 概述

7.1.1 Internet 的基本概念

简单而言，Internet 是全球最大的由世界范围内众多网络互联而形成的计算机互联网。Internet 实际上并非具有独立形态的网络，而是计算机网络汇合而成的一个网络集合体。它把全球各种各样的计算机网络和计算机系统连接起来，无论是局域网还是广域网，无论是大中型机还是微型计算机，不管它们在世界上什么地方，只要遵循 TCP/IP 就可以联入 Internet。

然而，只用"计算机网络的网络"来描述 Internet 是远远不够的，Internet 的魅力在于它所提供的资源共享和信息交流的环境。Internet 包含了难以计数的信息资源，向全世界提供信息服务，成为人们获取信息、相互交流的一种方便、快捷的手段。它的出现是社会由工业化走向信息化的必然和象征，现在的 Internet 已经远远超过了一个网络的含义，它是信息社会的一个缩影。虽然至今还没有一个准确的定义来概括 Internet，但是这个概念应从通信协议、资源共享、物理连接、相互通信等角度来综合加以考虑。

从通信协议的角度来看，Internet 是一个以 TCP/IP 协议连接各个国家、各个地区、各个机构的计算机网络的数据通信网。

从信息资源的角度来看，Internet 是一个集各个领域、各个部门的各种信息资源为一体，供网上用户共享的信息资源网。凡是加入 Internet 的用户，都可以通过各种工具访问所有的信息资源，查询各种信息库、数据库，获取自己所需的各种信息资料。

　　Internet 上的信息资源浩如烟海，那么这些信息资源放在哪里呢？事实上，Internet 像 LAN 一样，只不过是一个更大的"网"，信息资源放在服务器上。在 Internet 上连接有许多服务器，或称为主机。其中有存放各种类型文件、提供用户匿名访问的 FTP 服务器，有负责发送、存放电子邮件的 E-mail 服务器，有集文本、图形、视频、音频等于一体的 WWW 服务器，有负责域名与 IP 地址转换的 DNS 服务器等。这些服务器中不仅存放数据、文件，还有数据库及提供 Internet 应用的各种服务。

7.1.2　Internet 的发展

1. Internet 的起源与发展

　　Internet 的起源是 20 世纪 60 年代中期由美国国防部高级研究计划局（Advanced Research Projects Agency，ARPA）资助的 ARPAnet，此后提出的 TCP/IP 为 Internet 的发展奠定了基础。1986 年美国国家科学基金会（National Science Foundation，NSF）的 NSFNET 加入了主干网，由此推动了 Internet 的发展。但是，Internet 的真正飞跃发展应该归功于 20 世纪 90 年代的商业化应用。此后，世界各地无数的企业和个人纷纷加入，终于发展演变成今天成熟的 Internet。Internet 的发展可分为以下几个阶段。

※　Internet 形成阶段。1969 年美国国防部高级研究计划局（ARPA）完成第一阶段的工作，组成了 4 个结点的试验性网络，称为 ARPAnet。ARPAnet 采用称为接口报文处理器（IMP）的小型机作为网络的结点机。为了保证网络的可靠性，每个 IMP 至少和其他两个 IMP 通过专线连接，主机则通过 IMP 接入 ARPAnet。IMP 之间的信息传输采用分组交换技术，并向用户提供电子邮件、文件传送和远程登录等服务。ARPAnet 被公认为世界上第一个采用分组交换技术组建的网络，ARPAnet 成为现代计算机网络诞生的标志。ARPAnet 在技术上的另一个重大贡献是 TCP/IP 协议簇的开发和利用，TCP/IP 协议作为 ARPAnet 的标准协议，较好地解决了异种机、异构网络互联的一系列理论和技术问题。1983 年，ARPAnet 分裂为两部分：ARPAnet 和纯军事用的 MILnet。其后，人们称呼这个以 ARPAnet 为主干网的网际互联网为 Internet。同时，局域网和广域网的产生和发展对 Internet 的进一步发展起到了重要的作用。

※　Internet 发展阶段。1986 年，美国国家科学基金会建立了 6 大超级计算机中心，为了使全国的科学家、工程师能够共享这些超级计算机设施，NSF 建立了自己的基于 TCP/IP 协议簇的计算机网络 NSFnet，将超级计算机中心互联起来，并以此作为基础，实现与其他网络的连接。这一成功使 NSFnet 于 1990 年 6 月彻底取代了 ARPAnet 而成为 Internet 的主干网。NSFnet 对 Internet 的最大贡献是使 Internet 向全社会开放，而不像以前那样仅供计算机研究人员和政府机构使用。

※　Internet 的商业化阶段。Internet 的第二次飞跃归功于 Internet 的商业化，20 世纪 90 年代初，商业机构踏入了 Internet 这一陌生世界，很快发现了它在通信、资料检索、客户服务等方面的巨大商业潜力，于是世界各地的无数企业纷纷涌入 Internet。随着商业机构的介入，出现大量的 ISP 和 ICP，丰富了 Internet 的服务和内容，使 Internet 迅速普及和发展起来。

网络的出现改变了人们使用计算机的方式，而 Internet 的出现，又改变了人们使用网络的方式。现在 Internet 已发展成多元化的网络，不仅为科研服务，而且正逐步进入到日常生活的各个领域，它在规模和结构上都有了很大的发展，已经成为名副其实的"全球网"。

2. Internet 在中国的发展

Internet 在我国的发展起步较晚，但由于起点比较高，所以发展速度很快。回顾我国 Internet 的发展，可以分为 3 个阶段。

第一阶段为起步阶段（1986—1993 年）。这个阶段主要以拨号上网为主，主要使用互联网的电子邮件服务。国内的一些科研部门开展了和 Internet 联网的科研课题和科技合作工作，通过拨号 X.25 实现了和 Internet 电子邮件转发系统的连接，并在小范围内为国内的一些重点院校、研究所提供了国际 Internet 电子邮件的服务。

第二阶段是发展阶段（1994—1995 年）。在这个阶段实现了和 Internet 的 TCP/IP 连接，从而开通了 Internet 的全功能服务。覆盖北大、清华和中科院的"中国国家计算机网络设施（The National Computing and Network Facility of China，NCFC）"工程于 1994 年 4 月开通了与 Internet 的 64kb/s 专线连接，同时还设置了我国最高域名（CN）服务器。这时，中国才算真正加入了 Internet 行列。NCFC 网络中心的域名服务器作为我国最高层的域名服务器，是我国 Internet 发展史上的一个里程碑。

1994 年 10 月，由中华人民共和国国家计划委员会投资，国家教育委员会主持的中国教育和科研计算机网（CERNET）开始启动。1995 年 4 月，中国科学院启动京外单位联网工程（俗称"百所联网工程"），实现国内各学术机构的计算机互联并和 Internet 相连，取名为中国科技网（CSTNET）。

第三阶段是商业化发展阶段（1995 年至今）。我国于 1994 年 4 月正式连入 Internet 后，国内的网络建设得到了大规模发展。1995 年 5 月，中国电信开始筹建 CHINANET（中国公用计算机互联网）的全国主干网。1996 年 1 月，CHINANET 主干网建成并正式开通，国内第一个商业化的计算机互联网开始提供服务。1996 年 9 月 6 日，中国金桥信息网 CHINAGBN 连入美国的 256kb/s 专线正式开通，中国金桥信息网宣布开始提供 Internet 服务，主要提供专线集团用户的接入和个人用户的单点上网服务。

到目前为止，我国已经建立起具有相当规模和技术水平的接入 Internet 的九大骨干互联网，形成了我国的 Internet 主干网络。其中，中国公用计算机互联网、中国教育科研网、中国科技网和中国金桥信息网是其典型代表。

※ 中国公用计算机互联网（CHINANET）。由中国电信部门经营管理的中国公用计算机互联网的主干网于 1994 年建立，现已基本覆盖全国所有地州市，并与中国公用分组交换数据网（CHINAPAC）、中国公用数字数据网（CHINADDN）、帧中继网、中国公用电话网（PSTN）和中国公用电子信箱系统（CHINAMAIL）互联互通。它是中国第一个商业化的计算机互联网，为社会提供完整、先进、统一的公用数据通信网络平台以及功能丰富的各种数据通信服务。

※ 中国教育和科研计算机网（CERNET）。由国家投资建设，教育部负责管理，由清华大学等高等院校承担建设和运行的全国性学术计算机互联网络，是全国最大的公益性

计算机互联网络。CERNET 始建于 1994 年，已建成由全国主干网、地区网络中心、地区主结点以及校园网在内的三级层次结构网络。CERNET 分四级管理，分别是全国网络中心、地区网络中心和地区主结点、省教育科研网和校园网。CERNET 全国网络中心设在清华大学，负责全国主干网的运行管理。CERNET 还是中国开展下一代互联网研究的试验网络，它以现有的网络设施和技术力量为依托，建立了全国规模的 IPv6 试验床。CERNET 的建设加强了我国信息基础建设，为我国计算机信息网络的建设起到了积极的示范作用。

※　中国科技网（CSTNET）。由中国科学院计算机网络信息中心运行和管理，始建于 1989 年，于 1994 年 4 月首次实现了我国与 Internet 的直接连接，为非营利、公益性的国家级网络，也是国家知识创新工程的基础设施。它主要为科技界、科技管理部门、政府部门和高新技术企业服务。

※　中国金桥信息网（CHINAGBN），也称作中国国家公用经济信息通信网。目前该网络已形成了全国主干网、省网、城域网 3 层网络结构，其中主干网和城域网已初具规模，覆盖城市超过 100 个。它是中国国民经济信息化的基础设施，是建立金桥工程的业务网，支持金关、金税、金卡等"金"字头工程的应用。

7.1.3　Internet 的特点

Internet 有以下主要特点：

※　开放性。Internet 是一个没有中心的自主式的开放组织，Internet 上的发展强调的是资源共享和双赢发展的模式。Internet 是由许许多多属于不同国家、部门和机构的网络互联起来的网络，任何运行 TCP/IP 协议且愿意接入 Internet 的网络都可以成为 Internet 的一部分，其用户可以共享 Internet 的资源，用户自身的资源也可向 Internet 开放。对用户开放、对服务提供者开放正是 Internet 获得成功的重要原因。

※　平等性。Internet 不属于任何个人、企业、部门或国家，不存在单独的掌管整个 Internet 的机构和个人，它覆盖到了世界各地、各行各业。Internet 实际上是一个既自治又合作的团体，组成 Internet 的每一个网络都拥有自己独立的管理规则和体系。当它们与 Internet 连接时只需遵循一些基本的规则和标准即可。Internet 成员可以自由地接入和退出 Internet，没有任何限制。

※　技术通用性。Internet 没有任何固定的设备和传输介质，允许使用各种通信媒介，把数以百万计的计算系统连接在一起。

※　专用协议。Internet 使用 TCP/IP 协议，在全球范围内实现不同的硬件结构、不同的操作系统、不同网络系统的互联。

※　内容广泛。Internet 有极为丰富的信息资源，其信息表现形式包括文字、图像、声音、动画、视频影像等多种形式。

7.1.4　Internet 的工作模式

Internet 上的许多应用服务，如电子邮件、万维网、文件传输、远程控制等都是采用客户

/ 服务器的工作模式。客户 / 服务器模式造就了今天的 Internet 和万维网，没有它，万维网及其丰富的信息将不会存在。事实上，Internet 是客户 / 服务器计算技术的一个巨大实例。

客户 / 服务器模式是由客户端和服务器构成的一种网络计算环境。物理上相当于多台被称为客户端的计算机连接在一起，并与一台或更多的服务器连接在一个网络中。这些客户端计算机功能足够强大以完成复杂的任务，如显示丰富的图形、存储大型文件、处理图形和声音文件，这些任务全部在本地主机或手持式设备上完成。服务器是联网的计算机，专门用于提供客户端在网络上需要的公共功能，例如存储文件、软件应用、公用程序和打印等。

在客户 / 服务器工作模式中，客户机与服务器分别表示相互通信的两个应用进程，每一次通信由客户机进程发起，服务器进程从开机之时起就处于等待状态，以保证及时响应客户机的服务请求。客户机向服务器发出服务请求，服务器响应客户机的请求，提供客户机所需要的网络服务，只有客户机与服务器协同工作才能使用户获得所需的信息。其典型工作过程包括以下几个主要步骤：服务器监听相应服务端口的输入，客户机发出请求，服务器接收到此请求，服务器处理此请求，将结果返回给客户机。其工作过程如图 7-1 所示。

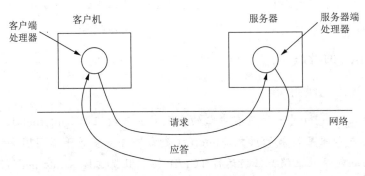

图 7-1　客户机 / 服务器工作模式

7.2　Internet 域名系统

7.2.1　域名系统

TCP/IP 是 Internet 的核心技术，任何 Internet 应用在网络层都是基于 IP 实现的，IP 规定标识网络上主机的地址是 IP 地址，因此，访问 Internet 上的主机时必然使用 IP 地址。32 位二进制数的 IP 地址对计算机来说十分有效，但由于这些数字串没有规律，不易记忆，用户使用和记忆都很不方便。为此，Internet 中标识网络上主机的地址采用了更容易记忆的符号名，即域名来代替不易记住的 IP 地址。

域名与 IP 地址存在对应关系，访问 Internet 上的主机时，既可以使用 IP 地址也可以使用域名。使用域名访问主机虽然方便，但带来了一个新的问题，即用户在使用这种方式访问网络时，需要将这种以字符串表示的域名转换为 IP 地址，因为网络协议本身只认识 IP 地址。在 20 世纪 70 年代，域名与 IP 地址映射由网络信息中心（NIC）负责完成，域名地址和 IP 地址的映射关系保存在 NIC 主机的 hosts.txt 文件中。当时因为主机数量少，这个文件也不经常变化，因此，其他主机几天一次从 NIC 的主机上下载这个文件进行域名和 IP 地址转换就可以了。但是，随着网络规模的扩大，接入网络的主机也在不断增加，从而要求 NIC 的主机容纳所有的域名地址信息就变得极不现实，同时因为经常会有主机要求下载，对 NIC 的主机造成巨大的压力，而且也不能保证服务的质量，这种方法变得无法使用。为了解决这些问题，从 1985年起，Internet 开始采用层次结构的命名树作为主机的名字，并使用分布式的域名系统。

域名系统（Domain Name System，DNS）是一个分级的、基于域的命名机制的分布式数据库系统，实现域名和 IP 地址之间的转换。域名系统将整个 Internet 视为一个域名空间。域名空间是由不同层次的域组成的集合。

1. 域、域名空间和域名结构

域（domain）表示的是一个范围。一个域内可以容纳许多主机，每一台接入 Internet 并且具有域名的主机都必须属于某个域，通过该域的域名服务器可以查询和访问到这一台主机。在域中，所有主机由域名（domain name）来标识，而域名由字符组成，用于替代数字化 IP 地址。当 Internet 的规模不断扩大时，域和域中所拥有的主机数目也随之增多，管理一个巨大而经常变化的域名集合就变得非常复杂，为此提出了一种分级的基于域的命名机制，从而得到了分级结构的域名空间。

域名空间的整个形状如一棵倒立的树，在域名空间的根域（root domain）之下分为几个顶级域，每个顶级域又可以进一步划分为不同的二级子域，二级子域再划分出子域，而子域下还可以划分更小的子域，直到最后的主机。依此类推，就形成了如图 7-2 所示的树状层次结构。

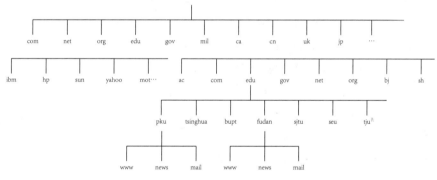

图 7-2　域名空间的层次结构

顶级域名分为两大类：地域性域名和机构性域名。地域性域名是由两个字母组成的国家或地区代码，代表不同国家或地区的顶级域名。例如，中国的地域性域名 cn，在中国境内的主机可以注册顶级域为 cn 的域名。机构性域名表示主机所属的机构的性质，最初只有 6 个域，即 com、edu、gov、mil、net 和 org，后来又增加了一个为国际组织使用的顶级域名 int。常见的地域性域名和机构性域名如表 7-1 所示。

表 7-1　常见的地域性域名和机构性域名

地域性域名		机构性域名	
cn	中国 (China)	com	商业组织 (commercial organization)
us	美国 (United States)	edu	教育机构 (educational institution)
uk	英国 (United Kingdom)	net	网络服务提供者 (networking organization)
ca	加拿大 (Canada)	gov	政府部门 (government)

地域性域名		机构性域名	
fr	法国 (France)	mil	军事部门 (military)
in	印度 (India)	int	国际组织 (international organization)
au	澳大利亚 (Australia)	org	非营利组织 (non-profit organization)
de	德国 (Germany, Deutschland)		
ru	俄罗斯 (Russia)		
jp	日本 (Japan)		

随着互联网的不断发展，新的顶级域名也根据实际需要不断被扩充到现有的域名体系中来。新增加的顶级域名是 biz（商业）、coop（合作公司）、info（信息行业）、aero（航空业）、pro（专业人士）、museum（博物馆行业）、name（个人）等。

采用分级结构的域名空间后，每个域名就采用从结点往上到根的路径命名。一个完整的名字就是将结点所在的层到最高层的域名串起来，成员间由点分隔，即域名是一种层次型的命名结构，由若干子域名按规定的顺序连接，级别从左到右逐渐增高，并用圆点隔开，体现了一种隶属关系，其表现形式为：

主机名 . N 级子域名 . …… . 二级子域名 . 顶级域名

例如，主机域名 www.cnnic.net.cn，其中，顶级域名为 cn，二级域名为 net，三级域名为cnnic，www 是域 cnnic.net.cn 中提供 www 服务的主机。

域名对大小写不敏感，成员名最多长达 63 个字符，全名不能超过 255 个字符。若一个新的子域被创建和登记，则这个子域还可以创建自己的子域而无须再征得其上一级的同意。注意，域名的命名遵循的是组织界限，而不是物理网络。位于同一物理网络内的主机可以有不同的域，而位于同一域内的主机也可属于不同的物理网络。

采取这种采用分级管理的方式，可以避免同一域中的名字冲突，并且每个域都记录自己的所有子域。在图 7-2 中可以看到有两个主机的机器名都是 www，但它们分属于 pku 和fudan 两个子域，那么就不是同一个主机，各自的主机名分别是 www.pku.edu.cn 和 www.fudan.edu.cn。

每一个在 Internet 上使用的域名都必须注册，只有注册过的域名才能使用，域名的注册确保在 Internet 上使用的域名的唯一性。国际域名由国际互联网络信息中心（InterNIC）统一管理。各国或地区的域名由各自国家或地区进行管理，我国的国内域名由中国互联网络信息中心（CNNIC）管理。IP 地址与域名是一对多的关系，一个 IP 地址可以对应多个域名，但一个域名只能对应一个 IP 地址。

2. 域名服务器

在 Internet 中向主机提供域名解析服务的计算机被称为域名服务器（domain name server）或名字服务器（name server）。在域名服务器上运行一个服务进程，该进程进行域名对 IP 地址的解析。域名服务的主要功能是将主机域名和主机的 IP 地址进行映射。域名服务是通过域名服务器来提供的，通过域名服务器来应答域名服务的查询。

域名服务器负责保存和维护当前域的主机名和 IP 地址对应关系的数据文件，以及下级子域的域名服务器信息。每个域都有自己的域名服务器，而所有域名服务器中的主机和 IP 地址映射的集合组成了域名空间。由于域名服务是分布式的，每一个域名服务器含有域名空间中自己的完整信息，其控制范围称为管辖区（zone）。一个域名服务器可以管理一个或几个管辖区，对于本区内的请求由负责本区的域名服务器解释，对于其他区的请求将由本区的域名服务器与负责该区的相应的域名服务器联系。

7.2.2　域名解析

从技术角度来看，虽然域名也是标识地址的一种方式，但是计算机却不能用域名进行通信，因为 IP 协议不能识别域名，只能识别 IP 地址，所以必须把域名转换成 IP 地址，网络中的两个主机才能进行通信。这种把域名转换成 IP 地址的过程称为域名解析。在 TCP/IP 体系中提供两种域名解析机制：静态解析和动态解析。

※　静态解析。域名解析由静态域名解析表来完成。静态域名解析表是 Windows 操作系统之下的 hosts 文件，hosts 文件上有许多主机名字到 IP 地址的映射，供主机查询时使用。在解析域名时，可以首先采用静态解析的方法，如果静态解析不成功，再采用动态解析的方法。

※　动态解析。域名解析由域名服务器来完成。动态域名解析使用 UDP 协议，其 UDP 端口号为 53。提出 DNS 解析请求的主机与域名服务器之间采用客户 / 服务器模式工作。

当某个应用程序需要将一个名字映射为一个 IP 地址时，应用程序调用一种名为解析器的过程。解析器（resolver，参数为要解析的域名地址）是简单的程序或子程序，它从服务器中提取信息以响应对域名空间中主机的查询，用于域名解析服务的客户端。由解析器将 UDP 分组传输给本地域名服务器，由本地域名服务器负责查找名字并将 IP 地址返回给解析器，解析器再把它返回给调用程序。本地域名服务器以数据库查询方式完成域名解析过程，并且采用了递归查询的方式。综上所述，域名解析的工作过程分为以下几个步骤：

（1）客户机提出域名解析请求，并将该请求发送给本地的域名服务器。

（2）本地域名服务器收到请求后，就先查询本地缓存，如果有所需的记录项，则本地域名服务器就直接将 IP 地址返回给解析器，解析器再把它返回给调用程序。

（3）如果本地记录中没有该记录，则本地域名服务器就直接把请求发给根域名服务器，然后根域名服务器再返回给本地域名一个所查询域（根的子域）的域名服务器地址。

（4）本地域名服务器再向上一步返回的域名服务器发送请求，接受请求的域名服务器查询自己的记录，如果没有该记录，则返回相关下级的域名服务器地址。

（5）重复第（4）步，直到找到所需的记录。

（6）本地域名服务器把查到的返回结果保存到本地记录中，以备下一次使用，同时还将结果返回给客户机。

下面举一个例子来说明域名解析的过程。假设客户端主机想要访问的站点是 www.linejet.com，此客户本地域名服务器是 dns.company.com，一个根域名服务器是 ns.inter.net，所要访问网站的域名服务器是 dns.linejet.com，域名解析的过程如下：

（1）客户机发出域名解析请求 www.linejet.com 的报文。

（2）本地域名服务器收到请求后，查询本地缓存，假设没有该记录，则本地域名服务器 dns.company.com 则向根域名服务器 ns.inter.net 发出请求解析域名 www.linejet.com 的报文。

（3）根域名服务器 ns.inter.net 收到请求后查询本地记录，得到表示 linejet.com 域中的域名服务器为 dns.linejet.com 的查询结果：linejet.com NS dns.linejet.com。同时给出 dns.linejet.com 的地址，并将结果返回给域名服务器 dns.company.com。

（4）域名服务器 dns.company.com 收到回应后，再向域名服务器 dns.linejet.com 发出请求解析域名 www.linejet.com 的报文。

（5）域名服务器 dns.linejet.com 收到请求后，开始查询本地的记录，找到如下一条记录：www.linejet.com A 211.120.3.12 （表示 linejet.com 域中主机 www.linejet.com 的 IP 地址是 211.120.3.12），并将结果返回给客户本地域名服务器 dns.company.com。

（6）客户本地域名服务器 dns.company.com 将返回的结果保存到本地缓存，同时将结果返回给客户机。这样就完成了一次域名解析的过程。

一个域名服务器不可能把整个 Internet 中的域名和 IP 地址的映射关系都记录完全，每个域名服务器只能负责部分主机的域名和 IP 地址的映射关系。由于域名采用了层次结构，所以域名服务器也采用层次化的结构，最高级的域名服务器叫根服务器，用来负责顶级域名服务，顶级域名服务器还设有下级的域名服务器，每个域名服务器只负责对其管辖内的主机进行域名解析。

7.3　Internet 提供的基本服务

Internet 迅猛的发展一个很重要的原因是它提供了许多受大众欢迎的服务。Internet 提供的基本服务有万维网服务、电子邮件服务、远程登录服务、文件传输服务等，它们都采用客户 / 服务器工作模式，这些服务构成了 Internet 各种应用的基础。

7.3.1　万维网

万维网（World Wide Web，WWW 或 Web）是目前应用最为广泛的 Internet 服务之一。WWW 不是独立的物理网络，而是一个基于超文本的方便用户在 Internet 上搜索和浏览信息的分布式超媒体信息服务系统。用户只要通过浏览器就可以非常方便地访问万维网，获得所需的信息。WWW 以图形界面和超文本链接方式来组织信息资源，其 3 个关键组成部分是 URL、HTTP 和 HTML。在这个信息服务系统中，所有资源由统一资源标识符（URL）标识资源在网络中的位置，这些资源用超文本标记语言（HTML）标记成超文本文件，通过超文本传输协议（HTTP）传送给使用者，而后者通过单击链接来获得资源。从另一个观点来看，万维网是一个通过网络存取的互联超文本文件系统。Web 的应用结构如图 7-3 所示。

图 7-3　Web 应用结构

在万维网应用中，信息资源以 HTML 语言编写的超文本形式（网页）存放在计算机里，提供网页的计算机称为 Web 服务器（Web 站点）。网页分布在世界各地的 Web 服务器上，每个 Web 站点都可以通过超链接与其他 Web 服务器站点连接。用户使用浏览器来解释和浏览网页，以 Web 页面的形式显示在用户屏幕上。浏览器和服务器之间的信息交换使用超文本传输协议。

WWW 服务采用客户 / 服务器的工作模式，每个 Web 服务器都有一个服务器进程，它不间断地监听 TCP 的端口 80，以便发现是否有浏览器（客户端进程）向它发出连接建立请求。一旦监听到连接建立请求，并建立 TCP 连接以后，浏览器就可以向 Web 服务器发出浏览某个页面的请求，Web 服务器根据浏览器的请求，找到被请求的页面、文档或多媒体文件，然后将这些查询结果返回给浏览器。浏览器在接收到返回的数据后，对其进行解释并显示这些信息。之后，服务器和客户端之间的 TCP 连接被断开。

下面介绍 WWW 的几个重要概念：URL、HTTP、HTML、浏览器等。

1．统一资源定位器

统一资源定位器（Uniform Resource Locator，URL）是用于完整地描述 Web 上资源的位置和访问方法一种标识方法。URL 给资源的位置提供一种抽象的识别方法，各种资源的地址用 URL 来表示，并用这种方法对资源定位，只要能够对资源定位，就可以对资源进行各种操作。上述资源可以是 Web 服务器上可以访问的任何对象，包括网页、文件、文档、图像、声音等，也可以是 Internet 上的 Web 站点地址。简单地说，URL 就是 Web 地址，通常称为网址。URL 的格式如下：

[协议类型 ://] 主机 IP 地址或域名 [: 端口号]/[路径及文件名]

例如：http://www.microsoft.com/network/default.htm

其中，访问 www 要使用 HTTP 协议，www.microsoft.com 是站点服务器，HTTP 服务的默认端口号是 80，通常可以省略，/network/default.htm 是路径及文件名。若省略路径及文件名，则 URL 就指到 www 上某站点的主页，如 http://www.microsoft.com。

2．超文本传输协议

WWW 服务采用客户 / 服务器的工作模式，浏览器（客户端）与服务器之间的请求和响应报文，必须按照规定的格式并且遵循一定的规则，这些格式和规则就是 HTTP（HyperText Transfer Protocol，超文本传输协议）。

HTTP 是 TCP/IP 应用层的协议，它规定了浏览器怎样向服务器请求 Web 文档，以及服务器怎样把文档传给浏览器。使用 HTTP 能够可靠地交换各种超媒体文件。超媒体（hypermedia）是超文本（hypertext）的扩充，即在超文本中嵌入除文本以外的图形、图像、声音和视频等多媒体信息。可以说，超媒体是多媒体的超文本。

3. 超文本标记语言

首先解释两个概念：超文本（hypertext）和超链接（hyperlink）。传统文本对信息的组织采用的是有序的线性结构，必须按顺序阅读。而超文本对信息的组织不是按序排列的，是用超链接的方法将各种不同空间的文字信息组织在一起的网状文本。超链接将文档彼此连接，允许用户在浏览网页的时候不是顺序往下读，可以通过单击超链接跳跃到其他网页阅读自己感兴趣的内容。超文本更是一种用户界面范式，用以显示文本及与文本之间相关的内容。在超文本形式下，万维网形成了各种信息网状交叉索引的关系，如图 7-4 所示。

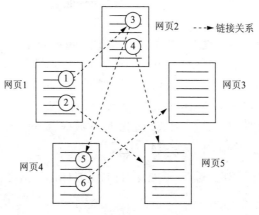

图 7-4　超文本和超链接

要使任何一台计算机都能显示出某个 Web 服务器上的网页，就必须解决网页制作的标准化问题。超文本标记语言（HyperText Markup Language，HTML）就是一种制作网页的标准语言，HTML 的功能是定义超文本文件的结构和风格，包括标题、图形定位、表格和本文格式，由它告诉浏览器怎样显示网页中的文字和其他信息，以及如何进行链接等。HTML 使用户可以通过统一的浏览器界面访问各种不同格式的计算机文档，消除了不同计算机之间信息交流的障碍。

HTML 通过在文本文件中加入一系列的标签（tag）来告诉浏览器如何显示网页，使用"< 标签 >……</ 标签 >"的结构描述所有的内容，标签内包括头部信息、段落、列表和超链接等。所谓"标签"是由符号"<"和">"括起来的一组代码。标签通常成对出现，结束标签和开始标签的区别只是结束标签多了一个斜杠字符"/"。

例如，<HTML> 表示文档开始，</HTML> 表示文档结束；<HEAD> 是首部开始，</HEAD> 是首部结束；<TITLE> 和 </TITLE> 分别表示文档标题的开始和结束；<H1> 后面的文字是文档的一级标题，而 </H1> 表示一级标题到此结束。

HTML 定义了许多如上所述的标签，通过这些标签来组织各种文档。HTML 文档经过浏览器的解释执行后，才能将内容显示在计算机屏幕上。所以，HTML 并不是一种复杂的编程语言，而是一种排版标记语言。HTML 文档是一种任何文本编辑器都可以创建的文本文件，通常以 .htm 或 .html 为扩展名。下面是一个简单的 HTML 文档：

```
<HTML>
```

```
    <HEAD>
        <TITLE> Internet 的特点 </TITLE>
    </HEAD>
    <BODY>
        <H1>1. 开放性 </H1>
        <P>Internet 对各种类型的计算机都是开放的。任何计算机都可以使用 TCP/IP 协议，
因此它们都能够链接到 Internet。</P>
        <H1>2. 平等性 </H1>
        <P>Internet 不属于任何个人、企业、部门或国家，它覆盖到了世界各地和各行各业。
Internet 成员可以自由地接入和退出 Internet，共享 Internet 资源。用户自身的资源也
可以向 Internet 开放。</P>
        <H1>3. 技术通用性 </H1>
        <P>Internet 允许使用各种通信媒介，即计算机通信的线路。把 Internet 上数以
百万计的计算机连接在一起的电缆包括小型网络的电缆、专用数据线、本地电话线、全国性的
电话网络（通过电缆、微波和卫星传送信号）和国家间的电话载体。</P>
    </BODY>
</HTML>
```

该 HTML 文档经过 WWW 浏览器的解释执行后，将内容显示在计算机上，如图 7-5 所示。

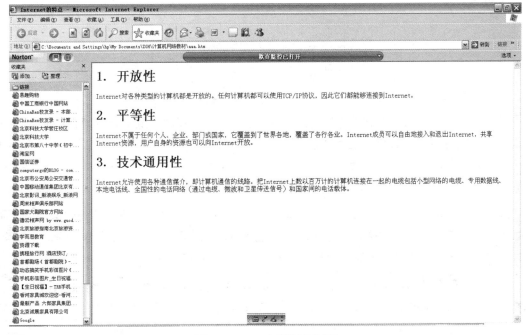

图 7-5　HTML 文档的显示结果

4. 浏览器

浏览器（browser，也称为 Web 浏览器）是安装在客户端上的 Web 浏览工具软件，其主要作用是在其窗口中显示从 Web 服务器上取得的网页。这些网页文件中包括文本、图形、图像、视频、音频信息。用户浏览网页的方法可以是在浏览器的地址栏中输入要浏览页面的 URL，也可以在某一个页面中用鼠标单击一个超链接，这时浏览器自动在 Internet 上找到所要的

页面。

浏览器在读取处理用 HTML 语言和 JavaScript 编写的单个网页文件时，翻译其中的 HTML 标签，并按定义格式显示，同时还要对网页中的链接进行管理。对于网页中所涉及的各种不同格式的动画、音频和视频文件，浏览器一般通过预置的插件或外部辅助应用程序直接或间接对其内容进行显示与播放。

7.3.2 电子邮件

电子邮件（E-mail）是指用户通过计算机和 Internet 发送信件。相比传统的通信方式，电子邮件的优点是快捷、简便、可靠且价格低廉。现在的电子邮件不仅可以传送文字信息，还可以传递声音和图像，是 Internet 上使用频率较高的服务之一。

1. 电子邮件的组成与工作过程

电子邮件系统与现实生活中的邮政系统有相似的结构和工作规程。不同之处在于：现实生活中的邮政系统是人工系统，而电子邮件是通过计算机、网络、应用软件与协议来协调、有序地运行的。电子邮件系统中同样设有邮局——电子邮件服务器、邮箱——电子邮箱，并且规定了电子邮件地址的书写规则。

一个电子邮件系统主要包括 3 个构件：用户代理、邮件服务器以及电子邮件使用的协议，如图 7-6 所示。

图 7-6　电子邮件系统的组成

用户代理又叫邮件客户端程序，它是邮件用户和电子邮件系统进行交互的接口，使用户通过一个友好的窗口界面发送和接收邮件。现在可供选择的用户代理有很多，如 Outlook Express、Foxmail 等。用户代理具有撰写、显示、发送和接收邮件的功能，还可以根据情况对信件进行存储、打印、转发、删除等操作。

邮件服务器的主要功能是发送和接收邮件，同时还要向发信人报告邮件的传送情况。邮件服务器是电子邮件系统的核心，它必须 24 小时不间断地工作，并且有很大容量的邮件信箱。邮件服务器使用两个不同的协议：SMTP 用于发送邮件，POP3 协议用于接收邮件。

电子邮件服务采用的是客户 / 服务器工作模式。客户端软件为电子邮件系统的使用者提供具有发送和接收功能的界面，服务器端软件负责发送、接收、转发和管理电子邮件。电子邮件服务的工作过程如下：

（1）发信人调用用户代理编辑要发送的邮件，用户代理用 SMTP 将邮件传送给发送端邮件服务器。

（2）发送端邮件服务器接收用户送来的邮件，根据邮件接收者的地址，与接收端邮件服务器进行交互，将邮件发给接收端邮件服务器。

（3）接收端邮件服务器接收到邮件后，根据邮件接收者的用户名将邮件放到用户的邮箱中，等待收信人读取。

（4）收信人调用用户代理，使用 POP3 将邮件从接收端邮件服务器的用户邮箱收取到本地计算机。

邮件的"发送→传递→接收"是异步的，邮件发送时并不要求接收者"在场"使用邮件系统，邮件存放在用户的邮箱中，接收者随时可以接收。发送方将电子邮件发出后，通过什么路径到达对方，这个过程可能比较复杂，但不需要用户介入，一切都是自动完成的。

2. 邮件传输协议

电子邮件在发送和接收的过程中是通过 SMTP 和 POP3 两个协议完成的。SMTP 和 POP3 在应用上的区别是：发信人的用户代理向发送端邮件服务器发送邮件，以及发送端邮件服务器向接收端邮件服务器发送邮件，使用的都是 SMTP 协议；而 POP3 则是用户从接收端邮件服务器上读取邮件所使用的协议。

（1）简单邮件传送协议（Simple Mail Transfer Protocol，SMTP）是一组用于由源地址到目的地址传送邮件的规则，由它来控制信件的中转方式，帮助每台计算机在发送或中转信件时找到下一个目的地。SMTP 工作在两种情况下：一是电子邮件从客户机传送到邮件服务器；二是从某一个邮件服务器传送到另一个邮件服务器。

SMTP 协议按照客户 / 服务器的方式工作，发信方的 SMTP 进程为客户，收信方的 SMTP 进程为服务器，当客户有邮件发送时就发出请求，与服务器建立 TCP 连接，双方就可以使用这条通道传输信件了。SMTP 使用 TCP 建立连接，在 TCP 25 号端口监听连接请求。需要强调的是，上述建立的连接不是在发信人和收信人之间建立的，而是在发送主机的 SMTP 客户端和接收主机的 SMTP 服务器之间建立的，无论发送端和接收端的两个服务器相距多远，邮件传送过程中要经过多少个路由器，该连接都是在发送端和接收端的服务器之间直接建立的。

（2）邮局协议 (Post Office Protocol 3，POP3)，即邮局协议的第 3 个版本，它是一个非常简单，但功能有限的邮件读取协议，主要任务是将远程邮件服务器的电子邮箱中的邮件传送到用户的本地计算机上。POP3 使用的是 TCP 的 110 号端口。POP 最初公布于 1984 年，经过了几次更新，现在使用的是它的第三个版本。

用户在自己本地计算机上运行邮件用户代理程序（如 Outlook），用户代理使用 POP3 与邮件服务器上的 POP3 进程进行交互，从邮件服务器的用户邮箱中收取邮件到本地计算机上，用户可在本地阅读邮件、处理邮件、转发邮件或回复邮件，用户如要发送新的邮件，可在本地准备好，然后再发送到邮件服务器上。

3. 电子邮件地址

每个电子邮件用户都必须在某个邮件服务器上申请自己的邮箱，拥有一个电子邮箱地址。有了这个地址，才能和其他的电子邮件用户进行通信。电子邮件的地址的格式为：用户名 @邮件服务器域名。

例如电子邮件的地址 bj2011@abc.com，其中，bj2011 是该电子邮件的用户名，@ 是电子邮件地址的专用符号，发音同"at"，后面的 abc.com 是邮件服务器的名字，这个地址表示的意思就是 bj2010 信箱在 abc.com 主机上。所以，电子邮件地址就是由用户名和邮件服务器的域名组成的，中间由 @ 隔开。

7.3.3 文件传输

用户通过 Internet 将远程主机上的文件下载（download）到自己磁盘中和将本机上的文件上传（upload）到特定的远程主机上，这个过程称为文件传输，如图 7-7 所示。

图 7-7   文件传输示意图

文件传输服务提供交互式的访问，在本地主机与远程主机之间传输文件。实现文件传输服务依据 TCP/IP 协议中的文件传输协议（FTP），把文件从一台计算机上传输到另一台计算机上，并保证其传输的可靠性。几乎所有类型的文件，包括文本文件、二进制文件、声音文件、图像文件、数据压缩文件等，都可以使用 FTP 传送。

文件传输服务是 WWW 服务出现以前 Internet 中使用最广泛的服务。只要计算机支持 FTP 协议，无论相距多远都可以相互传送文件，既节省通信费用，又方便处理所传输的文件。

1. 文件传输协议

FTP（File Transfer Protocol，文件传输协议）是 TCP/IP 协议中应用层的协议。它是为在互联网上不同主机之间传送文件而制定的一套标准，由支持文件传输的各种规则所组成。这些规则使 Internet 上的用户可以把文件从一台主机复制到另一台主机上，与这两台计算机所处的位置、存储数据的格式、文件命名规则以及使用的操作系统无关。

2. FTP 的工作过程

FTP 协议采用典型的客户 / 服务器模式工作，发出请求的一方为客户端，接受请求的一方为服务器。当客户端发出请求后，服务器端的 FTP 服务程序被激活，在客户端和服务器之间建立 TCP 连接，服务器负责找到客户端请求的文件，并把它通过 TCP 连接传输给客户端，文件传输完毕后，该连接断开。

FTP 工作时使用 TCP 连接和 TCP 端口，在进行通信时，FTP 需要建立两个 TCP 连接：一个是命令连接，用来在 FTP 客户端与服务器之间传递控制命令，服务器端默认的端口号为 21，TCP 端口号的默认值为 21；另一个是数据连接，用于传送文件，TCP 端口号的默认值为 20。其工作过程如图 7-8 所示。

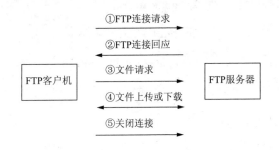

图 7-8　FTP 服务工作过程

① 用户运行 FTP 连接请求命令，例如 FTP 202.119.2.197，请求 FTP 服务器为其服务。

② FTP 服务器的守护进程收到用户的 FTP 请求后，派生出子进程 FTP 与用户进程 FTP 交互，建立文件传输控制连接，使用 TCP 端口 21。

③ 用户输入 FTP 子命令，服务器接收子命令，如果命令正确，双方各派生一个数据传输进程，使用 TCP 端口 20 建立数据连接。

④ 在建立的数据连接上进行数据传输。

⑤ 本次子命令的数据传输完，拆除数据连接，结束数据传输进程。用户继续输入 FTP 子命令，重复③和④的过程，直至用户输入 quit 命令，双方拆除控制连接，结束文件传输，FTP 进程终止。

3．匿名 FTP 服务器

在 Internet 上存在着许多 FTP 服务器，提供文件传输服务。大多数 FTP 服务器主机采用 UNIX 操作系统，但普通用户通过 Windows 也能方便地使用 FTP。

普通的文件传输服务要求用户必须在 FTP 服务器上有相应的用户账号和密码，用户要连接服务器都需要一个登录（login）过程，要求输入账号和密码。除此之外，为了支持文件共享，大部分 FTP 服务器提供了匿名 FTP 服务，允许用户在访问 FTP 服务器时不用事先注册账号和密码，就可进入 FTP 服务器，这就是匿名 FTP 服务器。

使用匿名 FTP 服务器时，只要以 anonymous 或 guest 作为登录账号，电子邮件地址作为密码即可进入 FTP 服务器。以电子邮件地址作为密码是为了让匿名 FTP 服务器的管理人员知道是谁在使用系统，并且可以方便地与用户取得联系。登录成功后，用户便可以从匿名服务器上下载文件。出于安全考虑，大部分匿名服务器只允许匿名 FTP 用户下载文件，而不允许上传文件。因此，用户在获取文件之前，最好阅读一下对应目录下的 README 文件，以知道哪些软件是免费，哪些软件是应当付费的，以免引起争议。

4．FTP 客户端程序

访问 FTP 服务器需要使用 FTP 客户端程序，常用的 FTP 客户端程序通常有 3 种类型：传统 DOS 下的 FTP 命令、浏览器和专门的 FTP 客户端软件。

（1）使用传统 DOS 下的 FTP 命令行访问 FTP 站点。下面介绍几个常用的命令。

登录 FTP 服务器命令：C:\>ftp IP 地址或 C:\>ftp 域名，如 FTP 202.119.2.197。

下载文件命令：get 文件名，如 ftp>get d:\test.txt。

上传文件命令：put 文件名，如 ftp>put test.txt。

退出，结束与远程计算机的 FTP 会话命令：FTP>quit。

（2）使用浏览器访问 FTP 站点。在浏览器的地址栏输入以下命令：

ftp://FTP 站点的 IP 地址或域名

如果 FTP 站点需要用户提供用户名和密码，浏览器会自动弹出身份登录窗口，提示输入用户名和密码。

（3）使用 FTP 客户端软件访问 FTP 站点。FTP 客户端软件一般都是基于窗口方式的。FTP 客户端软件有 CuteFTP、WS_FTP 等。

7.3.4 远程登录

远程登录（TELNET）是指把本地计算机登录到 Internet 的某台计算机上，使本地计算机通过网络暂时成为远程计算机的终端。一旦登录成功，本地计算机相当于远程计算机的一个终端，用户可以像操作自己的计算机一样操作远程计算机，如输入命令、运行程序等。

远程登录服务使用 TELNET 协议提供类似仿真终端的功能，支持用户通过终端仿真共享其他主机的资源。被访问的主机可以在世界上任何一个地方，只要它也接入 Internet。

TELNET 是 TELecommunication NETwork 的缩写，是一个简单的远程终端协议。TELNET 提供双向的、面向字符（8 位数据）的通信方式。最初它被用作终端与面向终端的进程之间的通信标准，后来它也用于终端间的点对点通信，以及分布式环境下进程间的通信。

TELNET 采用客户 / 服务器模式，由运行在本地计算机（客户端）上的 TELNET 客户程序和运行在要登录的远程计算机（服务器端）上的 TELNET 服务器程序所组成。其中，客户程序完成与服务器的连接，接收用户输入，把用户的命令传送给远程服务器，接收服务器返回的信息并显示。而服务器端的程序一旦接收到客户端的请求后，马上被激活，并对用户的命令做出反应，执行相关命令，然后把结果送回客户端的计算机。TELNET 使用服务器的 23 号 TCP 端口，在该端口上等待 TELNET 客户端的连接请求。

为了和远程主机建立 TELNET 连接，必须知道远程主机的域名或 IP 地址，而且远程主机支持 TELNET 服务。此外还需要在远程主机上有一个合法的账号，包括用户标识和口令。在建立 TELNET 连接时，远程主机在确认用户是合法用户后才允许登录。TELNET 是一种公共服务，许多 Internet 上的主机允许用一个特定账户 guest 进行登录。运行 TELNET 程序进行远程登录有两种方式：

※ 在本地机上输入 telnet 命令，后面以主机域名或 IP 地址作为参数，命令格式为 telnet <远程主机 IP 地址或主机域名>。

※ 在本地机上先用 TELNET 命令进入 TELNET 状态，再用 open 命令与远程主机连接，命令格式为 telnet>open <主机域名或 IP 地址>。

当登录到远程主机上之后，若该主机使用的 UNIX 系统是 C Shell，则在终端上显示的是 %

提示符；若是 B Shell，则提示符为 $。在命令提示下输入"?"，将显示 TELNET 命令的帮助信息。

TELNET 服务可以使用户连接到远程主机上，利用远程主机完成所要做的工作。但 TELNET 服务安全性较差，黑客也会利用它来入侵，从而带来安全隐患。

7.4　Internet 接入技术

用户计算机和用户网络接入 Internet 所采用的技术和接入方式的结构统称为 Internet 接入技术，其发生在连接网络与用户的最后一段路程，是网络中技术最复杂、实施最困难、影响面最广的一部分。

7.4.1　接入网的概念

随着 Internet 的飞速发展，基于 Internet 的电子商务、远程教育、远程医疗、视频会议等多媒体应用迅速增加。人们对接入 Internet 的实际速度提出了更快的要求，而决定实际速度的主要因素有两个，即 Internet 主干网速度和用户接入 Internet 的接入网速度。

作为承载 Internet 应用的数据通信网，通信传输大体分为核心网（主干网）和接入网两大部分。核心网是基于光纤的通信系统，能实现大范围（如城市之间和国家之间）的数据传送。目前，对于核心网来说，由于光纤的应用以及各种宽带组网技术的日益成熟和完善，波分复用系统的带宽已达 400Gb/s，SDH、ATM 及波分复用（WDM）等技术已经投入使用，使核心网络速度不断提高，各种高速业务对核心网来说已经不是问题，可以说 Internet 核心网已经为各种高速业务做好了准备。但是由于光纤的昂贵，使在近期全部实现光纤入户不太现实，位于核心网和用户之间的接入网的发展相对落后，接入网成为提高网络实际速度的瓶颈，即核心网虽然带宽足够，但用户却不能高速接入。

接入网也称为用户环路，指核心网到用户终端之间的所有机线设备。接入网的主要任务是把用户接入到核心网，其长度一般为几百米到几千米，因而被形象地称为信息高速公路的"最后一公里"。接入网的宽带化、数字化是提高用户接入 Internet 速度的前提和基础，同时也是网络技术中的一大热点。

接入网根据使用的介质可以分为有线接入网和无线接入网两大类，其中有线接入网又可分为铜线接入网、光纤接入网和光纤同轴电缆混合接入网等，无线接入网又可分为固定接入网和移动接入网。

接入技术与接入方式的结构密切相关，所谓 Internet 接入方式是指用户采用什么设备，通过什么接入网络接入 Internet。用户可以借助于公用数据通信网络（电信网）、有线电视网和计算机局域网，并采用合适的接入技术把一台计算机或一个网络接入 Internet。目前，接入技术有两大类：一类是传统的窄带接入技术，如基于电信网的拨号接入、窄带 ISDN 接入；另一类是现在普遍使用的宽带接入技术，如基于电信网的 ADSL 接入、光纤接入、基于有线电视网的混合光纤同轴接入，以及高速无线接入。

7.4.2　窄带接入技术

传统的电信网络已具有百年历史，拥有庞大的用户群，借助电信网接入 Internet 是目前较为普遍的接入方式，所运用的接入技术已从早期的窄带拨号、ISDN 发展到现在普遍应用的宽带 ADSL。为了描述借助电信网接入 Internet 这种方式，常常又将其分为拨号接入和专线接入两种，拨号接入是通过普通电话线拨号和 ISDN 拨号，专线接入可以通过 DDN、帧中继、X.25 网或 ADSL 直接将计算机或网络接入 Internet。

1. 普通电话线拨号接入

拨号入网是一种利用调制解调器（modem）通过电话线和公用交换电话网（PSTN）接入 Internet 的方式。拨号接入网络系统的组成如图 7-9 所示。

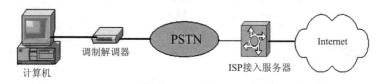

图 7-9　电话拨号接入 Internet

拨号接入采用串行网间协议（SLIP）或点对点（PPP）协议实现用户计算机与 ISP 主机之间的数据通信。SLIP 现在很少使用，大多数采用的是 PPP。

拨号接入主要适用于传输量较小的个人，只要用户拥有一台个人计算机、一个外置或内置的调制解调器和一根电话线，再向本地 ISP 申请自己的账号，或购买上网卡，拥有用户名和密码后，然后通过拨打 ISP 提供的接入号码连接到 Internet 上。这种接入方式的最大优点是设备投资小，费用少；缺点是连接速率太低，容易发生掉线现象。随着宽带接入技术的成熟，拨号接入逐渐被 ADSL 所取代。

（1）调制解调器。是一种完成数字与模拟信号相互转换的设备。在发送端将计算机的数字信号转换成适合于在电话线传输的模拟信号的过程称为调制，在接收端将通过电话线传过来的模拟信号恢复成数字信号的过程称为解调。

调制解调器的传输速率最初只有 9.6kb/s，后来发展到 14.4kb/s、28.8kb/s、33.6kb/s。1998 年 2 月，ITU 通过的电话线传输速率标准 V.90 标准将调制解调器下行信道的数据传输速率提到 56kb/s，上行信道的速率最高为 33.6kb/s。因此，使用最快的调制解调器，下行速率也只能够到 56kb/s。不过，由于线路质量的限制，用户通常不能得到调制解调器所标识的速率。

（2）ISP。所谓 ISP（Internet Service Provider）就是 Internet 服务提供者，是用户接入 Internet 的服务代理和用户访问 Internet 的入口点。具体指为用户提供互联网接入服务、信息业务和增值业务的电信运营商。ISP 是用户和 Internet 之间的桥梁，它位于 Internet 的边缘，用户通过某种通信线路连接到 ISP，借助于 ISP 与 Internet 的连接通道便可以接入 Internet。各国和各地区都有自己的 ISP。在我国，具有国际出口路线的四大互联网运营机构为 ChinaNET、ChinaGBN、CERNET、CASNET，它们在全国各地都设置了自己的 ISP 机构，如 ChinaNET 的 163 服务等。

2. ISDN 拨号接入

用户通过综合业务数字网（ISDN）接入 Internet 与使用调制解调器普通电话拨号方式类似，也有一个拨号的过程。不同的是，它不用调制解调器而是用另一种设备——ISDN 适配器来拨号。另外，普通电话拨号在线路上传输模拟信号，有一个调制解调器完成调制和解调的过程，而 ISDN 的传输是纯数字的过程，通信质量较高，其数据传输比特误码率比传统电话线路至少改善 10 倍，此外，它的连接速度快，一般只需几秒钟即可拨通。

ISDN 能向用户提供多种服务，除拨打电话外，还可以提供诸如可视电话、数据通信、传真等多种业务，从而将电话、传真、数据、图像等多种业务综合在一个统一的数字网络中进行传输。用户只需要一条电话线即可实现上述的综合业务，能做到上网和打电话或发传真同时进行，因此，ISDN 接入被称为"一线通"。

ISDN 的发展分为两个阶段，第一代为窄带 ISDN（N-ISDN），第二代为宽带 ISDN（B-ISDN）。这里讲解的是窄带 ISDN，基本速率接口（BRI）是 2B+D，即有两个 B 信道和一个 D 信道。一个传输数据的 B 信道的最高传输速率为 64kb/s，使用双 B 信道，最高数据传输速率可达 128kb/s。

ISDN 能够提供标准的用户 - 网络接口，通过标准接口将各种不同的终端接入到 ISDN 网络中，使用一对普通的用户线最多可连接 8 个终端，并为多个终端提供多种通信的综合服务。通过 ISDN 接入 Internet 既可用于独立的计算机，也可用于局域网。

对于用户通过 ISDN 接入 Internet，其设备的连接与普通电话线上网有所不同，在电话线与计算机之间需要加装 ISDN 终端设备。用户通过 ISDN 接入 Internet 的方式如图 7-10 所示。其中，NT1 是 ISDN 终端接口，TA 是 ISDN 终端适配器。图 7-10 中的电话与传真机是现有的模拟设备，属于非 ISDN 终端，所以需通过 TA 接入 NT1。ISDN 终端主要是指数字电话、数字传真、可视电话、电视会议系统、消息处理系统（MHS）、多功能终端以及终端适配器等单功能和多功能多媒体终端。

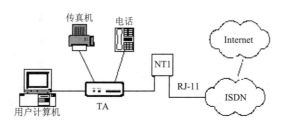

图 7-10　用户通过 ISDN 接入 Internet

ISDN 接入方式最主要的缺点还是带宽受限，最高仅能提供 128kb/s 的传输速率，只能适应低带宽的网络应用，如语音、可视电话等业务需求，但是无法满足网络日益增长的实时应用和多媒体应用对数据传输带宽的需求。

3．DDN 专线接入

对于接入 Internet 的计算机较多、业务量大的企业用户，可以采用租用电信专线的方式接入 Internet。我国现有的几大基础数据通信网络——中国公用数字数据网（ChinaDDN）、中国公用分组交换数据网（ChinaPAC）、中国公用帧中继宽带业务网（ChinaFRN）、中国无线数据通信网（ChinaWDN）均可提供线路租用业务。因而广义上专线接入就是指通过 DDN、帧中继、X.25、数字专用线路、卫星专线等数据通信线路与 ISP 相连，借助 ISP 与 Internet 主干网的连接通路访问 Internet 的接入方式。其中，DDN 专线接入最为常见，应用较广。

数字数据网（Digital Data Network，DDN）是利用光纤、数字微波或卫星等数字信道和数字交叉复用设备组成的数字数据传输网。它的主要作用是向用户提供永久性和半永久性连接的数字数据传输信道，既可用于计算机之间的通信，也可用于传送数字化传真、数字话音、数字图像信号或其他数字化信号。DDN 可提供点对点、点对多点的透明传输，它的基本速率为 64kb/s，用户租用的信道速率应为 64kb/s 的整数倍。

DDN 专线是指运营商将 DDN 中的数据电路出租给用户，用户通过数据终端单元（DTU）直接进入运营商 DDN 网络的方式。因为这种接入采用固定连接的方式，无须经过交换机，所以称为 DDN 专线。DDN 专线接入时，对于单用户是通过市话模拟专线接入的，可采用调制解调器、数据终端单元设备和用户集中设备就近连接到电信部门提供的数字交叉连接复用设备处；对于用户网络接入可采用路由器、交换机等。局域网通过 DDN 专线接入 Internet，如图 7-11 所示。

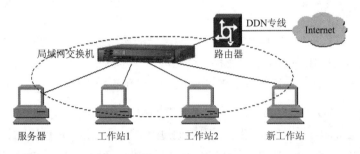

图 7-11　局域网通过 DDN 专线接入 Internet

DDN 专线信道分配固定，传输质量高，网络可靠性强，时延小，不用拨号，每天 24 小时永久连接，因此得到广泛的应用。但由于 DDN 专线需要铺设专用线路从用户端直接进入主干网络，花费较为昂贵，所以不适合普通的用户，特别适用于业务量大、实时性强的用户。

7.4.3　宽带接入技术

随着社会经济的发展以及各种新业务特别是宽带综合业务的应用日益增多，人们对传统的 Internet 接入方式——通过 Modem 拨号上网所提供的下行 56kb/s、上行 33.6kb/s 的速度越来越不满足。为了用户满足高速接入互联网的需求，一系列宽带接入新技术应运而生。

宽带是一个相对于窄带而言的电信术语，为动态指标，用于度量用户享用的业务带宽，目前还没有很严格的定义，一般是以拨号上网速率的上限 56kb/s 为分界，将 56kb/s 及其以下的接入称为窄带，之上的接入则归类于宽带。从一般的角度理解，它是能够满足人们感观所能感受到的各种媒体在网络上传输所需要的带宽，因此，它也是一个动态的、发展的概念。目前的宽带对家庭用户而言是指传输速率超过 1Mb/s，可以满足语音、图像等大量信息传递的需求。人们所说的"宽带上网"有可能是 ADSL 方式，也可能是有线电视的 Cable Modem（电缆调制解调器）或局域网专线接入 Internet 等。

相对窄带网络而言，宽带网络具有较高通信速率和吞吐量。通常宽带网络可作为高速主干网或互联网的数据传输通道。整个宽带网络可分为宽带传输网络、宽带交换网络和宽带接入网络三大部分，因此，宽带网络技术也可分为宽带传输技术、宽带交换技术和宽带接入技术。宽带传输网络主要采用以 SDH（同步数字体系）为基础的大容量光纤网络，宽带交换网络主要采用 ATM（异步传输模式）技术的综合业务数字网络，宽带接入网络主要有光纤接入、铜线接入、混合光纤/铜线接入和无线接入等。宽带接入网络是网络技术中最复杂、实施最困难、影响面最广的一部分。

宽带接入 Internet 是指用户需要一定的基础网络支持，实现和 Internet 高速连接。从传输媒体上分，宽带接入技术可以分为基于铜线的数字用户线（DSL）接入、光纤接入和基于有线电视网的混合光纤同轴（HFC）电缆接入等多种有线接入技术以及无线接入技术。

1. 数字用户线 xDSL 接入技术

xDSL 技术，也称铜线宽带接入技术，是各类 DSL（Digital Subscriber Line）的统称，即数字用户线路。

xDSL 技术采用更先进的数字编码技术和调制解调技术，利用现有的普通电话线路传送宽带信号。它可以使用户通过现有的 PSTN 网络接入宽带网络。它可以使铜线从只能传输语音和低速数据接入发展到可以传输高速数据信号。由于 PSTN 网络已经被大量铺设，通过这种方式接入 Internet 是最为经济的接入方式。

根据信号传输速率、距离的不同，以及上行信道和下行信道的对称性不同，xDSL 技术又有多种变体，主要包括高比特率的数字用户线（HDSL）、非对称数字用户线（ADSL）和甚高比特率的数字用户环路线（VDSL）。由于 ADSL 应用更加广泛，下面对 ADSL 技术进行介绍。

ADSL（Asymmetric Digital Subscriber Line）是在一对铜线上（普通电话双绞线）利用特有的调制解调器进行高速数据传输的技术。由 ADSL 的名字可以想到，它是非对称的，即用户线的上行速率和下行速率不同。从用户到网络的上行速率为 512kb/s ~ 1Mb/s 的低速传输，从网络到用户的下行速率为 1 ~ 8Mb/s 的高速传输，有效传输距离在 3 ~ 5km 范围以内。这样就使得 ADSL 特别适合下行流量比较大，而上行流量比较小的互联网服务，例如网页和多媒体信息浏览、多媒体信息检索和其他交互式业务。ADSL 是一种廉价的宽带接入技术，它克服了用户在“最后一公里”的瓶颈，实现了宽带接入。

ADSL 调制解调器的核心是编码技术。在调制方式上，目前国内采用的是离散多音频复用（Discrete Multi-Tone，DMT）技术。DMT 技术将原先电话线路 0Hz ~ 1.1MHz 频段划分成 3 条速率不同的数据通道。其中，4kHz 以下频段仍用于传送传统电话业务，20 ~ 138kHz 的频段用来传送上行信号，138 ~ 1104kHz 的频段用来传送下行信号，总工作频段限制在 1MHz 以内。由上可看到，对于原先的电话信号而言，仍使用原先的频带，而基于 ADSL 的业务使用的是话音以外的频带，所以，原先的电话业务不受任何影响。

ADSL 可直接利用用户现有的电话线路，不需重新布线，在线路两侧各安装一台 ADSL 调制解调器即可为用户提供高速宽带服务。在硬件连接上，先将电话线接入分离器的 Line 口，再用电话线分别将 ADSL Modem 和电话与分离器的相应接口相连，然后用交叉网线将 ADSL Modem 连接到计算机的网卡接口，如图 7-12 所示。

图 7-12　ADSL 接入 Internet

总体说来，ADSL 技术允许多种格式的数据、话音和视频信号通过铜线从局端传给远端用户，可以支持高速 Internet 访问、在线业务、视频点播、电视信号传送、交互式娱乐等。其主要优点是能在现有的铜线资源上传输高速业务，解决光纤不能完全取代铜线"最后一公里"的问题。但 ADSL 技术也有其不足之处。它们的覆盖面有限，只能在短距离内提供高速数据传输，并且一般高速传输数据是非对称的，仅仅能单向高速传输数据。因此，这些技术只适合一部分应用。

2. 混合光纤同轴电缆接入技术

混合光纤同轴（Hybrid Fiber Coaxial，HFC）电缆接入也称为有线电视网宽带接入。它采用光纤到服务区，而在到达用户的"最后一公里"采用同轴电缆，可以提供电视广播（如模拟及数字电视）、影视点播、数据通信、电信服务（电话、传真等）、电子商贸、远程教学与医疗以及丰富的增值服务（如电子邮件、电子图书馆）等。

HFC 接入技术是以有线电视网为基础，采用模拟频分复用技术，综合应用模拟和数字传输技术、射频技术和计算机技术所产生的一种宽带接入网技术，也可以说是有线电视网的延伸。从用户角度来看，HFC 是经过双向改造的有线电视网；但从整体上看，它是以同轴电缆网络为最终接入部分的宽带网络。

HFC 的主要优点是基于现有的有线电视网络，除了可以提供 CATV 网提供的业务外，还能提供数据和其他交互型业务，因此，成本较低，将来可方便地升级到光纤到户（FTTH）。但其缺点是必须对现有有线电视网络进行改造，以提供双向业务的传送。Cable Modem 技术就是基于 HFC 的网络接入技术。

1）HFC 结构

HFC 网络充分利用现有的 CATV 宽带同轴电缆的特点，以光缆作为网络的主干线、同轴电缆为辅助线路，建立用户接入网络。该网络连接用户区域内的光纤结点，再由结点通过 750MHz 的同轴电缆将有线电视信号送到最终用户。

HFC 网络是一个双向共享介质系统，主要结构由头端、光纤结点及光纤干线，从光纤结点到用户的同轴电缆 3 部分组成，如图 7-13 所示。头端的主要功能是将模拟电视信号调制在 HFC 所规定的 50 ~ 450MHz 或 550MHz 的频段传输，光纤结点把光纤干线与同轴电缆连接起来，电缆分线盒可使多个用户共用相同的电缆。

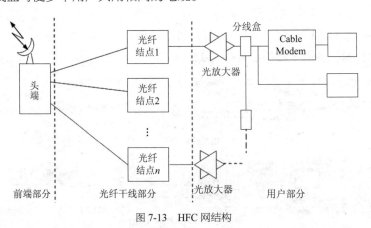

图 7-13　HFC 网结构

2）Cable Modem

Cable Modem（电缆调制解调器）是适用于有线电视网传输体系的调制解调器，其主要功能是将数字信号调制到射频信号，以及将射频信号中的数字信号解调出来。Cable Modem 利用有线电视电缆的工作机制，使用电缆带宽的一部分来传送数据。

1998 年 3 月，ITU 组织确定了在 HFC 网络内进行高速数据通信的规范，为 Cable Modem 接入系统的发展提供了保证。通过 Cable Modem，用户可在有线电视网络内实现访问 Internet、IP 电话、视频会议、视频点播、远程教育、网络游戏等应用。

Cable Modem 一般有两个接口，一个用来连接室内墙上的有线电视端口，另一个和计算机或交换机相连。图 7-14 为利用 Cable Modem 接入 Internet 的示意图。

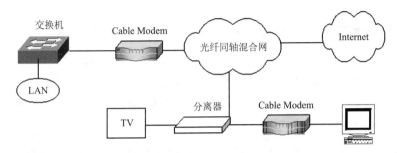

图 7-14　利用 Cable Modem 接入 Internet

Cable Modem 与普通的调制解调器在原理上相似，都是将数据进行调制后变成模拟信号在电缆的一个频率范围内传输，接收时进行解调，将模拟信号转换为数字信号。和普通的调制解调器不同的地方在于，Cable Modem 是通过 HFC 的某个传输频率进行调制解调的，其他空闲的频段仍然可用来传输有线电视信号，所以它是一种共享通信介质的系统，而普通的 Modem 的传输介质在用户和交换机之间是独立的，即独占通信介质。另外，Cable Modem 本身不单纯是调制解调器，它集调制解调器、调谐器、加密解密设备、桥接器、网络接口卡、简单网络管理协议（SNMP）代理和以太网集线器的功能于一身。

Cable Modem 也类似于 ADSL，提供非对称的双向信道。上行信道采用的载波频率为 5 ～ 42MHz，可实现 128kb/s ～ 10Mb/s 的传输速率。下行信道的载波频率在为 42 ～ 750MHz，可实现 27 ～ 36Mb/s 的传输速率。

Cable Modem 和 ADSL 是实现用户宽带接入的两种技术，它们传输数据的速率可达到几十兆比特每秒。它们都采用非对称传输方式，但这两种技术的工作原理完全不同，各有特点。Cable Modem 采用电视电缆传输数据，用户与前端的通信为总线方式，一台前端设备可为多个用户提供服务。

从国外宽带网络服务的发展过程来看，基于 CATV 网络的 Cable Modem 技术已经成为与传统电信部门提供宽带服务竞争的强劲对手。在国内 Cable Modem 宽带接入在智能小区、校园网络、宾馆会所等领域的应用早已展开。

3. 光纤接入技术

光纤通信具有容量大、质量高、性能稳定、防电磁干扰和保密性强等优点，正得到迅速发展和应用。除了主干网络逐渐光纤化外，光纤在接入网中也正在被广泛应用。

光纤接入是指交换局端与用户之间完全采用光纤作为传输介质,构成光纤接入网(OAN),即在局端与用户之间采用光纤通信或部分采用光纤通信。光纤接入网在交换局中设有光线路终端(OLT),在用户侧有光网络单元(ONU),OLT 和 ONU 之间用光纤连接。ONU 可以用多种方式连接用户,一个 ONU 可以连接多个用户。

光纤接入网属于城域网的范畴,目前已经建立的 MAN 的 Internet 出口带宽通常在 10Gb/s 以上,如此高的带宽决定了光纤接入适用于局域网接入 Internet。

根据光纤向用户延伸的距离,即光网络单元所在位置,光纤接入网有多种应用形式,其中最主要的 3 种形式是光纤到路边(Fiber To The Curb,FTTC)、光纤到大楼(Fiber To The Building,FTTB)和光纤到户(Fiber To The Home,FTTH)。其中,FTTH 将是未来宽带接入网发展的最终形式。

FTTB+LAN 称为基于以太网的宽带接入网,是以以太网为基础,利用数字宽带技术,实现“千兆到社区,局域网百兆到楼宇,十兆到用户”,为用户提供网络的高速接入。

FTTB+LAN 由局端设备和用户端设备组成。局端设备一般位于小区内,用户端设备一般位于居民楼内。局端设备提供与 IP 主干网的接口,并具有汇聚用户端设备、网管的功能。用户端设备提供与用户终端计算机相接的 10/100Base-T 接口。

FTTB+LAN 接入比较简单,对用户来讲,并没有增加什么设备,只是墙上多了个“信息插座”而已。对用户计算机的硬件要求和普通局域网的要求一样,只需在计算机上安装一块以太网卡即可接入 Internet。

如图 7-15 所示,利用光纤 + 五类双绞线接入方式实现 1Gb/s 到路边,100Mb/s 到大楼,10Mb/s 到桌面。对单位可采用直接接入用户,对住宅采用五类双绞线到户。

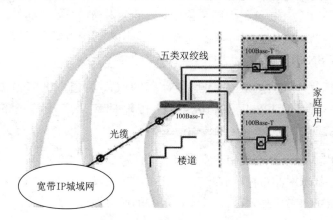

图 7-15　光纤 +LAN 接入示例

FTTB+LAN 为最终光纤到户提供了一种过渡,但是 FTTB 带宽为共享式,住户实际可得的带宽受并发用户数限制。此外,ISP 必须投入大量资金铺设高速网络到每个用户家中,已建小区线路改造工程量大,所以适合于新建小区。

光纤接入网,特别是 FTTH 接入网,因具有频带宽、容量大、信号质量好、可靠性高等优点,可以提供多种业务乃至未来宽带交互型业务,是实现 B-ISDN 的最佳方案,而被认为是接入网的发展方向。但目前由于光纤接入存在成本较高,普通用户难以承受等制约因素,短期内必将仅仅以主干网的形态出现,实现光纤到户宽带接入的广泛应用尚需时日。

4．宽带无线接入技术

无线接入是指部分或全部采用卫星、微波等无线传输方式，将用户终端接入到业务结点，向用户提供各种业务的通信方式。

宽带无线接入（Broadband Wireless Access，BWA）技术是基于 MPEG（活动图像数字压缩编码）技术，为适应交互式多媒体业务和 IP 应用的一种双向宽带接入技术。与传统仅提供窄带话音业务的无线接入技术不同，BWA 面向的主要应用是 IP 数据接入和话音接入。

宽带无线接入技术的出现源于 Internet 的发展和用户对宽带数据需求的不断增长。各个国家从 1999 年开始纷纷为 BWA 分配频率，其中主要包括 2.5GHz、3.5GHz、5GHz、24GHz、26GHz 等频段。北美国家主要分配了 2.5GHz，欧洲的国家则主要分配了 3.5GHz 频率资源。20GHz 以上的宽带无线接入技术统称为本地多点分配技术（LMDS）。我国为 BWA 分配的频率资源包括 3.5GHz、5.8GHz、26GHz LMDS，其中 5.8GHz 为扩频通信系统、宽带无线接入系统、高速无线局域网、蓝牙系统等共享的频段，其余两个频带则是宽带无线接入专有频带。

宽带无线接入技术从是否支持终端移动性方面来区分，可以分为移动宽带无线接入技术和固定宽带无线接入技术。移动宽带无线接入技术主要指第三代移动通信技术，如 WCDMA、CDMA2000 等。这类移动通信技术支持终端移动性，可以实现终端移动状态下的宽带无线接入，但是在不同的移动速度下，接入带宽可能不同。固定宽带无线接入技术主要有 MMDS/LMDS、自由空间光通信 FSO、IEEE 固定无线接入技术（包括 IEEE 802.11/802.16/802.20）等。固定无线接入技术不支持终端移动性，因而没有移动性管理功能，系统实现较为简单。目前宽带无线接入技术主要有本地多点分配服务（LMDS）、多信道多点分配服务（MMDS）、无线局域网等。

宽带无线接入技术目前虽然没有像有线 ADSL 技术那样成为主流的接入手段，但无线接入具备有线接入无法比拟的优势。与有线网比，无线接入网具有建设周期短，维护费用小，可根据用户需要进行建设，可同时向用户提供固定接入、移动接入和支持个人通信等优点。

7.5　Intranet 基本知识

7.5.1　Intranet 的概念

现代企业的发展越来越集团化，企业的分布也越来越广，甚至跨国界的公司也越来越多。对于这些地理位置分散的企业来说，企业内部的很多信息，例如经营策略、业务发展情况、人事变动情况等都要及时、准确、省力地传达给企业的每一个员工，而要做到这些，可以利用 Internet 的技术建立企业自己的信息网络系统。因此，企业内部网（Intranet）诞生了。

Intranet 按字面直译就是内部网的意思，为了与国际互联网（Internet）对应，通常称之为内联网，表示在特定组织机构内使用的互联网络。

Intranet 是 Internet 技术应用于企业内部的一个成功典范，它的出现带来了企业信息系统网络发展的一场革命。其基本思想是：在内部网络上采用 TCP/IP 作为通信协议，利用 Internet 的 Web 技术作为平台，通过防火墙把内部网络与 Internet 隔开。

Intranet 继承和发展了 Internet 的许多技术，主要有 WWW、电子邮件、数据库等各项技术，其中的核心技术是 WWW。但 Intranet 和 Internet 有很大的区别，主要有以下几点：

※ Internet 是公众网，允许任何人从任意结点登录上去并访问整个网络的信息，并且允许任何人通过它进行通信；而 Intranet 则是内部网，不仅被防火墙与 Internet 分隔开来，而且内部通常还有严密的安全体系，未授权的用户无法访问其中的信息。

※ Internet 的信息主要是公众性的，大部分是广告、新闻、免费软件等；而 Intranet 中的信息是公司内部的，不用于对外公布。

※ Internet 十分庞大，管理非常复杂，各个结点的通信线路也各式各样，运行效率难以保障；而 Intranet 相对来说规模小得多，管理比较严格，网络线路一般都比较好，因此，运行性能较高。

企业在构建 Intranet 时，并不需要对传统企业内部网的网络层以下的技术进行改变，Intranet 的核心是 TCP/IP 及其服务，所以主要是针对企业内联网的网络层及网络层以上技术进行改变与扩展。Intranet 并不等于局域网，Intranet 可以是局域网、城域网甚至是广域网的形式。

7.5.2 Intranet 的组成

典型的 Intranet 的组成如图 7-16 所示，主要由服务器群、远程访问系统和安全系统三大部分组成。

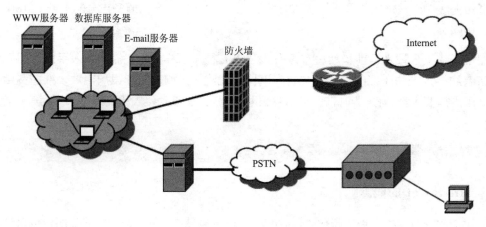

图 7-16　Intranet 的基本组成

※ 服务器群。主要有 WWW、数据库、电子邮件和文件传输等基本服务器。数据库服务器是 Intranet 的重要组成部分，不仅可提供客户 / 服务器模式，也可提供浏览器 / 服务器（Browser/Server）模式的数据库访问方式。WWW 是 Intranet 最主要的应用系统，建立 WWW 服务器用于存储、管理 Web 页与提供 WWW 服务，实现企业在 Internet 和 Intranet 上的信息发布。通过电子邮件服务器，可以实现企业工作人员与上级机构、分支机构等电子信息的传递。

※ 远程访问系统。提供远程用户或远程分支对企业网络访问。远程主机或分支网络可通过电话拨入、ISDN、专线或 VPN 方式连入，实现企业所有站点通过网络高速访问 Internet。

※　安全系统。在企业 Intranet 网络应用环境下，企业网络与 Internet 的联系将越来越密切，网络的安全将是保证企业正常运行的必要条件，包括系统安全（物理、OS、密码）、通信安全（传输）和边界安全（如防火墙技术）。

Intranet 采用了 3 层结构，即客户端、Web 服务器和数据库服务器，如图 7-17 所示。

图 7-17　Intranet 的结构

当客户端有请求时，向 Web 服务器提出请求服务，当需要查询服务器时，Web 服务器通过某种机制请求数据库服务器的数据服务，然后，Web 服务器把查询结果转变为 HTML 的网页返回浏览器并显示出来。Web 服务器与数据库服务器之间的接口是 Intranet 应用的关键，最开始采用公共网关接口（CGI）程序和应用程序接口（API）。近年来又推出了 PHP、ASP 等多种开发技术，对 Intranet 及 Internet 提供了有力的支持。

7.5.3　Intranet 的特点及应用

Intranet 的优势在于其开放性、通用性、简易性。对内，Intranet 将企业内部各自封闭的局域网信息孤岛连成一体，实现企业级的业务管理、信息交换和资源共享；对外，可方便地接入 Internet，完成全球性的各种业务管理和信息交换。综合来看，Intranet 具有以下几方面特点：

※　Intranet 基于 TCP/IP 协议簇，可以与 Internet 进行无缝连接。Intranet 既可以接入 Internet 成为其一部分，也可以独立组网，自成体系，系统可扩展性强。

※　Intranet 的技术基础是 WWW 技术，它的优点在于协议和技术标准的公开性，可以跨平台组建。采用浏览器/服务器结构，用户终端采用通用软件——浏览器，系统通用性强。

※　Intranet 提供基于 Internet 的网络服务，如 WWW、FTP、E-mail 等。采用 SNMP 作为网络管理协议，操作简单，维护更新方便。

※　Intranet 为企业或组织所有，是企业内部非开放性网络，访问需要一定的权限。

Intranet 由于其建设成本低、简单易用、见效快、回报率高等优势，已在企业中得到广泛应用，除了拥有 WWW、E-mail、FTP 等服务之外，还有以下几方面的应用：领导决策的多媒体查询；远程办公；无纸公文传输；公告、通知发布和专题讨论；企业动态及企业刊物；形象宣传与联机服务；分布式数据库存取和资料发布等。

本章小结

本章主要介绍了 Internet 的概念及其工作模式、域名系统、Internet 提供的基本服务、Internet 接入技术和 Intranet 基本知识。

1. Internet 的概念及其工作模式

Internet 是全球最大的、由世界范围内众多网络互联而形成的计算机互联网。Internet 把全球各种各样的计算机网络和计算机系统连接起来，不论是局域网还是广域网，不论是大中型机还是微型计算机，不管它们在世界上什么地方，只要遵循 TCP/IP 就可以连入 Internet。Internet 上的许多应用服务，如电子邮件、万维网、文件传输、远程控制等都是采用客户 / 服务器的工作模式。

2. 域名系统

域名是用更容易记忆的符号名来代替不易记住的 IP 地址。域名与 IP 地址存在对应关系，访问 Internet 上的主机时，既可以使用 IP 地址也可以使用域名。域名系统（DNS）是一个分级的、基于域的命名机制的分布式数据库系统，实现域名和 IP 地址之间的转换。

3. Internet 提供的基本服务

Internet 提供的基本服务有万维网服务、电子邮件服务、远程登录服务、文件传输服务等，这些服务构成了 Internet 各种应用的基础。

4. Internet 接入技术

用户计算机和用户网络接入 Internet 所采用的技术和接入方式的结构统称为 Internet 接入技术。目前，接入技术有两大类：一类是传统的窄带接入技术，如基于电信网的拨号接入、窄带 ISDN 接入；另一类是现在普遍使用的宽带接入技术，如基于电信网的 ADSL 接入、光纤接入，基于有线电视网的混合光纤同轴接入以及高速无线接入。

5. Intranet 基本知识

Intranet 通常称为内联网，表示在特定组织机构内使用的互联网络。Intranet 是 Internet 技术应用于企业内部的一个成功典范。Intranet 继承和发展了 Internet 的许多技术，主要有 WWW、电子邮件、数据库等，其中的核心技术是 WWW。

习题

一、概念解释

域名，域名解析，HTTP，HTML，URL，Intranet。

二、选择题

1. 关于客户 / 服务器应用模式，以下（　　）是正确的。

　　A. 由服务器和客户机协同完成一项任务

　　B. 客户机从服务器上将应用程序下载到本地执行

　　C. 在服务器端每次只能为一个客户服务

　　D. 是一种许多终端共享主机资源的系统

2. DNS（域名系统）是一个分布式数据库系统，实现域名到（　　）之间的映射。

    A. 域名地址　　　B. URL 地址　　　C. 主页地址　　　D. IP 地址

3. 域名服务器上存放有 Internet 主机的（　　）。

    A. 域名　　　　　　　　　　　B. IP 地址

    C. 域名和 IP 地址的对照表　　　D. E-mail 地址

4. 下列域名中，属于教育机构的是（　　）。

    A. ftp.bta.net.cn　　　　　　　B. ftp.cnc.ac.cn

    C. www.ioa.ac.cn　　　　　　　D. www.pku.edu.cn

5. 网页是由（　　）语言编写而成的。

    A. BASIC　　　B. C　　　　　C. HTML　　　D. 网址

6. www.cemet.edu.cn 是 Internet 上一台计算机的（　　）。

    A. IP 地址　　　B. 主机域名　　　C. 协议名称　　　D. 命令

7. 如果没有特殊声明，匿名 FTP 服务登录账号为（　　）。

    A. user　　　　　　　　　　　B. anonymous

    C. guest　　　　　　　　　　　D. 用户自己的电子邮件地址

8. Internet 中用于文件传输的协议是（　　）。

    A. TELNET　　　B. BBS　　　C. WWW　　　D. FTP

9. 下面的协议中，（　　）是一个发送 E-mail 的协议。

    A. SMTP　　　B. POP　　　C. TELNET　　　D. HTTP

10. 窄带 ISDN 的基本速率接口（BRI）是 2B+D，使用双 B 信道接入 Internet 可获得的最大速率是（　　）。

    A. 512kb/s　　　B. 128kb/s　　　C. 64kb/s　　　D. 144kb/s

11. ADSL 的传输速率是（　　）。

    A. 上下行速率都是 8Mb/s　　　　　B. 上行速率是 8Mb/s，下行速率是 1Mb/s

    C. 上下行速率都是 1Mb/s　　　　　D. 上行速率是 1Mb/s，下行速率是 8Mb/s

12. 利用已有的有线电视光纤同轴混合网 (HFC) 进行 Internet 高速接入的是（　　）。

    A. Modem 电话拨号　　　　　　B. ISDN

    C. ADSL　　　　　　　　　　　D. Cable Modem

三、填空题

1. Internet 上采用的通信协议是＿＿＿＿＿＿＿＿协议簇。

2. 在 Internet 上，可以唯一标识一台主机的是＿＿＿＿或＿＿＿＿。

3. Internet 采用的工作模式为＿＿＿＿＿＿＿＿＿＿。

4. 使用＿＿＿＿＿＿＿＿将域名映射成对应的 IP 地址。

5. 域名采取＿＿＿＿结构，其结构可表示为＿＿＿＿＿＿＿＿＿＿。

6. Internet 提供的基本服务有 E-mail、＿＿＿＿＿、FTP、＿＿＿＿＿、＿＿＿＿＿。

7. WWW 服务中采用了＿＿＿＿工作模式。信息资源以＿＿＿＿的形式存储在 Web 服务器中，查询时通过用户的浏览器向 Web 服务器发出请求，Web 服务器返回所指定的网页信息，浏览器对其进行＿＿＿＿，最终将画面显示给用户。

8. WWW 的服务器与客户端程序之间是通过＿＿＿＿＿＿＿＿协议进行通信的。

9. WWW 上的每个网页都有一个独立的地址，这个地址称为＿＿＿＿＿＿＿＿。

10. FTP 系统是一个通过 Internet 传输＿＿＿＿＿＿＿＿的系统。

11. FTP 服务器默认使用 TCP 的＿＿＿＿＿＿＿＿号端口。

12. 决定接入 Internet 的实际速度的主要因素有两个：＿＿＿＿速度和＿＿＿＿速度。

13. 用户可以借助于公用数据通信网（电信网）、＿＿＿＿和＿＿＿＿接入 Internet。

14. Intranet 是基于＿＿＿＿技术的具有防止外界侵入安全措施的企业内部网络。

15. Intranet 采用了 3 层结构，即＿＿＿＿、＿＿＿＿和＿＿＿＿。

四、简答题

1. 简述 Internet 的产生和发展历程。

2. 简述 Internet 的浏览器／服务器结构的工作原理。

3. 什么是域名？域名服务器有何作用？

4. 简述域名递归解析的过程。

5. Internet 有哪些基本信息服务？

6. 什么是 URL？它的格式由哪几部分组成？试举例说明。

7. WWW 与 Internet 有何区别？

8. 一个标准的 E-mail 服务器的基本功能是什么？

9. 简述什么是"最后一公里"问题？

10. 简述 Intranet 的组成及特点。

第8章

网络管理与安全

为了保证计算机网络能够正常地运行并保持良好的状态，涉及网络管理和网络安全两个方面。网络管理可以保证计算机网络能够正常运行，出现故障等问题能够及时处理；网络安全可以保证网络中的软件系统、数据以及设备等重要资源不被恶意的行为干扰或侵害。由于网络管理和网络安全都是一门专业学科，所以本章仅对网络管理和网络安全的基本内容进行初步介绍。

本章要点

※ 网络管理与安全基础

※ 防火墙技术

※ 计算机病毒及其防范

8.1 网络管理基础

8.1.1 网络管理简介

一个有效和实用的计算机网络离不开网络管理，网络管理技术已经成为计算机网络中的一个重要领域。在网络发展初期，接入结点比较少，结构也简单，因此，有关网络的故障检测和性能监控比较简单且容易实现，网络管理员使用简单的工具程序或命令就可以完成大多数的网管任务。现在网络规模已经发展到能够覆盖全球的地步，上述方法就不能满足要求了。在这种形势下，真正意义上的计算机网络管理方案和实用系统才逐渐成长起来。

1. 网络管理目的与内容

网络管理是为了保证网络系统能够持续、稳定、安全、可靠和高效地运行而对网络实施的一系列方法和措施。在计算机网络的硬件中，实际存在着服务器、工作站、网关、路由器、交换机、集线器、传输介质与各种网卡；而计算机网络操作系统有可能是 UNIX、Windows、NetWare 等，并且计算机网络中还有各种通信软件和大量的应用软件。网络管理系统的任务就是收集网络中各种设备的工作参数和状态信息，显示给管理操作人员并进行处理，从而控制网络设备的工作参数和工作状态，使其可靠运行，网络服务不被中断。

简单说来，网络管理的目的就是通过对组成网络的各种软、硬件设施的综合管理，达到充分利用这些资源的目的，并保证网络向用户提供可靠的通信服务。网络管理的内容通常可以用 OAM&P（运行、控制、维护和提供）来概括。

※ 运行（Operation）。针对向用户提供有效的服务、面向网络整体而进行的管理，如用户流量管理、对用户的计费等。

※ 控制（Administration）。针对向用户提供有效的服务，为满足服务质量要求而进行的管理活动。如对整个网络的管理和网络流量的管理。

※ 维护（Maintenance）。针对保障网络及其设备的正常、可靠、连续运行而进行的管理活动，如故障的检测、定位和恢复，以及对设备单元的测试。又分为预防性维护和修正性维护。

※ 提供（Provision）。针对电信资源的服务准备而进行的管理活动，如安装软件、配置参数等。为实现某个服务而提供资源、向用户提供某个服务等都属于这个范畴。

2. 网络管理的 5 个功能域

ISO 很早就在 OSI 的总体标准中提出了网络管理标准的框架，即 ISO 7498-4。ITU-T 和 ISO 合作，制定了一系列标准的建议书，其中最重要的是 CMIS（公共管理信息服务）和 CMIP（公共管理信息协议）。在 OSI 网络管理标准中，基本的网络管理功能被分成 5 个功能域：故障管理、配置管理、计费管理、性能管理和安全管理。每个功能域都给出了一系列功能定义，这也是任何一个网管系统所要实现的主要内容。

※ 故障管理（fault management）。又称为失效管理，主要对来自硬件设备或路径结点的报警信息进行监控、报告和存储，以及进行故障诊断、定位与处理。所谓"故障"是指那些引起系统无法正常运行的差错。一般说来，管理系统中的被管对象都设定了一个阈值，系统定时查询被管理对象的状态，以便确定是否出现了故障。网络故障管理包括故障检测、隔离和排除三方面。

※ 配置管理（configuration management）。用于定义、识别、初始化、监控网络中被管对象，改变其操作特性，报告其状态的变化。

※ 计费管理（accounting management）。当计算机网络系统中的资源在有偿使用的情况下，记录用户使用网络资源的情况并核算费用，同时也统计网络的利用率。

※ 性能管理（performance management）。主要是收集和统计运行中的网络的主要性能参数，如网络的吞吐量、用户的响应时间和线路的利用率等，以便评价网络资源的运行状况和通信效率等系统性能。

※ 安全管理（security management）。保证网络资源不被非法使用。安全管理一般要设置有关的权限，确保网管系统本身不被未经授权者访问以及网络管理信息的机密性和完整性。与此对应，网络安全管理主要包括授权管理、访问控制管理、安全检查跟踪、事件处理和密钥管理。

这 5 个管理功能域基本上覆盖了网络管理的范围，分别执行不同的网络管理任务，这也是任何一个网管系统所要实现的主要内容。通常，一个网管系统只需选取其中几个功能加以实现。但传统的电信网的管理功能一般使用 OAM&P 来描述，实际上这种描述方法和 OSI 的

5 个管理功能域差不多，只不过考虑的角度不同而已。

8.1.2 网络管理体系结构

在网络管理体系结构中，网络管理被抽象成一种独特的网络应用，其管理模型由管理进程、代理、管理信息库和网络管理协议 4 个部分组成，如图 8-1 所示。

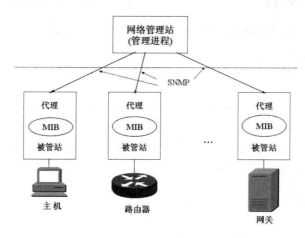

图 8-1 网络管理模型

在管理系统中直接管理被管设备的是代理进程（agent），简称"代理"，在网络管理中起到核心作用的是管理进程（manager）。管理进程利用通信手段，通过代理来管理各种被管理的设备。管理进程和代理之间的通信一般采用客户/服务器模式，客户端（管理进程）发出请求，服务器（代理进程）做出应答。

※ 管理进程。负责管理代理和管理信息库（MIB），用来对监控的设备发出管理指令，通过各设备的代理对设备资源完成监视和控制。管理进程是网络管理的核心软件，一般是安装在被称为网络管理工作站的主机上。在该主机上运行网络管理协议、网络管理支持工具和网络管理应用软件。每个网络中至少有一个网络管理工作站，它运行管理进程软件，对其他站进行管理。管理站一般都是带有彩色监视器的工作站，可以显示所有被管设备的状态（例如连接是否掉线、各种连接上的流量状况等），网管操作人员通过管理进程对全网进行管理。

※ 代理。代理是一种软件，在被管理的网络设备中运行，负责执行管理进程的管理操作，并向管理工作站发送一些重要管理事件（如设备的报警）信息。代理直接操作本地信息库，如果管理进程需要，它可根据要求改变本地管理信息库或提取数据传回到管理进程。每一个被管设备中都包含一个代理，实际上网络被管设备都是由在其上运行的代理负责收集并存储本地的管理信息，响应来自管理进程的命令或主动向管理进程发送信息。

※ 管理信息库（Management Information Base，MIB）。管理信息库是一个概念上的数据库，是所有代理进程包含的，并且能够被管理进程进行查询和设置的信息集合。代理所收集的网络设备的系统信息、资源使用及各网段信息流量等管理信息都存放在 MIB 中。每个代理拥有自己的本地 MIB，各代理控制的管理对象共同构成全网的MIB。

※ 网络管理协议。是管理进程与代理进程之间信息交换的通信规范。管理进程通过网络管理协议向被管设备发出各种请求报文，代理接收这些请求并执行相应的动作。同时，代理也可以通过网络管理协议主动向管理进程报告异常事件。当前普遍采用的网络管理协议是简单网络管理协议（SNMP）。

8.1.3 简单网络管理协议

对应于两大主要的网络模型——ISO 的 OSI/RM 网络模型和 TCP/IP 网络模型，网络管理也存在着公共管理信息网络管理模型（CMIP/CMIS）和简单网络管理模型（SNMP）。其中，SNMP 以其简单、灵活的特点而得到广泛应用。

简单网络管理协议（Simple Network Management Protocol，SNMP）是 TCP/IP 协议簇的一个应用层协议。SNMP 在应用层进行网络设备间通信的管理，它可以进行网络状态监视、网络参数设定、网络流量统计与分析、网络故障发现等。由于其简单实用并尽可能地减少网络开销，所以得到了普遍应用，现已成为网络管理领域实施上的工业标准。

1. SNMP 的发展

SNMP 是为了管理 TCP/IP 网络提出来的模型，是随着 Internet 的发展而发展起来的。在 Internet 发展的前期，由于规模和范围有限，网络管理的问题并未得到重视，直到 20 世纪 70 年代，仍然没有正式的网络管理协议，对网络的管理停留在使用控制报文协议 ICMP 和 ping 工具的基础上。ICMP 通过在网络实体间交换 echo 和 echo-reply 的报文对，测试网络设备的可达性和通信线路的性能。然而随着 Internet 的迅猛发展，连接到 Internet 上的网络设备数目也越来越多，而网络设备来自各个不同的厂家，如何管理这些设备就变得十分重要。

在网络管理协议产生以前的时间里，网络管理者要学习各种从不同网络设备获取数据的方法，因为各个生产厂家使用专用的方法收集数据，相同功能的设备，不同的生产厂商提供的数据采集的方法可能大相径庭。在这种情况下，人们感到需要有一个通用的网络管理标准协议，从而统一规范网络管理。

首先开始研究网络管理标准问题的是国际标准化组织（ISO），他们对网络管理的标准化工作始于 1979 年，主要针对 OSI（开放系统互连）七层协议的传输环境而设计。ISO 的成果是 CMIS（公共管理信息服务）和 CMIP（公共管理信息协议）。CMIS 支持管理进程和管理代理之间的通信要求，CMIP 则是提供管理信息传输服务的应用层协议，两者规定了 OSI 系统的网络管理标准。

1988 年，Internet 工程任务组（IETF）为了管理 Internet，决定采用基于 OSI 的 CMIP 作为 Internet 的管理协议，并对它做了修改，修改后的协议被称作 CMOT(Common Management Over TCP/IP)。但由于 CMOT 迟迟未能出台，IETF 决定把已有的 SGMP（简单网关监控协议）进一步修改后作为临时的解决方案。这个在 SGMP 基础上开发的解决方案就是著名的 SNMP，也称 SNMPv1。

1993 年，IETF 制定了 SNMPv2。该版本受到各网络厂商的广泛欢迎，并成为事实上的网络管理工业标准。SNMPv2 是 SNMPv1 的增强版，SNMPv2 较 SNMPv1 版本主要在系统管理接口、协作操作、信息格式、管理体系结构和安全性几个方面有较大的改善。1999 年发布了

SNMPv3，涵盖了 SNMPv1 和 SNMPv2 的所有功能，并在安全性和可管理体系结构方面又有了较大的改进。

2．SNMP 协议

SNMP 是由一系列协议和规范组成的，提供了一种从网络设备中收集管理信息的方法，还为网络设备指定向网络管理工作站报告故障和错误的途径，用于管理工作站与被管设备上的代理进程之间交互信息。SNMP 的原理十分简单，它以轮询和应答的方式从被管设备中收集网络管理信息，采用集中或者集中分布式的控制方法对整个网络进行控制和管理。SNMP 最重要的特性就是简洁、清晰，从而使系统的负载可以减至最低限度。

使用 SNMP 协议的网管系统中，必须有一个运行管理进程的网络管理站，在每一个被管设备中一定要有代理进程。管理进程和代理进程之间利用 SNMP 报文进行通信，而 SNMP 是一个简单的无连接协议，SNMP 报文使用 UDP 来传送，使用 UDP 是为了提高网管的效率。

网络管理站通过 SNMP 向被管设备中的代理进程发出各种请求报文，例如读取被管设备内部对象的状态，必要时修改一些对象的状态值。代理进程则接收这些请求并完成指定的操作后，向管理站返回响应的信息。绝大部分的管理操作都是以这种请求响应的模式进行的。

另外，SNMP 定义了一套用于管理进程和代理进程之间进行通信的命令，通过这些命令来实现上述工作机制，完成网络管理功能。SNMP 只使用存（存储数据到变量）和取（从变量中取数据）两种操作。在 SNMP 中，所有操作都可以看作是由这两种操作派生出来的。在 SNMP 中定义了以下 5 种操作。

※　Get 操作。用来访问被管设备，从代理那里取得指定的 MIB 变量值。

※　Get Next 操作。用来访问被管设备，从代理的表中取得下一个指定的 MIB 的值。

※　Get Response 操作。用于被管设备上的代理对管理进程发送的请求进行响应，包含相应的响应标识和响应信息。

※　Set 操作。设置代理指定 MIB 变量的值。

※　Trap 操作。用于代理向管理进程报警，报告发生的错误。

8.1.4　网络管理系统

网络管理系统是实现网络管理功能的一种软件产品，运行于一定的计算机平台之上。网络管理系统能够对网络系统的配置进行主动、持续的监视和维护；能隔离问题区域，并对网络故障进行一定程度的自动修复；能对数据流进行检查和分析；能发现因违反使用规则而引发安全问题的用户；可产生网络运行状况日志，可利用日志分析网络；网络管理系统为用户提供图形用户界面和一定的开发工具供用户开发网络管理应用程序。总之，网络管理系统可大大提高网络管理员的工作效率和管理水平。

目前，几乎所有的网络公司的网络管理软件产品都支持 SNMP 协议，但真正全部具有五大管理功能的网络管理系统并不多。网络管理人员常用的网络管理软件有 HP 公司的 OpenView、IBM 公司的 NetView、Sun 公司的 SunNet Manager、Cisco 公司的 CiscoWorks、Cabletron 公司的 SPECTRUM 和 Novell 公司的 NetWare ManageWise。这些网管系统在支持本公司网络管理方案的同时，均可通过 SNMP 对网络设备进行管理。

1. HP OpenView

HP OpenView 是第一个综合的、开放的、基于标准的管理平台，它能建立从局域网到广域网等各种计算环境的基础，在此基础上提供标准的、多功能的网络系统管理解决方案。HP OpenView 的特点是得到了第三方应用开发厂家的广泛接受和支持。它不仅是第三方应用开发商的简单开发平台，而且还提供最终用户直接安装使用的实用产品，可在多个厂商硬件平台和操作系统上运行。

HP OpenView 管理平台是由用户表示服务、数据管理服务和公共服务 3 个部分组成的。它具有以下特点：

※ 自动发现网络拓扑结构图。HP OpenView 具有很高的智能，它一经启动，就能自动发现默认的网段，以图标的形式显示网络中的路由器、网关和子网。

※ 性能分析。使用 OpenView 中的应用软件 HP LAN Probe II 可进行网路性能分析，查询 SNMP MIB，可监控网络连接故障。

※ 故障分析。提供多种故障告警方式，如通过图形用户界面来配置和显示告警。

※ 数据分析。提供有效的历史数据分析功能，可实时用图表显示数据分析报告。

※ 多厂商支持。允许其他厂商的网络管理软件和 MIB 集成到 OpenView 中，并得到了众多网络厂商的一致支持。

2. SunNet Manager

SunNet Manager（SNM）是一个基于 UNIX 的网络管理系统，只能运行在 Sun SPARC 工作站环境下，提供包括最终用户工具的开发环境，其集成工具能提供故障管理、配置、记账和安全服务。它是第一个提供分布式网管的产品，可以管理包括 DECnet 和 FDDI 在内的网络环境，并能够与 IBM 公司的 NetView 相互配合。

SNM 有 3 个关键组成部分：用户工具、分布式结构、应用程序开发界面。它具有以下特点：

※ 图形用户界面。简化安装和管理，提供网管所需的默认值，便于学习和使用。

※ 基于工业标准。能管理所有支持 SNMP、TCP/IP 的设备。

※ 分布式体系结构。能将网络管理负载分散到整个网络中，使管理负载最小化，并使网络性能和效率最大化。

3. IBM NetView

NetView 是 IBM 公司在 HP OpenView 的基础上发展起来的网管产品，主要运行在 UNIX 系统上。它的核心代码没有改动，但其中加入了大量的应用。

IBM NetView/6000 是 IBM 开放式网络管理（ONM）体系结构的体现，它不仅向第三方网管应用系统开发人员提供了一个开发平台，而且本身也是一个可以直接使用的最终系统。

NetView/6000 具有以下特点：通过分布式 SNMP 代理来管理 TCP/IP 网络，监视并显示 IP 设备，可监测网络性能并产生报告，具有动态发现网络设备的能力。它还提供了强大的信息过滤能力，通过设置阈值的方法来减少冗余警告，并为开发和集成新的网管应用提供一个开放的平台。但 NetView/6000 不具备理解网络设备间依赖关系的能力，使得实现自动管理较困难。

4. CiscoWorks

CiscoWorks 是一个基于 SNMP 的网络管理应用系统，它能和几种流行的网络平台集成使用。CiscoWorks 建立在工业标准平台上，能监控设备状态，维护配置信息，以及查找故障。Cisco Works 提供以下主要功能：自动安装管理、配置管理、设备管理、设备监控、设备轮询、通用命令管理器和通用命令调度器、离线网络分析、路径工具和实时图形、安全管理。

5. Novell 网络管理方案

Novell 公司的网络管理方案中不同的功能体现在不同的产品中，包括 ManageWise、ZENworks、BorderManager 等。其中，ManageWise 2.7 是管理混合网络的综合解决方案。它可以让用户集中地完成所有的管理任务，包括 Novell 目录服务、网络监控、NetWare 和 Windows NT 服务器管理、警报通知、网络流量分析、桌面管理、病毒防护、网络设备管理、网络状态报告等，还可以通过预防式管理和快速解决问题的方式来防止过长的停机时间。ZENworks(零管理)产品可确保网络的集成,由于结合了 NDS(Novell Directory Service)技术，ZENworks 产品可以集中化、自动化、简单化地管理网络的各个方面，这样可以简化网络管理而且节省费用。另外，ZENworks 的网络管理并不局限在企业网内部，还可以通过防火墙管理别的网络或通过 Internet 进行网络管理。BorderManager 企业版是一个网络服务软件包，通过它用户可以把自己的网络安全地连到 Internet 或其他的网络上。它的主要功能是能够在网络之间的边界上供安全连接和高性能连接。

8.1.5　常用网络测试命令

常用的网络测试命令包括 ping、tracert、netstat、ipconfig 等。了解和掌握这几个命令的运用，将会有助于网络管理员较快地检测到网络故障所在，从而能够节省时间，提高工作效率。下面分别对这几个命令的运用加以说明。

1. 网络连通测试命令 ping

ping 是一种常用的网络测试命令，可以测试端到端的连通性以及信息包发送和接收状况。ping 的原理很简单，通过向目标主机发送 Internet 控制信息协议（ICMP）回送请求数据包，要求目标主机收到请求后给予答复，然后接收从目标主机返回的这些数据包的响应，从而判断网络的响应时间和本机是否与目标主机连通。默认情况下，发送 4 个数据包。

如果执行 ping 不成功，则可以预测故障出现在以下几个方面：网线故障、网络适配器配置不正确、IP 地址不正确。如果执行 ping 成功而网络仍无法使用，那么问题很可能出在网络系统的软件配置方面。ping 成功只能保证本机与目标主机间存在一条连通的物理路径。

命令格式：

```
ping IP 地址或主机名 [-t] [-a] [-n count] [-l size]
```

常用参数：

-t：不停地向目标主机发送数据。

-a：以 IP 地址格式来显示目标主机的网络地址。

-n count：指定要 ping 多少次，具体次数由 count 来指定。

-l size：指定发送到目标主机的数据包的大小。

2. 路由追踪命令 tracert

tracert 命令用来显示数据包到达目标主机所经过的路径，并显示到达所经过路径上每个结点的时间。该命令功能同 ping 命令类似，但它所获得的信息要比 ping 命令详细得多。它可以把数据包所走的全部路径、结点的 IP 以及花费的时间都显示出来。Windows 中的 tracert 命令在 UNIX 系统中称为 traceroute，该命令比较适用于大型网络。

tracert 命令按顺序打印出返回"ICMP 已超时"消息的路径中的近端路由器接口列表。如果使用 -d 选项，则 tracert 实用程序不在每个 IP 地址上查询 DNS。

命令格式：

```
tracert IP 地址或主机名 [-d][-h max_hops][-j host_list] [-w timeout]
```
常用参数：

-d：不解析目标主机的名字。

-h max_hops：指定搜索到目标地址的最大跳数。

-j host_list：按照主机列表中的地址释放源路由。

-w timeout：指定超时时间间隔，程序默认的时间单位是毫秒（ms）。

3. 网络状态命令 netstat

该命令用于显示路由表、活动的网络连接以及每一个网络接口设备的状态信息。它包括每个网络的接口、路由信息等统计资料，可以使用户了解目前都有哪些网络连接正在运行。

命令格式：

```
netstat [-a] [-e] [-n] [-p protocol] [-r] [interval]
```
常用参数：

-a：显示一个包含所有有效连接信息的列表，包括已建立的连接和监听连接请求。

-e：显示关于以太网的统计数据。列出的项目包括传送的数据报的总字节数、错误数、删除数、数据报的数量和广播的数量。

-n：显示所有已建立的有效连接。

-p protocol：显示给出名字的协议的统计数字和协议控制块信息。

-r：显示关于路由表的信息。除了显示有效路由外，还显示当前有效的连接。

4．地址配置命令 ipconfig

该命令的作用主要是用于显示所有当前 TCP/IP 的网络配置值。在运行 DHCP 系统上，该命令允许用户决定 DHCP 配置的 TCP/IP 配置值。

命令格式：

```
ipconfig [/all | /renew [adapter] | /release [adapter]]
```

常用参数：

/all：显示所有适配器的完整 TCP/IP 配置信息。在没有该参数的情况下，ipconfig 只显示 IP 地址、子网掩码和各个适配器的默认网关值。

/renew：更新所有适配器或特定适配器（如果包含了 adapter 参数）的 DHCP 配置。该参数仅在具有配置为自动获取 IP 地址的网卡的计算机上可用。要指定适配器名称，请输入使用不带参数的 ipconfig 命令显示的适配器名称。

/release：发送 DHCPRELEASE 消息到 DHCP 服务器，以释放所有适配器的当前 DHCP 配置并丢弃 IP 地址配置。

/?：显示帮助。

8.2　网络安全基础

计算机网络扩大了资源共享的范围，通过分散工作负荷提高了工作效率，给整个社会带来了巨大便利。然而，网络作为开放的系统必然存在众多潜在的安全隐患，资源共享又增加了网络上的主机被侵袭和受到恶意攻击的可能性。随着计算机病毒、黑客、恶意程序（如木马、流氓软件）、系统漏洞和后门等所带来的安全威胁的增加，网络的安全性已成为网络建设者和用户共同关心的问题，人们都希望网络系统能够更加可靠地运行，不受外来入侵者干扰和破坏。因此，网络安全作为网络技术一个独特的领域越来越受到重视。

8.2.1　网络安全的基本概念

计算机网络安全可理解为：通过采用各种技术和管理措施，使网络系统的硬件、软件及其系统中的数据资源受到保护，不因偶然和恶意的原因遭到破坏、更改和泄露，保证网络系统可靠、正常地运行。

从广义上说，网络安全包括网络硬件资源和信息资源的安全性。硬件资源包括通信线路、通信设备、主机等。信息资源包括维持网络服务运行的系统软件和应用软件，以及在网络中传输的数据等。要实现数据快速、安全地交换，一个可靠的物理网络是必不可少的。

网络系统的安全主要涉及系统的可靠性、软件和数据的完整性、可用性、保密性几个方面的问题。因此，网络安全应具有以下 4 个方面的特征：

※　可靠性。保证网络系统不因各种因素的影响而中断正常运行。

※　完整性。保护网络系统中存储和传输的软件、程序和数据资源不被修改、不被破坏和不丢失。

※ 可用性。保证系统中硬件、软件和数据等共享资源可被授权实体访问并按需求正常使用和操作，即当需要时能够存取所需的资源。

※ 保密性。保证系统中存储和网络上传输的信息资源不泄露给非授权用户。

8.2.2 网络安全威胁

网络安全威胁是指有可能访问资源并造成破坏的某个实体（人、事件或程序）。威胁计算机网络安全的因素很多，有自然的和物理的（如火灾、地震），无意的和故意的。归结起来，针对网络安全的威胁主要表现在以下几个方面。

※ 人为的无意失误。如操作员安全配置不当造成的安全漏洞，用户安全意识不强，用户口令选择不慎，用户将合法账号随意转借他人或与别人共享等，都会对网络安全带来威胁。

※ 人为的恶意攻击。这是计算机网络所面临的最大威胁，计算机犯罪就属于这一类。攻击又可以分为以下两种。一种是主动攻击，它以各种方式有选择地破坏信息的有效性和完整性，采取的攻击方式有中断、篡改和伪造；另一类是被动攻击，它是在不影响网络正常工作的情况下，进行截获、窃取、破译以获得重要机密信息，如黑客们利用电磁泄露、搭线窃听、对信息参数（流量、频度、长度等）分析等形式截获机密信息。这两种攻击均可对计算机网络造成极大的危害，并导致机密数据的泄漏或丢失。

※ 网络软件的漏洞和"后门"。网络软件不可能是百分百无缺陷和无漏洞的，这些漏洞和缺陷往往是黑客进行攻击的首选利用目标。"后门"是一种绕过安全性控制而获取对程序或系统访问权的方法。在软件的开发阶段，程序员常会在软件内创建后门，以便可以修改程序中的缺陷。如果后门被其他人知道，或是在发布软件之前没有删除后门，那么它就成了安全风险，容易被当成安全漏洞受到攻击。

※ 病毒。通过网络传播病毒，其传播速度、破坏性大大高于单机系统，而且用户很难防范。

8.2.3 常见的网络攻击

随着网络技术的进步，出现了一类对计算机系统和网络系统进行攻击和破坏的人，这类人被称为黑客（hacker）。他们利用掌握的计算机网络技术，通过网络非法进入远程主机，获取储存在主机上的机密信息，或者进行盗用资金账号、密码窃取金钱等计算机犯罪活动。网络攻击的手段是多样化的，下面介绍几种常见的网络攻击手段。

1. 拒绝服务攻击

拒绝服务攻击（Denial of Service，DoS）是利用合理的服务请求占用过多的服务资源，从而使合法用户无法得到服务响应的网络攻击行为。这种攻击的主要目的是降低目标服务器的速度，填满可用的磁盘空间，用大量的无用信息消耗系统资源，使服务器不能及时响应。它往往通过大量不相关的信息来阻断系统或通过向系统发出毁灭性的命令来实现。拒绝服务攻击不损坏数据，而是拒绝为用户服务。拒绝服务攻击的方式很多，比较常见的攻击有死亡之 ping、SYN 洪水、UDP 洪水、电子邮件炸弹、Land 攻击、分布式拒绝服务攻击（DDoS）等。

※　死亡之 ping（Ping of Death）。ICMP 控制信息协议在 Internet 上用于错误处理和传递控制信息。它的功能之一是与主机联系，通过发送一个"回音请求"信息包看看主机是否"活着"。最普通的 ping 程序就是这个功能。在 TCP/IP 的 RFC 文档中对包的最大尺寸都有严格限制规定，许多操作系统的 TCP/IP 协议栈都规定 ICMP 包大小为 64KB，并且在对包的标题头进行读取之后，要根据该标题头里包含的信息来为有效载荷生成缓冲区。"死亡之 ping"就是故意产生畸形的测试 ping 包，声称自己的尺寸超过 ICMP 上限，也就是加载的尺寸超过 64KB 上限，使未采取保护措施的网络系统出现内存分配错误，导致 TCP/IP 协议栈崩溃，最终接收方死机。

※　UDP 洪水（UDP Flood）。利用 Echo 和 Chargen 两个简单的 TCP/IP 服务传送大量毫无用处数据流，导致带宽拥塞而形成攻击。通过伪造与某一主机的 Chargen 服务之间的一次的 UDP 连接，使回复地址指向开着 Echo 服务的一台主机，将 Chargen 和 Echo 服务互指，来回传送毫无用处且占满带宽的垃圾数据，在两台主机之间生成足够多的无用数据流，这一拒绝服务攻击飞快地导致网络可用带宽耗尽。

※　SYN 洪水（SYN Flood）：对于某台服务器来说，可用的 TCP 连接是有限的，因为它们只有有限的内存缓冲区用于创建连接，如果这一缓冲区充满了虚假连接的初始信息，该服务器就会对接下来的连接停止响应，直至缓冲区里的连接企图超时。如果恶意攻击方快速连续地发送此类连接请求，该服务器可用的 TCP 连接队列将很快被阻塞，系统可用资源急剧减少，网络可用带宽迅速缩小，长此下去，除了少数幸运用户的请求可以插在大量虚假请求间得到应答外，服务器将无法向用户提供正常的合法服务。

※　电子邮件炸弹。是最古老的匿名攻击之一，通过设置一台计算机不断地、大量地向同一地址发送数以千计、万计的内容相同的垃圾邮件，导致受攻击者的邮箱无法正常使用，严重的可能导致电子邮件服务器瘫痪。

2. 利用型攻击

利用型攻击是一类试图直接对机器进行控制的攻击，通过利用一些已知的后门和漏洞来非法获取主机的口令和密码，达到控制关键设备的目的。它主要包括口令猜测、特洛伊木马和缓冲区溢出等手段。

※　口令猜测攻击。是指黑客以口令为攻击目标，破解合法用户的口令，或避开口令验证过程，然后冒充合法用户潜入目标网络系统，夺取目标系统的控制权。口令是网络系统的第一道防线，网络系统都是通过口令来验证用户身份、实施访问控制的。口令猜测攻击就是借助于一些专用工具对用户的账户密码进行猜测，如常见的字典口令猜测攻击，它是利用一些专用软件，按英文字典单词的字母组合顺序对用户口令进行猜测。

※　特洛伊木马攻击。特洛伊木马也就是木马程序，可通过植入其他程序中，秘密安装到目标系统中，属于"后门程序"类型。一旦成功入侵目标系统，木马程序会自动运行，运用它的强大控制功能从目标计算机中获取重要的用户信息，如用户账户和密码等，然后就会利用获取的用户账户和密码取得控制权限。在用户连接网络时，向黑客发送获取的信息，黑客就能通过这些信息潜入目标计算机系统，达到全面远程控制目标计算机的目的。

※ 缓冲区溢出攻击。利用缓冲区溢出漏洞所进行的攻击行为。缓冲区是用户为程序运行时在计算机中申请得到的一段连续的内存。缓冲区溢出攻击通过向程序的缓冲区写入超出其长度的内容，造成缓冲区溢出，从而破坏程序的堆栈，使程序转而执行其他的指令，导致程序运行失败、系统关机、重新启动等后果。

3. 欺骗型攻击

欺骗型攻击用于攻击目标配置不正确的消息，实现消息或数据的伪造或替换。它主要包括伪造电子邮件、DNS高速缓存污染、ARP欺骗、IP地址欺骗等。

※ 伪造电子邮件。由于简单邮件传输协议（SMTP）并不对邮件的发送者的身份进行鉴定，因此，黑客可以对客户伪造电子邮件，声称是某个客户认识并相信的人，并附带上可安装的特洛伊木马程序，或者是一个引向恶意网站的链接。

※ DNS高速缓存污染。由于DNS服务器与其他名称服务器交换信息的时候并不进行身份验证，这就使黑客可以将不正确的信息掺进来，并把用户引向黑客自己的主机。

※ ARP欺骗。在每台安装有TCP/IP的计算机都有一个ARP缓存表，表里的IP地址与MAC地址是一一对应的。作为攻击源的主机伪造一个ARP响应包，此ARP响应包中的IP与MAC地址对与真实的IP与MAC对应关系不同，此伪造的ARP响应包广播出去后，网内其他主机ARP缓存被更新，被欺骗主机ARP缓存中特定IP被关联到错误的MAC地址，被欺骗主机访问特定IP的数据包将不能被发送到真实的目的主机，目的主机不能被正常访问。

※ IP地址欺骗。通过IP地址的伪装使某台主机能够伪装成另外一台被信任的主机，而这台主机往往具有某种特权。

4. 信息收集型攻击

信息收集型攻击并不对目标本身造成危害，只是收集用户信息，这些信息一般对黑客下一步入侵有帮助。这类技术主要包括扫描技术、体系结构刺探和利用信息服务。这类攻击技术主要包括地址扫描与端口扫描技术、反向映射技术和体系结构刺探等。

※ 地址扫描与端口扫描技术。运用扫描工具探测目标地址和端口，对此做出响应的表示其存在，用来确定哪些目标系统确实存活着并且连接在目标网络上，这些主机使用哪些端口提供服务。常见的地址扫描工具有IP地址扫描器、IPScaner、MAC地址扫描器等，端口扫描器工具有Port Scanner、ScanPort、端口扫描器等工具软件。

※ 反向映射技术。向主机发送虚假消息，然后根据返回host unreachable这一消息特征判断出哪些主机是存在的，其实与前面介绍的地址扫描技术差不多。目前由于正常的扫描活动容易被防火墙侦测到，黑客转而使用不会触发防火墙规则的常见消息类型，这些类型包括RESET消息、SYN-ACK消息、DNS响应包。

※ 体系结构刺探。使用具有已知响应类型的数据库的自动探测工具，对来自目标主机对坏数据包传送所做出的响应进行检查。由于每种操作系统都有其独特的响应方法，通过将此独特的响应与数据库中的已知响应进行对比，常能够确定出目标主机所运行的操作系统。

8.2.4　网络安全服务与机制

为了确保计算机网络安全，国际标准化组织（ISO）根据 OSI/RM 制定了一个网络安全体系结构。在这个体系结构中规定了 5 种安全服务和 8 种安全机制，主要解决网络中的信息安全与保密问题。

1. 网络安全服务

网络安全服务是指在应用层对信息的保密性、完整性和来源真实性进行保护和鉴别，满足用户安全需求，防止和抵御各种安全威胁和攻击手段。5 种安全服务包括对象认证服务（鉴别）、访问控制服务、数据保密性服务、数据完整性服务以及不可否认性服务。

※ 对象认证服务（鉴别）。这种服务是防止主动攻击的重要措施。这种安全服务提供对通信中的对等实体和数据来源的鉴别，对于开放系统环境中的各种信息安全有重要的作用。认证就是识别和证实。识别是辨别一个对象的身份，证实是证明该对象的身份就是其声明的身份。OSI 环境可提供对等实体认证的安全服务和数据源认证的安全服务。

※ 访问控制服务。这种服务可以防止未经授权的用户非法使用系统资源。访问控制可以分为自主访问控制和强制访问控制两类，访问控制服务主要位于应用层、传输层和网络层。它可以放在通信源、通信目标或两者之间的某一部分。这种服务不仅可以提供给单个用户，也可以提供给封闭的用户组中的所有用户。

※ 数据保密性服务。这种服务是针对信息泄露、窃听等威胁的防御措施，它的目的是保护网络中各系统之间交换的数据，防止因数据被截获而造成的泄密。这种服务又分为信息保密、选择段保密和业务流保密。信息保密是保护通信系统中的信息或网络数据库的数据；选择段保密是保护信息中被选择的部分数据段；业务流保密是防止攻击者通过观察业务流，如信源、信宿、转送时间、频率和路由等来得到敏感的信息。

※ 数据完整性服务。这种服务用来防止非法用户的主动攻击，以保证数据接收方收到的信息与发送方发送的信息一致。数据完整性服务又分为连接完整性服务、选择段有连接完整性服务、无连接完整性服务以及选择段无连接性服务。连接完整性服务为一个连接上的所有信息提供完整性保障，具体方法是探测是否对信息进行了非法的插入、删除或篡改；选择段有连接完整性服务为一个连接所传送信息中选择的信息段提供完整性保障，方法是探测对选择的信息段是否进行了非法的插入、删除或篡改；无连接完整性服务为无连接的各个信息提供完整性保障，方法是鉴别所收到信息是否被非法篡改过；选择段无连接完整性服务为在各个无连接的信息中所选择的信息段提供完整性保障，方法是鉴别所选择的信息段是否被非法的篡改过。

※ 不可否认性服务。主要是用来防止发送数据方发送数据后否认自己发送过数据，或接收数据方收到数据后否认自己收到过数据。这种服务又可细分为不得否认发送、不得否认接收和依靠第三方 3 种。不得否认发送服务向数据的接收者提供数据来源的证据，从而可防止发送者否认发送过这些数据或否认这些数据的内容；不得否认接收服务向数据的发送者提供数据交付证据，从而防止了数据接收者事后否认收到过这些数据或否认它的内容；依靠第三方服务是在通信双方互不信任，但对第三方（公证方）则绝对信任的情况下，依靠第三方来证实已发生的操作。

2. 网络安全机制

为了实现规定的安全服务，ISO 建议了以下 8 种安全机制。

※ 加密机制。用来对存储的数据或传输中的数据进行加密。加密是实现数据保密性的基本手段，加密的基本思想是打乱信息位的排列方式，使合法的接收方才能将其恢复原貌，其他任何人即使截取了该加密数据也无法破解，从而解决信息泄露的问题。除了对话层不提供加密保护外，加密可在其他各层进行。目前存在多种加密技术，在密钥加密技术中，按照密钥的类型不同，加密算法可分为对称密钥算法和非对称密钥算法。

※ 数字签名机制。由两个过程组成：即对信息进行签字的过程和对已签字的信息进行证实的过程。前者使用签字者的私有信息（如私有密钥）；后者使用公开的信息（如共有密钥），以核实签字是否由签字者的私有信息产生。数字签名机制必须保证签字只能由签字者的私人信息产生。

※ 访问控制机制。通过对访问者的有关信息进行检查来限制或禁止访问者使用资源，分为高层访问控制和低层访问控制。访问控制机制的实现常采用的方法有访问控制信息库、认证信息（如密码口令）和安全标签等。

※ 数据完整性机制。是指当发出的数据分割为按序列号编排的许多数据单元时，在接收时还能按原来的序列把数据串联起来，而不会发生数据单元的丢失、重复、乱序、假冒等情况。保证数据完整性的一般方法是，发送实体根据要发送的数据单元产生一定的额外数据（如校验码），将后者加密以后随主体数据单元一同发出；接收方接收到主体数据后，产生相应的额外数据，并与接收到的额外数据进行比较，以判断数据单元在传输过程中是否被修改过。

※ 认证交换机制。通过互相交换信息的方式来确定彼此的身份。用于交换鉴别的技术有由发送方提供口令，收方检验，也可以利用实体具有的特征检验，如磁卡、IC 卡、指纹、声音频谱等。

※ 业务流量填充机制。提供针对流量分析的保护。通过填充冗余的数据流，保持业务数据流量基本恒定，从而防止攻击者对业务流量进行观测分析。流量填充的实现方法是随机生成数据并对其加密，再通过网络发送。

※ 路由控制机制。使得可以指定通过网络发送数据的路径。这样，可以选择那些可信的网络结点，从而确保数据不会暴露在安全攻击之下。而且，如果数据进入某个没有正确安全标志的专用网络时，网络管理员可以选择拒绝该数据包。

※ 公证机制。是第三方（公证方）参与的签名机制。它是基于通信双方对第三方的绝对信任。公证方备有适用的数字签名、加密或完整性机制等。一旦引入公证机制，通信双方进行数据通信时必须经过这个机构来中转，由公证方利用其提供的上述机制进行公证。公证机构从中转的信息里提取必要的证据，日后一旦发生纠纷，就可以据此做出仲裁。

8.2.5 网络安全的防范措施

建立全新的网络安全机制，必须深刻理解网络并能提供直接的解决方案，因此，最可行的做法是制定健全的管理制度和防范手段相结合。通过加强管理和采用必要的技术手段可以减少入侵和攻击行为，避免因入侵和攻击造成的各种损失。为了保证网络的安全，一般需要采取以下几种网络安全措施。

1．访问控制

访问控制的主要目的是确保网络资源不被非法访问和非法利用，是网络安全保护和防范的核心策略之一。访问控制技术主要用于对静态信息的保护，需要系统级别的支持，一般在操作系统中实现。目前，访问控制主要涉及入网访问控制、权限控制、目录级安全控制以及属性安全控制等多种手段。

入网访问控制为网络访问提供了第一层访问控制。入网访问控制通过对用户名、用户密码和用户账号默认权限的综合验证、检查来限制用户对网络的访问，它能控制哪些用户、在什么时间以及使用哪台主机入网。用户入网后就可以根据自身的权限访问网络资源。权限控制通过访问控制表来规范和限制用户对网络资源的访问，访问控制表中规定了用户可以访问哪些目录、子目录、文件和其他资源，指定用户对这些文件、目录等资源能够执行哪些操作。目录级安全控制可以限制用户对目录和文件的访问权限，进而保护目录和文件的安全，防止用户权限滥用。系统管理员为用户在目录一级指定的权限对该目录下的所有文件和子目录均有效。属性安全控制是通过给网络资源设置安全属性标记来实现的。它可以将目录或文件隐藏、共享和设置成系统特性，可以限制用户对文件进行读、写、删除、运行等操作。属性安全在权限安全的基础上提供更进一步的安全性。

2．防火墙

防火墙是一种高级访问控制设备，是置于不同网络安全域之间的一系列部件的组合，它能根据有关的安全策略（允许、拒绝、监视、记录）控制进出网络的访问行为。防火墙是网络安全的屏障，是提供安全信息服务、实现网络安全的基础设施之一。

3．入侵检测

入侵检测是对入侵行为的检测，它通过收集和分析网络行为、安全日志、审计数据、其他网络上可以获得的信息以及计算机系统中若干关键点的信息，检查网络或系统中是否存在违反安全策略的行为和被攻击的迹象。

用于入侵检测的软件与硬件的组合便是入侵检测系统。入侵检测系统被认为是防火墙之后的第二道安全闸门，它能监视分析用户及系统活动，查找用户的非法操作，评估重要系统和数据文件的完整性，检测系统配置的正确性，提示管理员修补系统漏洞，能实时地对检测到的入侵行为进行反应，在入侵攻击对系统发生危害前利用报警与防护系统驱逐入侵攻击，在入侵攻击过程中减少入侵攻击所造成的损失，在被入侵攻击后收集入侵攻击的相关信息，作为防范系统的知识，添加入侵策略集中，增强系统的防范能力，避免系统再次受到同类型的入侵攻击。入侵检测作为一动态安全防护技术，提供了对内部攻击、外部攻击和误操作的实时保护，在网络系统受到危害之前拦截和响应入侵，它与静态安全防御技术（防火墙）相互配合可构成坚固的网络安全防御体系。

4. 漏洞扫描

漏洞扫描就是对计算机系统或者其他网络设备进行安全相关的检测，以找出安全隐患和可能被攻击者利用的漏洞。安全扫描是把双刃剑，攻击者利用它可以入侵系统，而管理员利用它可以有效地防范攻击者入侵。通过漏洞扫描，扫描者能够发现远端网络或主机的配置信息、TCP/UDP 端口的分配、提供的网络服务、服务器的具体信息等。

漏洞扫描可以划分为 ping 扫描、端口扫描、OS（操作系统）探测、脆弱点探测、防火墙扫描 5 种主要技术，每种技术实现的目标和运用的原理各不相同。按照 TCP/IP 协议簇的结构，ping 扫描工作在网络互联层，端口扫描、防火墙探测工作在传输层，OS 探测、脆弱点探测工作在网络互联层、传输层、应用层。ping 扫描确定目标主机的 IP 地址。端口扫描探测目标主机所开放的端口，然后基于端口扫描的结果，进行 OS 探测和脆弱点扫描。

扫描常采用基于网络的主动式策略和基于主机的被动式策略。主动式策略就是通过执行一些脚本文件模拟对系统进行攻击的行为并记录系统的反应，从而发现其中的漏洞；而被动式策略就是对系统中不合适的设置、脆弱的口令以及其他同安全规则抵触的对象进行检查。利用被动式策略扫描称为系统安全扫描，利用主动式策略扫描称为网络安全扫描。

5. 数据加密

数据加密技术是网络中最基本的安全技术，主要是通过对网络中传输的信息进行加密来保障其安全性，是一种主动的安全防御策略。数据加密能防止入侵者查看、篡改机密的数据文件，使入侵者不能轻易地查找一个系统的文件。

数据加密实质上是对以符号为基础的数据进行移位和置换的变换算法，这种变换受密钥控制。常用的数据加密技术有私用密钥加密技术和公开密钥加密技术。私用密钥加密技术利用同一个密钥对数据进行加密和解密，这个密钥必须秘密保管，只能为授权用户所知。授权用户既可以用该密钥加密信息，也可以用该密钥解密信息。DES 是私用密钥加密技术中最具代表性的算法。公开密钥加密技术采用两个不同的密钥进行加密和解密，这两个密钥是公钥和私钥。如果用公钥对数据进行加密，只有用对应的私钥才能进行解密；如果用私钥对数据进行加密，则只有用对应的公钥才能解密。公钥是公开的，任何人都可以用公钥加密信息，再将密文发送给私钥拥有者。私钥是保密的，用于解密其接收的用公钥加密过的信息。目前比较安全的采用公开密钥加密技术的算法主要有 RSA 算法及其变种 Rabin 算法等。

6. 安全审计

网络安全审计就是在一个特定的网络环境下，为了保障网络和数据不受来自外网和内网用户的入侵和破坏，而运用各种技术手段实时收集和监控网络环境中每一个组成部分的系统状态、安全事件，以便集中报警、分析、处理的一种技术手段。它是一种积极、主动的安全防御技术。

计算机网络安全审计主要包括对操作系统、数据库、Web、邮件系统、网络设备和防火墙等项目的安全审计，以及加强安全教育、增强安全责任意识。目前，网络安全审计系统主要包含以下几种功能：采集多种类型的日志数据、日志管理、日志查询、入侵检测、自动生成安全分析报告、网络状态实时监视、事件响应机制、集中管理。

7. 安全管理

安全管理就是指为实现信息安全的目标而采取的一系列管理制度和技术手段，包括安全检测、监控、响应和调整的全部控制过程。需要指出的是，不论多么先进的安全技术，都只是实现信息安全管理的手段而已，信息安全源于有效的管理，要使先进的安全技术发挥较好的效果，就必须建立良好的信息安全管理体系，制定切合实际的网络安全管理制度，加强网络安全的规范化管理力度，强化网络管理人员和使用人员的安全防范意识。只有网络管理人员与使用人员共同努力，才能有效防御网络入侵和攻击，才能使信息安全得到保障。

8.3　防火墙技术

保护网络安全最主要的手段之一是构筑防火墙。防火墙的概念起源于中世纪的城堡防卫系统，那时人们为了保护城堡的安全，在城堡的周围挖一条护城河，每一个进入城堡的人都要经过吊桥，并且还要接受城门守卫的检查。人们借鉴了这种防护思想，设计了一种网络安全防护系统，这种系统被称作"防火墙"。

8.3.1　防火墙的概念

防火墙（firewall）是位于两个网络之间执行访问控制策略的系统（硬件或软件），通过强制实施统一的安全策略，限制外部未经许可的用户访问内部网络资源和内部非法向外部传递信息，而允许那些授权的数据通过，以达到保护系统安全的目的，如图 8-2 所示。

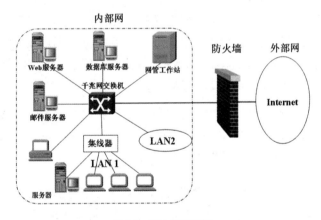

图 8-2　防火墙的位置

防火墙实质上是一种隔离控制技术，其基本思想是限制网络访问。在设计防火墙时，人们做了一个假设：防火墙保护的内部网络是"可信赖的网络"，而外部网络是"不可信赖的网络"。在内部网络与外部网络连接时，在两者之间加入一个或多个中间系统，利用中间系统实时监测、限制通过的数据流，以防止非法用户的入侵并提供完整、可靠的审查控制，实现对内部网的安全保护，这个中间系统就是防火墙。设置防火墙的目的是保护内部网络资源不被外部非授权用户使用，防止内部受到外部非法用户的攻击。

防火墙通常建立在内部网和 Internet 之间的一个路由器或计算机上，该计算机也叫堡垒主机。它就如同一堵带有安全门的墙，可以阻止外界对内部网资源的非法访问和通行合法访问，也可以防止内部对外部网的不安全访问和通行安全访问。防火墙是实现网络安全策略的有效工具之一，被广泛地应用到 Internet 与内部网之间。

防火墙应具有的基本功能包括执行安全策略，过滤进出网络的数据包；管理进出网络的行为，封堵某些禁止的访问；记录通过防火墙的信息内容和活动；具有防攻击能力，对网络攻击进行检测和告警。然而，防火墙也有自身的局限性，主要表现在以下几个方面。

防火墙能够有效地防止通过它进行传输信息，然而不能防止不通过它而传输的信息。例如，如果内部系统中的主机允许进行拨号访问，那么防火墙没有办法阻止入侵者进行拨号入侵。防火墙不能防范内部用户带来的威胁，防火墙可以禁止系统用户经过网络连接发送专有的信息，但用户可以将数据复制到磁盘中带出去。如果入侵者已经在防火墙内部，防火墙也是无能为力的。

防火墙有许多种形式，有的以软件形式运行在普通计算机之上，有的以硬件形式单独实现，也有的以固件形式设计在路由器之中。防火墙保护内部网络的敏感数据不被窃取和破坏，并记录内外通信的有关状态信息日志，如通信发生的时间和进行的操作等。新一代的防火墙甚至可以阻止内部人员将敏感数据向外传输，并对网络数据的流动实现有效的管理。

8.3.2　防火墙的类型

防火墙发展到今天，虽然不断有新的技术产生，但从网络协议分层的角度可以归为以下 3 类：包过滤防火墙、代理服务器防火墙和状态检测防火墙。

1．包过滤防火墙

包过滤防火墙是第一代防火墙和最基本形式的防火墙，其基本原理是有选择地允许 IP 数据包穿过防火墙。包过滤防火墙检查每一个通过防火墙的 IP 数据包报头的基本信息（如源地址和目的地址、端口号、协议等），然后，将这些信息与预定义的过滤规则进行比较判定，与规则相匹配的数据包依据路由信息继续转发，否则就丢弃。

对于网络用户而言，包过滤防火墙是透明的，不需要对现有的应用系统进行改动。如果网络管理员设定某一 IP 地址的站点是禁止访问的，那么从这个地址来的访问请求都会被防火墙屏蔽掉。包过滤防火墙的结构如图 8-3 所示。

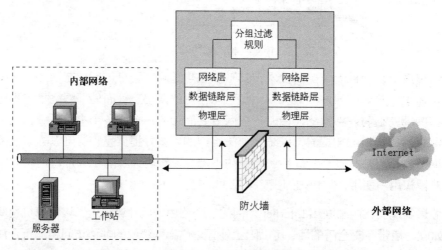

图 8-3　包过滤防火墙结构

当然，包过滤防火墙不是完全可靠的，黑客攻破单纯的包过滤防火墙还是有办法的，"IP 地址欺骗"就是黑客比较常用的一种攻击手段。黑客向包过滤防火墙发出一系列数据包，这些包中 IP 地址已经被替换为一串顺序的 IP 地址，一旦有一个包穿过了防火墙，黑客便可以利用这个 IP 地址来伪装他们发出的信息以访问内部网中的主机。

包过滤是在 IP 网络层实现的，因此包过滤防火墙又叫网络层防火墙或者过滤路由器防火墙。它只对 IP 包的源地址、目标地址及相应端口进行处理，因此速度比较快，能够处理的并发连接比较多，同时它结构简单，便于管理。其缺点是在路由器中配置包过滤规则比较困难，缺少跟踪记录手段，只能控制到网络层，不涉及包的内容与用户，因此有较大的局限性，对应用层的攻击无能为力。

2. 代理服务器防火墙

代理服务器防火墙又称为"应用层网关级防火墙"（应用级网关），它由代理服务器和过滤路由器组成。代理服务器与路由器的合作，代理服务通常是运行在防火墙主机上的特定应用程序或服务程序，路由器实现内部和外部网络交互时的信息流导向，将所有的相关应用服务请求传递给代理服务器。代理服务作用在应用层，其特点是完全"阻隔"了网络通信流，通过对每种应用服务编制专门的代理程序，实现监视和控制应用层通信流的作用。

代理服务器的实质是起到中介作用，它不允许内部网和外部网之间进行直接的通信。其工作过程为：当外部网的用户希望访问内部网某个应用服务器时，实际上是向运行在防火墙上的代理服务软件提出请求，代理服务器评价来自用户的请求，并做出认可或否认的决定，如果一个请求被认可，代理服务器就代表用户将请求转发给"真正"的应用服务器，并将应用服务器的响应返回给外部网用户。代理服务器防火墙的结构如图 8-4 所示。

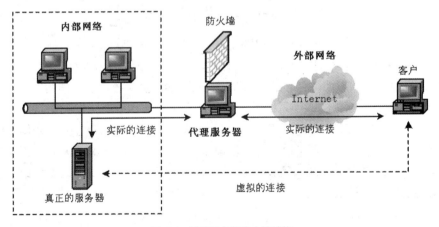

图 8-4 代理服务器防火墙结构

对于用户，代理服务器给用户一种直接使用"真正"应用服务器的感觉，外部网用户与应用服务器之间的数据传输全部由代理服务器中转，外部网用户无法直接与应用服务器交互，避免了来自外部用户的攻击。

通常代理服务是针对特定的应用服务而言的，不同的应用服务可以设置不同的代理服务器，如 FTP 代理服务器、TELNET 代理服务器等。如果不为特定的应用程序安装代理程序，这种服务是不会被支持的，不能建立任何连接。这种建立方式拒绝任何没有明确配置的连接，从而提供了额外的安全性和控制性。目前，很多内部网络都同时使用分组过滤路由器和代理服务器来保证内部网络的安全性，并且取得了较好的效果。但是，应用级网关也存在一些不足之处。首先，它会使访问速度变慢，因为它不允许在它连接的网络之间直接通信，因而几乎每次对外部服务的访问都需要代理服务器作为中转站；其次，在重负荷下代理服务器可能会成为内部网到外部网的瓶颈。

3. 状态检测防火墙

状态检测防火墙又称为动态包过滤防火墙，它采用了状态检测技术，是传统包过滤上的功能扩展。状态检测技术采用的是一种基于连接的状态检测机制，将属于同一连接的所有包作为一个整体的数据流看待，对接收到的数据包进行分析，构成连接状态表，通过规则表与状态表的共同配合，对表中的各个连接状态因素加以识别，判断其是否属于合法连接，从而进行动态的过滤。

状态检测防火墙在基本包过滤防火墙的架构之上改进，它摒弃了包过滤防火墙仅考查进出网络的数据包而不关心数据包状态的缺点，因此，具有更好的灵活性和安全性。

当包过滤防火墙见到一个数据包，包是单独存在的，防火墙允许和拒绝包的决定完全取决于包自身所包含的信息，如源地址、目的地址、端口号等。包中没有包含任何描述它在信息流中的位置信息，这时该包被认为是无状态的。

状态检测防火墙跟踪的不仅是包中包含的信息，而且还有包的状态，它判断当前数据包是否符合先前允许的链接，并在状态表中保存这些信息。为了跟踪包的状态，防火墙记录有用的信息以帮助识别包，如已有的网络连接、数据的传出请求等。例如，如果传入的数据包含有视频数据流，而防火墙已经记录的信息是，在特定 IP 地址位置的应用程序最近向传入包的源地址发出请求视频信号的信息。如果传入的包是要传给发出请求的应用程序，与防火墙状态表中保存的状态信息匹配，则传入包就被允许通过。

状态检测防火墙使用了一个在网关上执行网络安全策略的软件模块，称为监测引擎。监测引擎在不影响网络正常运行的前提下，采用抽取有关数据的方法对网络通信的各层实施监测，抽取状态信息，并动态地保存起来作为以后执行安全策略的参考。与前两种防火墙不同，在用户的访问请求到达网关的操作系统前，状态监测引擎要抽取有关数据进行分析，结合网络配置和安全规定做出接纳、拒绝、身份认证、报警或给该通信加密等处理动作。状态检测防火墙的优点是监测引擎支持多种协议和应用程序，并可以很容易地实现应用和服务的扩充；它会监测 RPC 和 UDP 之类的端口信息，而包过滤和代理网关都不支持此类端口，并且它对攻击的防范更加坚固。其缺点是配置较为复杂，会降低网络的速度。

用户选择购买或配置防火墙，首先要对自身的安全需求做出分析。结合其他相关条件（如成本预算），对防火墙产品进行功能评估，以审核其是否满足。例如一般的中小型企业，其接入 Internet 的目的一般是为了内部用户浏览 Web 等，同时发布主页，这样的用户购买防火墙主要目的应在于保护内部数据的安全，更为注重安全性，而对服务的多样性以及速度没有特殊要求，因而选用代理型防火墙较为合适。而对许多大型电子商务企业来说，网站需要商务信息流通，防火墙对响应速度有较高要求，且还要保护置于防火墙内的数据库、应用服务器等，建议使用过滤路由器防火墙。

8.4　计算机病毒及其防范

8.4.1　计算机病毒简介

计算机病毒（computer virus）在《中华人民共和国计算机信息系统安全保护条例》中被明确定义，即"编制或者在计算机程序中插入的破坏计算机功能或者破坏数据，影响计算机使用并且能够自我复制的一组计算机指令或者程序代码"。之所以被称作病毒，主要是由于它们与生物学上的病毒有着许多的相同点，如都有寄生性、传染性、破坏性等特性。计算机病毒的传播主要通过文件复制、文件传送、文件执行等方式进行，文件复制与文件传送需要传输媒介（如磁盘、光盘和网络），文件执行则是病毒感染的必然途径（如 Word、Excel 等宏病毒通过 Word、Excel 调用间接地执行）。因此，病毒传播与文件传输媒介的变化有着直接关系。

1．计算机病毒的危害

根据现有的病毒资料可以把病毒的破坏目标归纳为以下几个方面：

※　攻击内存。内存是计算机病毒最主要的攻击目标。计算机病毒在发作时额外地占用和消耗系统的内存资源，导致系统资源匮乏，进而引起死机。病毒攻击内存的方式主要有占用大量内存、改变内存总量、禁止分配内存和消耗内存等。

※　攻击文件。文件也是病毒主要攻击的目标。当一些文件被病毒感染后，如果不采取特殊的修复方法，文件很难恢复原样。病毒对文件的攻击方式主要有删除、改名、替换内容、丢失部分程序代码、内容颠倒、写入时间空白、变碎片、假冒文件、丢失文件簇或丢失数据文件等。

※　攻击系统数据区。对系统数据区进行攻击通常会导致灾难性后果，攻击部位主要包括硬盘主引导扇区、Boot 扇区、FAT 表和文件目录等。当这些地方被攻击后，普通用户很难恢复其中的数据。

※　干扰系统正常运行。病毒会干扰系统的正常运行，其行为也是花样繁多的，主要表现方式有不执行命令、干扰内部命令的执行、虚假报警、打不开文件、内部栈溢出、占用特殊数据区、重启动、死机、强制游戏以及扰乱串并行口等。

※　影响计算机运行速度。当病毒激活时，其内部的时间延迟程序便会启动。该程序在时钟中纳入了时间的循环计数，迫使计算机空转，导致计算机速度明显下降。

※　攻击磁盘。表现为攻击磁盘数据、不写盘、写操作变读操作、写盘时丢字节等。

2．计算机病毒的特性

计算机病毒尽管在产生过程、破坏程度等方面各不相同，但其本质特点却非常相似。计算机病毒概括起来有下列几个特性：

※　传染性。是指病毒具有把自身复制到其他程序中的特性。传染性是病毒的基本属性，是判断一个可疑程序是否是病毒的主要依据。

※　破坏性。是指病毒破坏文件或数据，甚至损坏主板，干扰系统的正常运行。病毒一旦

进入系统，便会影响系统的正常运行，浪费系统资源，破坏存储数据，导致系统瘫痪，甚至造成无法挽回的损失。

※ 隐蔽性。是指病毒具有依附其他媒体而寄生的能力。病毒程序总是隐藏在其他合法文件和程序中，或者以隐含文件形式出现，使用户很难发现。一些病毒还会自己变形，躲藏在计算机中。

※ 潜伏性。病毒程序传染合法的程序和系统后，并不立即发作，而等待达到引发病毒条件时才发作。

※ 针对性。是指病毒的运行需要特定的软、硬件环境，只能在特定的操作系统和硬件平台上运行，并不能传染所有的计算机系统或所有的计算机程序。例如，一些病毒只传染给计算机中的 .com 或 .exe 文件，一些病毒只破坏引导扇区。

※ 可触发性。是指病毒因某个事件或某个数值的出现诱发病毒发作。每种计算机病毒都有自己预先设计好的触发条件，这些条件可能是时间、日期、文件类型或使用文件的次数这样特定的数据等。满足触发条件的时候病毒发作，对系统或文件进行感染或破坏，条件不满足的时候病毒继续潜伏。

8.4.2 计算机病毒的分类

计算机病毒的种类很多，同时，一种病毒也可能发生多种变体，根据计算机病毒的特征和表现的不同，计算机病毒有多种分类方法。

1. 按病毒的寄生方式分类

按病毒的寄生方式，可将病毒分为以下几类：

※ 引导型病毒。是指病毒把自身的程序代码放在硬盘或软盘的一道扇区中，使病毒在每次开机后操作系统还没有运行之前就被加载到内存中并驻留内存，监视系统运行，待机传染和破坏。此种病毒利用了系统引导时不对主引导区的内容正确与否进行判别的缺点。引导型病毒主要是感染软盘的引导扇区和硬盘的主引导扇区或 DOS 引导扇区，其传染方式主要是通过使用被病毒感染的软盘启动计算机而传染。按照引导型病毒在硬盘上的寄生位置又可细分为主引导记录病毒和分区引导记录病毒。主引导记录病毒感染硬盘的主引导区，如大麻病毒、2708 病毒、火炬病毒等；分区引导记录病毒感染硬盘的活动分区引导记录，如小球病毒、Girl 病毒等。

※ 文件型病毒。此类病毒代码写入系统的其他可执行文件中，当这些文件被执行时，病毒程序就跟着被执行。文件型病毒主要感染系统可执行文件（COM、EXE、OVL 等），极少感染数据文件。其传染方式是当感染了病毒的可执行文件被执行或者当系统有任何读、写操作时向外传播病毒。

※ 宏病毒。是利用微软公司 Office 软件的 Word、Excel 文件中的宏命令编制的病毒，其充分利用宏命令的强大系统调用功能，实现某些涉及系统底层操作的破坏。宏病毒仅感染用 Word、Excel、Access、PowerPoint 等办公自动化程序编制的文档，以及 Outlook Express 邮件等，不会感染给可执行文件。当打开一个带宏病毒的文件模板后或使用带病毒的模板对文件进行操作时，宏病毒进行传播。这类宏病毒有

TaiWan1、Concept、"七月杀手"等。

※ 脚本病毒。是指用 VBScript、JavaScript 等脚本语言编写，内嵌于网页等可以包含脚本的文件中，随文件被解释而执行的病毒。如果用户使用浏览器来浏览含有这些病毒的网页，就会在不知不觉中让病毒进入计算机进行复制，并通过网络窃取个人信息或使计算机系统资源利用率下降，造成死机等现象。这类病毒有"红色代码""欢乐时光"等。

2. 按病毒的传播特性分类

按病毒的传播特性，可将病毒分为以下几类：

※ 系统病毒。此类病毒会将自己的程序加入操作系统或者取代部分操作系统进行工作，通常主要感染 Windows 操作系统的 EXE 和 DLL 文件，并通过这些文件进行传播。由于感染了操作系统，病毒在运行时会用自己的程序片断取代操作系统的合法程序模块，并根据病毒自身的特点和被替代的操作系统中合法程序模块在操作系统中运行的地位与作用，以及病毒取代操作系统的取代方式等，对操作系统进行破坏，甚至导致整个系统瘫痪。CIH 病毒就属于此类病毒。

※ 蠕虫病毒。是一种通过网络或系统漏洞传播的恶意程序，就像蠕虫一样在计算机网络中爬行，从一台计算机爬到另一台计算机。它除具有一般病毒的一些共性外，同时具有自己的一些特征，如不利用文件寄生、对网络造成拒绝服务、与黑客病毒结合等。蠕虫病毒主要的破坏方式是大量复制自身，然后在网络中传播，严重地占用有限的网络资源，使用户不能通过网络进行正常的工作。有一些蠕虫病毒还具有更改用户文件、将用户文件自动当作附件转发的功能，而且这类的病毒往往会频繁地生成大量的变种，一旦中毒往往会造成数据丢失、个人信息失窃、网络或系统运行异常等。目前该类病毒主要的传播途径有电子邮件、系统漏洞、聊天软件等。例如，"尼姆达""冲击波""震荡波""爱情后门"病毒等都属于蠕虫病毒。

※ 特洛伊木马病毒。是一种包含在一个合法程序中的非法程序，该非法程序被用户在不知情的状态下执行。其名称取自古希腊神话的《特洛伊木马记》，属于文件型病毒的一种。它是一种基于远程控制的工具，黑客通过特定的木马程序来控制另一台计算机，具有很强的隐蔽性和危害性。木马通常有两个可执行程序：一个是客户端，即控制端；另一个是服务器端，即被控制端。被植入者计算机的是服务器部分。植入的方法通常有通过下载的软件、交互脚本、系统漏洞等。而所谓的黑客正是利用客户端控制器进入运行了被控制端服务器的计算机。被控制端运行了木马程序以后，被植入木马的计算机就会有一个或几个端口被打开，黑客可以利用这些打开的端口进入计算机系统，安全和个人隐私也就全无保障了。

※ 黑客病毒。是指利用网络来攻击其他计算机的恶意程序，被运行或激活后就像其他正常程序一样有界面，能对他人的计算机进行远程控制。木马、黑客病毒往往是成对出现的，通常木马病毒负责入侵用户的计算机，而黑客病毒则通过该木马病毒来进行控制，以窃取用户的账户、各种密码及个人信息等。例如，"QQ狩猎者""传奇窃贼""网游大盗""网银大盗""网络枭雄""黄金甲"等就属于这类病毒。

事实上，现在单一形态的病毒已经很少了，绝大多数病毒不但具有传统病毒的特性，更结合蠕虫、特洛伊木马形式，造成更大的危害或影响力。一个典型的实例就是恶意程序"探险虫"。该病毒具有开机再生、连锁破坏能力，会覆盖掉计算机中的重要文件（木马特性），并且会通过网络将自己安装到远程计算机中（蠕虫特性）。

8.4.3　网络病毒的防范

计算机网络使资源共享更方便，但也给病毒传播创造了更有利的条件。网络病毒传播媒介不再是移动式载体，而是网络通道。网络条件下的病毒传染方式多，传播速度快，传播范围更广泛，危害更为严重。互联网络环境下病毒防治是目前反病毒领域的研究重点。

1. 网络病毒的传播方式

目前，Internet正在逐步成为网络病毒入侵的主要途径。网络病毒一般会试图通过以下几种不同的方式进行传播。

※ 通过电子邮件传播。病毒经常会附在邮件的附件里，然后起一个吸引人的名字，诱惑人们去打开附件，一旦执行之后，计算机就会染上附件中所附的病毒。曾经广泛传播的电子邮件Melissa病毒使用了Word宏，并嵌在电子邮件附件中。如果邮件接收者打开了该附件，Word宏就被激活，之后电子邮件病毒搜寻用户通信簿的邮件列表，把自身发送到邮件列表中的每一个地址并对本地进行危害性的操作。

※ 利用网页传播。使用一些Script语言编写的一些恶意代码，嵌入在网页HTML内，利用浏览器的漏洞来实现病毒植入。当用户登录某些含有网页病毒的网站时，网页病毒便被悄悄激活，这些病毒一旦激活，操作系统就会在后台按照这段恶意代码的指令进行一系列的破坏行为，如跳转到指定的网络服务器下载木马、恶意程序等。

※ 利用Web服务器的漏洞。有些网络病毒攻击IIS Web服务器。例如，尼姆达病毒主要通过两种手段来进行攻击。第一，它检查计算机是否已经被红色代码II病毒所破坏，因为红色代码II病毒会创建一个"后门"，任何用户都可以利用这个"后门"获得对系统的控制权。如果尼姆达病毒发现了这样的计算机，它会简单地使用红色代码II病毒留下的后门来感染计算机。第二，病毒会试图利用Web Server Folder Traversal漏洞来感染计算机。如果它成功地找到了这个漏洞，病毒会使用它来感染系统。

※ 木马病毒通过MSN、QQ等即时通信软件传播。频繁地打开即时通信工具传来的网址，来历不明的邮件及附件，到不安全的网站下载可执行程序等，就会导致网络病毒进入计算机。

※ 文件共享。Windows系统可以被配置成允许其他用户读写系统中的文件。允许所有人访问文件会导致破坏安全性，默认情况下，Windows系统仅仅允许授权用户访问系统中的文件。然而，如果病毒发现系统被配置为其他用户可以在系统中创建文件，它会在其中添加文件来传播病毒。

2. 网络病毒的防范

计算机病毒防范是指通过建立合理的计算机病毒防范体系和制度，及时发现计算机病毒侵入，并采取有效的手段阻止计算机病毒的传播和破坏，恢复受影响的计算机系统和数据。网络防范病毒应从两方面着手。第一，以网为本，多层防御，有选择地加载网络防病毒产品，构建基于网络的多层次的病毒防护。多层防御的网络防毒体系应该由用户工作站、服务器和病毒防火墙组成，具有层次性、集成性和自动化的特点。第二，建立健全的网络系统安全管理制度，培养良好的防范病毒的习惯。

※　使用网络防毒软件，防止病毒在网络上的传播。目前用于网络的防毒软件基本上是运行在服务器上，可以同时查杀服务器和工作站上的病毒。网络防毒软件为了方便管理多台服务器，可以将多台服务器组织在一个域中，网络管理员只需要在域中的主服务器上设置扫描方式与选项，就可以监控域中多台服务器和工作站，防止病毒进入各级主机。

※　在内部网络出口进行访问控制。网络病毒一般都使用某些特定的端口收发数据包以进行网络传播，在网络出口的防火墙或路由器上禁止这些端口访问内部网络，可以有效地防止内部网络中计算机感染网络病毒，在网络的入口处就将病毒拒之门外。

※　堵住系统漏洞。及时升级到最新系统平台，安装补丁程序对错误（即 bug）进行修补，完善系统和应用程序，尽量减少系统和应用程序漏洞，不给病毒留下可入侵的"后门"。

※　保证账号与密码的安全，特别要注意安全权限等关键配置，防止因配置疏忽留下漏洞而给病毒可乘之机，保证文件系统的安全。

※　禁用不必要的服务。对不需要或不安全的功能性应用程序尽量不安装或者关闭，重要服务器要专机专用，通过服务管理器或注册表禁用不需要的服务。

※　禁止内部网络成员中未经许可的下载和安装。

※　使用最新杀毒软件，及时更新最新的病毒库，定期进行病毒扫描。

※　不打开来历不明邮件的附件。

※　定期进行数据备份以确保数据安全。

计算机网络病毒的防范单纯依靠技术手段，是不可能十分有效地杜绝和防止其蔓延的，只有把技术手段和管理机制紧密结合起来，提高人们的防范意识，建立一个有层次的、立体的防病毒体系，才能有效制止病毒在网络上的蔓延。

8.4.4　反病毒基础知识

1. 反病毒技术的发展

随着病毒的流行，对计算机病毒的研究、分析和查杀也开始发展起来。最早期的反病毒程序都是针对某个病毒编写的专杀工具，只能一对一地查杀单个病毒。随着 20 世纪 80 年代末计算机病毒数量的急剧膨胀，这种一对一的杀毒程序显然已无法适用。这个时候开始形成了通用反病毒技术。针对大量病毒的处理，反病毒软件开始了模块化分工，具备扫描模块、清除模块、特征库等。同时，反病毒的各种外围技术也开始如火如荼地发展起来，如主动监控、完整性检查、免疫技术等。人们对计算机病毒有了更新的认识，病毒防治理念也从原有的单纯"杀毒"上升到"杀防结合"层面，随之出现了"查杀防合一"的集成化反病毒产品，把各种反病毒技术有机地组合到一起共同对计算机病毒作战。可以说，计算机病毒的蔓延导致了计算机反病毒技术的发展，已经取得了很大的进步，其发展过程大致可划分如下：

※ 第一代反病毒技术采取单纯的病毒特征诊断，但是对加密、变形的新一代病毒无能为力。

※ 第二代反病毒技术采用静态特征扫描技术，可以检测变形病毒，但是误报率高，杀毒风险大，易造成文件和数据的破坏。

※ 第三代反病毒技术将静态扫描技术和动态仿真跟踪技术相结合。将查找病毒和清除病毒合二为一，形成一个整体解决方案，能够全面实现防、查、杀等反病毒所必备的各种手段，以驻留内存方式防止病毒的入侵，能清除检测到的病毒，不会破坏文件和数据。但是随着病毒数量的增加和新兴病毒技术的发展，静态扫描技术将会使反病毒软件速度降低，驻留内存防毒模块容易产生误报。

※ 第四代反病毒技术基于病毒家族体系的命名规则，基于多位 CRC 校验和扫描机理、启发式智能代码分析模块、动态数据还原模块（能查出隐蔽性极强的压缩加密文件中的病毒）、内存解毒模块、自身免疫模块等先进解毒技术，采用多种技术结合的方法进行病毒查杀。

※ 第五代反病毒技术将云技术完美地结合到杀毒领域中。云查杀是一种将最新的云计算、云存储技术应用于病毒查杀的一种新技术。该技术利用云计算、云存储中的分布式计算、并行处理、网格计算等技术，将传统杀毒软件在用户端完成的病毒分析、判定任务集中到云端的服务器进行统筹处理，极大地提高了样本的处理和响应速度，同时减少了用户端计算机的处理负担，并消除了病毒库存储、更新所带来的开销。

2. 主要反病毒技术

从具体实现技术的角度，主要的反病毒技术有以下几种：

※ 基于特征码的病毒查杀技术。特征码扫描技术出现得很早，但至今依然是大多数反病毒软件采用的主要病毒扫描方法。特征码查毒技术实际上是人工查毒经验的简单表述，它再现了人工辨识病毒的一般方法，采用了"同一病毒或同类病毒的某一部分代码相同"的原理，也就是说，如果病毒及其变种、变形病毒具有同一性，则可以对这种同一性进行描述，并通过对程序体与描述结果（即特征码）进行比较来查找病毒。采用特征码查杀，首先由病毒分析人员对病毒样本进行反汇编分析，提取病毒的特征代码到病毒特征数据库，然后在查毒的时候通过在被查毒对象中搜索对比是否有对应的病毒特征代码来确定是否是病毒。特征码查杀技术由于其误报率低、系统实现简洁的优点，依然是当前反病毒软件的主流技术。但这种技术也有很大的局限性，一是要提取特征码必须要有病毒样本；二是对未知病毒的查杀基本无效。

※ 启发式扫描技术。是指自我发现的能力或运用某种方式或方法去判定事物的知识和技能。从某种意义上讲，启发式扫描技术是基于专家系统的原理产生的。由于病毒程序和正常程序在特征上、执行行为上的不同，作为汇编级的代码分析人员可以很容易地分辨出这类非正常的程序，实现启发式扫描是尽量将这种"分辨"自动化。启发式扫描通过静态或动态的扫描和分析技术，检查被查毒对象是否具有病毒功能或行为来判

断是否是病毒。启发式扫描技术的优势在于可以查杀未知病毒，缺点是误报率高。

※ 虚拟机技术在反病毒中的应用。虚拟机技术是近年来反病毒前沿的技术，主要用来分析未知病毒（实现启发式扫描）和查杀多态变形和加壳的病毒。具体的思路是：用程序代码虚拟 CPU、各个寄存器甚至是硬件端口，将采集到的病毒样本放到该虚拟环境中执行，通过分析内存、寄存器以及端口的变化来了解程序的执行情况。随着加壳和免杀技术在病毒上的广泛使用，采用虚拟机虚拟运行查毒也成为当前反病毒软件开始普遍使用的反病毒技术。

※ 行为监控技术。通过对异常行为的监测、报警和拦截来达到保护系统和查杀病毒的目的。行为监控利用了 HOOK 技术，在计算机系统中的关键部位进行拦截检查，以做到尽量在病毒进入、运行和破坏时拦截、查杀病毒。

※ 云查杀技术。所谓"云"，其实指的是用户很少能够看到的后端服务器。云查杀的特点是：客户端没有病毒特征库，客户端对文件计算指纹并发送到云安全中心服务器进行级别查询以判断其是否为恶意。云安全中心部署的服务器群采用各种手段对上传上来的样本文件进行级别鉴定。这样就能通过一个用户来解决一类用户的问题。云查杀技术的缺点是依赖于网络，在断网情况下仍然需要采用传统方式的查杀方法。

3. 杀毒软件简介

杀毒软件，也称为反病毒软件或防毒软件，是用于消除计算机病毒、特洛伊木马和恶意程序的一类软件。杀毒软件通常集成监控识别、病毒扫描和清除、自动升级等功能，有的杀毒软件还带有数据恢复等功能，是计算机防御系统（包含杀毒软件、防火墙、特洛伊木马和其他恶意软件的查杀程序、入侵预防系统等）的重要组成部分。杀毒软件的任务是实时监控和扫描磁盘。部分杀毒软件通过在系统中添加驱动程序的方式，进驻系统，并随操作系统启动以便在用户执行读写操作时检测病毒并阻止病毒运行。大部分的杀毒软件还具有防火墙功能。

杀毒软件的种类很多，但基本的杀毒原理是"杀毒引擎 + 特征码匹配"，通过将计算机中的数据与杀毒软件自身所带的病毒库中的特征码（病毒定义）进行精确比较，以判断是否为病毒。病毒库是由杀毒软件生产厂商收集到的病毒样本的特征码组成的。这种方法的缺点是杀毒软件所带病毒库必须事先有某种病毒的特征码才能检测这种病毒。为弥补上述缺点，也有杀毒软件除使用上述方法外，增加了特征码模糊比较和在所划分到的内存空间里面虚拟执行用户提交的程序，根据其行为的合法性做出判断的方法，统称为启发式扫描。此外，杀毒软件一般还具有脱壳技术和自我保护技术。

目前国外的杀毒软件主要有卡巴斯基、诺顿和 McAfee 等，国内的杀毒软件主要有 360 杀毒、金山毒霸、瑞星杀毒软件等。国外杀毒软件内核强大，杀毒功能更强，界面简洁精干。国内的杀毒软件虽然在内核上与国外杀毒软件有所差距，但是在应付国产病毒方面和占用资源方面又优于国外的杀毒软件。例如，卡巴斯基是国际上著名的老牌杀毒软件，杀毒功能强大，但是它占用的系统资源相对就要多一些，所以硬件配置不高的计算机并不适合使用卡巴斯基，选择使用占用资源较小的国内杀毒软件，效果反而会更好。

本章小结

本章主要介绍了网络管理概念和功能、网络管理体系结构和简单网络管理协议、网络管理系统和常用的网络测试命令，然后介绍了网络安全的概念和常见的网络攻击、网络安全服务与机制、网络防火墙及其类型和计算机病毒等相关知识。

1．网络管理概念和内容

网络管理是为了保证网络系统能够持续、稳定、安全、可靠和高效地运行，对网络实施的一系列方法和措施。在 OSI 网络管理标准中，基本的网络管理功能被分成 5 个功能域：故障管理、配置管理、计费管理、性能管理和安全管理。

2．网络管理体系结构和简单网络管理协议

在网络管理体系结构中，其管理模型由管理进程、代理、管理信息库和网络管理协议 4 个部分组成。简单网络管理协议（SNMP）是 TCP/IP 协议簇的一个应用层协议，SNMP 在应用层进行网络设备间通信的管理，它可以进行网络状态监视、网络参数设定、网络流量统计与分析、发现网络故障等。

3．网络管理系统和常用的网络测试命令

网络管理系统是实现网络管理功能的一种软件产品，目前作为网络管理人员常用的网络管理软件有 OpenView、NetView、SunNet Manager、CiscoWorks、SPECTRUM 和 NetWare ManageWise 等。常用的网络测试命令包括 ping、tracert、netstat、ipconfig 等。

4．网络安全的概念和常见的网络攻击

计算机网络安全可理解为通过采用各种技术和管理措施，使网络系统的硬件、软件及系统中的数据资源受到保护，不因偶然和恶意的原因遭到破坏、更改和泄露，保证网络系统可靠、正常地运行。常见的网络攻击手段包括拒绝服务攻击、利用型攻击、欺骗型攻击、信息收集型攻击。

5．网络安全服务与机制

网络安全服务是指在应用层对信息的保密性、完整性和来源真实性进行保护和鉴别，满足用户安全需求，防止和抵御各种安全威胁和攻击手段。5 种安全服务包括对象认证服务（鉴别）、访问控制服务、数据保密性服务、数据完整性服务以及不可否认性服务。为了实现规定的安全服务，ISO 建议了 8 种安全机制，分别是加密机制、数字签名机制、访问控制机制、数据完整性机制、认证交换机制、业务流量填充机制、路由控制机制和公证机制。

6．防火墙的概念和类型

防火墙（firewall）是位于两个网络之间执行访问控制策略的系统（硬件或软件），通过强制实施统一的安全策略，限制外部未经许可的用户访问内部网络资源和内部非法向外部传递信息，而允许那些授权的数据通过，以达到保护系统安全的目的。从网络协议分层的角度来看，防火墙可以归为 3 类：包过滤防火墙、代理服务器防火墙和状态检测防火墙。

7. 计算机病毒

计算机病毒是编制或者在计算机程序中插入的破坏计算机功能或者破坏数据，影响计算机使用并且能够自我复制的一组计算机指令或者程序代码。计算机病毒具有传染性、破坏性、隐蔽性、潜伏性、针对性和可触发性。

习题

一、概念解释

网络管理，SNMP，管理进程，代理，MIB，网络安全，防火墙，计算机病毒。

二、单选题

1. 网络管理工作于 OSI/RM 的（　　）。

    A. 物理层　　　　B. 网络层　　　　C. 传输层　　　　D. 应用层

2. 目前应用最广的网络管理协议是（　　）。

    A. TCP/IP　　　B. SNMP　　　　C. SMTP　　　　D. UDP

3. OSI 规定的网络管理功能域不包括（　　）。

    A. 计费管理　　B. 安全管理　　　C. 性能管理　　　D. 操作人员的管理

4. 网络管理软件不具有的功能是（　　）。

    A. 配置管理　　B. 故障管理　　　C. 记账管理　　　D. 防火墙功能

5. 对一个网络管理员来说，网络管理的目标不是（　　）。

    A. 提高设备的利用率　　　　B. 为用户提供更丰富的服务

    C. 降低整个网络的运行费用　　D. 提高安全性

6. 下列命令中，（　　）用于测试网络是否连通。

    A. tracert　　　B. ipconfig　　　C. nslookup　　　D. ping

7. 计算机网络安全是指：通过采用各种技术和管理措施，使网络系统正常运行，从而确保网络数据的可用性、完整性和（　　）。

    A. 保密性　　　B. 防篡改　　　　C. 防泄露　　　　D. 可达性

8. 计算机中的信息只能由授予访问权限的用户读取，这是网络安全的（　　）。

    A. 保密性　　　B. 数据完整性　　C. 可利用性　　　D. 可靠性

9. 使网络服务器中充斥着大量要求回复的信息，消耗带宽，导致服务器停止正常服务，这属于（　　）攻击类型。

A. 拒绝服务　　B. 文件共享　　　C. 欺骗　　　　D. 信息利用

10. 向有限的空间输入超长的字符串是（　　）攻击手段。

A. 缓冲区溢出　B. 网络监听　　C. 拒绝服务　　　D. IP欺骗

11. 防火墙是指（　　）。

A. 防止一切用户进入的硬件　　　　B. 阻止侵权进入和离开主机的通信硬件或软件

C. 记录所有访问信息的服务器　　　D. 处理出入主机的邮件的服务器

12. 防止数据被假冒，有效的安全机制是（　　）。

A. 消息认证　　B. 消息摘要　　C. 数字签名　　　D. 加密

三、填空题

1. 网络管理有_____、_____、_____、_____、_____5个功能域。

2. 目前最有影响的网络管理协议有两个，一个是_____，另一个是公共管理信息服务和公共管理信息协议（CMIS/CMIP）。

3. SNMP的网络管理系统中被管设备包括_____等网络设备。

4. 在网络测试命令中，_____命令用来显示数据包到达目标主机所经过的路径。

5. 网络安全的威胁主要表现在_____、_____、_____和病毒上。

6. 防火墙实质上是一种隔离控制技术，其基本思想是限制网络访问，它把网络划分为两个部分：_____和受保护的_____。

7. 防火墙发展到今天，虽然不断有新的技术产生，但从网络协议分层的角度，都可以归为以下3类：_____、_____和_____防火墙。

8. 计算机病毒按寄生方式可分为_____病毒、_____病毒、宏病毒和网页病毒。

9. 计算机病毒具有传染性、_____、_____、_____、针对性和可触发性。

四、简答题

1. 简述网络管理的主要目标。

2. 什么是配置管理？

3. 在采用SNMP的网管系统中，其管理模型由哪几部分组成？

4. 管理信息库（MIB.是什么？

5. 目前比较著名的网络管理软件有哪些？

6. 什么是网络安全？一个安全的网络具有哪些特征？

7. 简述网络可能受到的安全威胁。

8. 为了实现各种安全服务，ISO 建议了哪 8 种安全机制？

9. 保证网络安全的主要防范措施有哪些？

10. 简述包过滤防火墙的基本原理。

11. 简述计算机病毒的特征及危害。

12. 目前主要的反病毒技术有哪些？

第 9 章

网络实验

计算机网络是实践性很强的课程，为了使读者能够在学习计算机网络的基本概念和原理的同时，通过实验加深对网络知识的理解，掌握一些计算机网络方面的基本技能，本章结合本教材的内容，循序渐进地介绍相关实验内容。

本章要点

※ Internet 概念及其工作模式

※ Internet 域名系统

※ Internet 提供的基本服务

※ Internet 接入技术

※ Intranet 基本知识

9.1　网线制作

9.1.1　实验目的

（1）了解双绞线网线的标准 EIA/TIA 568A 和 568B 的线序。

（2）掌握直通线和交叉线的制作方法及应用。

（3）熟悉制作双绞线连接线的专用工具的使用。

9.1.2　基础知识

在同轴电缆、双绞线、光纤 3 种有线传输介质中，双绞线是当前使用最普遍的传输介质。双绞线可以分为非屏蔽双绞线（UTP）和屏蔽双绞线（STP）。UTP 按照电气性能分为三类、四类、五类、六类等类型，三类、四类双绞线基本上已经不使用了，常用的是五类、超五类非屏蔽双绞线。一般的五类双绞线，最高传输速率为 100MHz，主要用于 100Base-T 网络。双绞线剥开后，里面有 4 对扭绞在一起的铜线，分别是绿色对、橙色对、蓝色对和棕色对，不同的线对扭绞的密度不同，扭绞的密度越大其抗干扰的能力越强。

要使双绞线能够与网卡、集线器、交换机、路由器等网络设备连接，双绞线两端需要安装 RJ-45 接头（俗称水晶头）。RJ-45 接头制作时必须符合美国电子工业协会的 EIA/TIA 标准。

EIA/TIA 568A 标准连线顺序从左到右依次为

1- 白绿、2- 绿、3- 白橙、4- 蓝、5- 白蓝、6- 橙、7- 白棕、8- 棕

EIA/TIA 568B 标准连线顺序从左到右依次为

1- 白橙、2- 橙、3- 白绿、4- 蓝、5- 白蓝、6- 绿、7- 白棕、8- 棕

双绞线连接线分为直通线和交叉线，直通线可以用于将主机连接到集线器或交换机等设备上；交叉线用于连接相似的设备，例如主机到主机、交换机到交换机、路由器到路由器等。

直通线两端的线序一样，双绞线的两端采用相同的线序标准制作 RJ-45 接头，即采用 EIA/TIA 568A 或 EIA/TIA 568B 标准（常用标准）中的一种。交叉线一端采用 EIA/TIA 568A 标准，另一端采用 EIA/TIA 568B 标准。

虽然双绞线有 8 根导线，但在目前广泛使用的百兆以太网中，实际通信只使用其中的两对导线，即 1、2、3、6 号线，其中 1、2 号线用于发送数据，3、6 号线用于接收数据。

9.1.3 实验设备

硬件：RJ-45 接头、5 类 UTP、专用压线钳、双绞线测试仪。

9.1.4 实验内容及步骤

任务 1：制作 UTP 直通线和交叉线

（1）根据需要剪裁一段五类非屏蔽双绞线。

（2）将线头放入剥线专用的刀口，稍微用力握紧压线钳慢慢旋转，让刀口划开双绞线的保护胶皮，然后把这一部分的保护胶皮去掉。

（3）剥除保护胶皮后即可见到双绞线网线的 4 对芯线，将芯线按照 EIA/TIA 568B 标准线序展开后从左至右的排序为白橙、橙、白绿、蓝、白蓝、绿、白棕、棕。此时将 8 根导线拉直、平坦、整齐地平行排列，中间不留空隙，如图 9-1 所示。

（4）用压线钳的切口整齐地剪断整理好的导线，留下 1.4cm 的长度，将 RJ-45 连接器的铜片朝上放置，将剪齐的 8 根导线插入水晶头，白橙色芯线在最左侧，注意一定要使各条芯线都插到水晶头的底部，不能弯曲，外面的胶皮要被水晶头的尾部压住一部分，保障网线的抗拉强度。

（5）将 RJ-45 连接头放入压线钳的压线槽内，用力压实，再用手轻轻拉一下网线与水晶头，看是否压紧，可以多压一次。这样双绞线一端的接头已经制作好了，如图 9-2 所示。

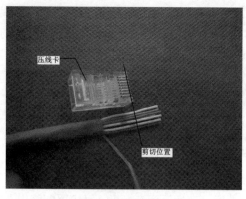

图 9-1　剪切导线

图 9-2　制作好的水晶头

（6）制作双绞线另一端接头。若是制作直通双绞线，则步骤与上面相同，双绞线两端均为 EIA/TIA 568B 标准线序。若是制作交叉双绞线，只需改变导线的排列顺序，使用 EIA/TIA 568A 标准线序即可。

任务 2：测线器的使用

双绞线制作完成后，可以用测试仪测试连通性，测试仪有两个可以分开的主体，左边为主测试端，右边为远程测试端，方便连接在不同房间或者距离较远的网线的两端。将待测试网线的两端分别插入主测试端和远程测试端，如果是直通双绞线，则主测试端和远程测试端的指示灯从第 1 至第 8 个灯逐个闪亮，若某一组灯不亮表示对应导线不通。如果测试交叉双绞线，则主测试端指示灯从第 1 至第 8 个逐个闪亮，而远程测试端的指示灯闪亮的顺序为 3-6-1-4-5-2-7-8，若某一灯不亮表示对应的导线不通。

9.2　对等网的组建与配置

9.2.1　实验目的

（1）了解对等网硬件连接过程。

（2）了解添加协议的过程。

（3）掌握 TCP/IP 协议的设置。

（4）掌握文件共享和打印机共享。

9.2.2　基础知识

在对等网中各台计算机无主次之分，任意结点都可以作为服务器为其他计算机提供资源，也可以作为客户机分享其他计算机的资源。对等网中各计算机自己控制对其他计算机的共享资源，只有将文件夹、打印机等资源设置为具有"共享"属性，才可以被对等网中的其他计算机共享使用。对等局域网相对于客户 / 服务器模式的局域网，规模小，设置简单，成本低，它的缺点就是网络性能较差，文件分散管理，数据保密性差。

要实现对等网中各结点都能连接到网络中，除了用传输介质连接各结点的网卡之外，还要考虑选择哪种网络协议，局域网常用的网络协议主要有 TCP/IP 协议、NetBEUI 协议等，本实验使用 TCP/IP 协议，在 Windows 操作系统中已经默认安装，只需配置一下它的参数。如果使用其他网络协议，则需要手动安装。

9.2.3　实验设备

硬件：Windows 7 操作系统的计算机、UTP 直通线、集线器。

软件：网卡驱动程序。

9.2.4　实验内容及步骤

任务 1：对等网硬件连接

在整个网络设备连接过程中，可以分为 3 步：网线制作、网卡的安装、网卡的连接。

（1）网线制作。按照 EIA/TIA 568B 标准的网线制作方法制作两条 5 类双绞线的直通线。

（2）安装网卡。打开机箱，找到一个空闲 PCI 插槽（一般为较短的白色插槽），插入准备好的带 RJ-45 接口的以太网网卡，然后用螺钉固定在机箱上。

（3）网卡的连接。把网线两端的 RJ-45 接头，一端插在网卡接头处，另一端插到集线器上，这样就完成了计算机与集线器的网络连接，如图 9-3 所示。

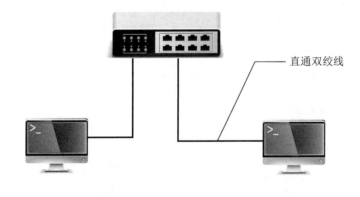

计算机A
IP地址：192.168.1.11
子网掩码：255.255.255.0

计算机B
IP地址：192.168.1.22
子网掩码：255.255.255.0

图 9-3　对等网硬件连接

完成了网卡的网络连接后可以查看连接状态，将所有设备加电，检查网卡指示灯和集线器上端口的指示灯的状态，如果指示灯都亮着绿灯，就说明硬件连接正常，如果灯不亮或亮的不是绿灯，就说明网络连接有问题，有可能是接头接触不良、网线不通、网卡损坏等原因造成的，逐一进行检查，排除硬件问题。

任务 2：安装通信协议

默认情况下，计算机在安装 Windows 7 操作系统时，Windows 7 会自动为网卡安装 TCP/IP 协议。下面以添加 NetBEUI 协议为例，说明添加通信协议的过程。操作步骤如下。

（1）在计算机桌面右下角的"网络"图标上右击，选择"打开网络和共享中心"命令，打开如图 9-4 所示的"网络和共享中心"窗口，单击"本地连接"，弹出"本地连接 属性"对话框。

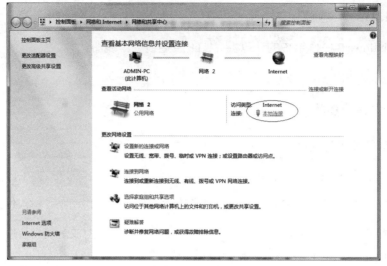

图 9-4　本地连接

（2）在"本地连接属性"对话框中单击"安装"按钮，如图 9-5 所示，打开"选择网络功能类型"对话框，如图 9-6 所示。

图 9-5　"本地连接 属性"对话框　　　　图 9-6　"选择网络功能类型"对话框

（3）在"选择网络功能类型"对话框中，选择"协议"项后，单击"添加"按钮，打开"选择网络协议"对话框，选择"NetBEUI 协议"，如果要安装的协议不在列表中，单击"从磁盘安装"，单击"确定"按钮安装即可。

任务 3：设置本机网卡的 IP 地址

TCP/IP 协议安装完成后，还需要对计算机进行 IP 地址设置，两台计算机才能通信。IP 地址设置操作步骤如下：

（1）打开图 9-5 所示的"本地连接 属性"对话框，选择对应网卡的"Internet 协议版本 4（TCP/IPv4）"项，然后单击"属性"按钮，打开该网卡的"Internet 协议版本 4（TCP/IPv4）属性"设置对话框，如图 9-7 所示。

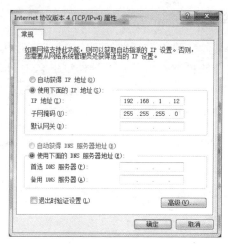

图 9-7　设置 IP 地址

（2）在该对话框中选择"使用下面的 IP 地址"单选按钮，然后在下面的"IP 地址"和"子网掩码"栏中分别输入 IP 地址和子网掩码。如果还要实现网络连接共享，如共享上网，则还需要在客户端配置"网关"项。网关直接指向提供共享上网的主机网卡 IP 地址。至于 DNS 配置，可以暂时不用更改设置，保持默认值，然后单击"确定"按钮，完成 IP 地址设置。

注意：同一局域网内，各计算机的 IP 地址不能相同，否则会发生冲突。

任务 4：测试网络的连通性

使用网络测试命令 ping，可以验证两台主机是否连通。检测源主机与另一台指定 IP 地址为 192.168.1.10 的目标主机是否正确连通，操作步骤如下：

（1）在源主机上打开 DOS 命令窗口，依次单击"开始"→"所有程序"→"附件"→"命令提示符"，打开 DOS 命令窗口。

（2）使用 ping 命令，测试与目标主机的网络连通性。在 DOS 命令窗口中，输入命令 ping 192.168.1.22，回车后会看到命令的回显结果。

源主机向目标主机发送了 4 个包，对方收到 4 个包，丢失率为 0，往返最大延时、最小延时和平均延时都为 0ms，表明两台主机已经连通了，如图 9-8 所示。如返回 time out 则表明两台主机不连通。

图 9-8　测试网络连通性

任务 5：设置计算机名和工作组名

为了能够让对等网上的其他计算机方便地找到本机，还必须设置计算机在对等网上的标识，即为对等网中的每一台计算机指定一个唯一的计算机名和相同的工作组名，其中，"计算机名"将在网络连接成功后的"网络"中工作组中显示出来。将本机的计算机名称设置为Teacher，工作组设置为 WORKGROUP 的操作步骤如下：

（1）在桌面上右击"计算机"，从快捷菜单中选择"属性"命令，再打开"系统"窗口，如图 9-9 所示。

图 9-9　系统窗口

（2）在"系统"窗口中，单击"更改设置"，打开"系统属性"对话框，如图 9-10 所示。单击"更改"按钮，然后在弹出的"计算机名 / 域更改"对话框中，分别输入计算机名Teacher 和工作组名 WORKGROUP，如图 9-11 所示。

图 9-10　"系统属性"对话框

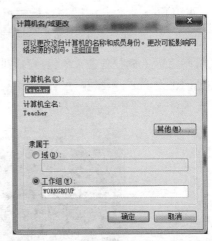

图 9-11　更改计算机名称

注意：在对等网内，计算机的"计算机名"不能相同，而"工作组"名必须相同。设置完成后需要重启计算机使更改生效。

至此，已完成对等网的基本设置，要想在"网络"窗口中看到同一工作组中的其他计算机（网上邻居），还需要更改高级共享等与共享相关的设置。

任务 6：高级共享的设置

在 Windows 7 中实现文件、打印机等资源共享，需要修改"高级共享设置"，启用"网络发现""文件和打印机共享""公用文件夹共享"和关闭"密码保护共享"。操作如下：

（1）单击计算机桌面右下角的网络连接下的"打开网络和共享中心"，打开"网络和共享中心"，如图 9-12 所示。

图 9-12　网络和共享中心

（2）在"网络和共享中心"中，选择"工作网络"后，单击"更改高级共享设置"，弹出"高级共享设置"窗口。

（3）在"高级共享设置"窗口中，单击"家庭和工作"项的向下箭头，弹出"家庭和工作"对话框，如图 9-13 所示。在其中进行以下设置：

图 9-13　高级共享设置

※　网络发现。选择"启用网络发现"单选按钮，打开"网络"可以看到同组中其他的计算机。

※　文件和打印机共享。选择"启用文件和打印机共享"单选按钮。

※　公用文件夹共享。可根据需要决定是否开启。

※　媒体流。可根据需要选择。

※ 文件共享连接。选择"为使用 128 位加密帮助保护文件共享"单选按钮。

※ 密码保护的共享。选择"关闭密码保护共享"单选按钮（其他计算机访问本机的共享文件夹时不需要密码）。

※ 家庭组连接。选择"允许 Windows 管理家庭组连接"单选按钮。

设置好以上选项后，单击"保存修改"，系统的高级共享设置就完成了。

任务 7：共享文件夹的设置与使用

对等网中各计算机自己控制对其他计算机的共享资源，只有将文件夹、打印机等资源设置为具有"共享"属性，才可以被对等网中的其他计算机共享使用。对等网中文件共享是通过设置文件夹共享实现的。操作步骤如下：

（1）在本地计算机桌面上，双击打开"计算机"窗口。

（2）找到并选择要设置为共享的文件夹（MyFiles），右击该文件夹，在弹出的快捷菜单中选择"属性"命令，打开"MyFiles 属性"对话框，选择"共享"选项卡，如图 9-14 所示。

（3）单击"高级共享"按钮，打开"高级共享"对话框，如图 9-15 所示。勾选"共享此文件夹"复选框，输入共享名，单击"确定"按钮，完成共享文件夹的设置。如果某文件夹被设为共享，它的所有子文件夹将默认被设为共享。

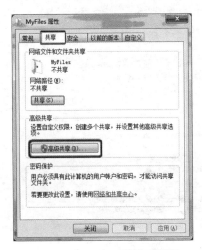

图 9-14 "MyFiles 属性"对话框

图 9-15 "高级共享"对话框

在前面的高级共享设置中，已经关闭了密码保护共享，要实现文件共享还需要设置文件夹的共享权限，操作步骤如下：

（1）在图 9-15 的"高级共享"对话框中，单击"权限"按钮，打开"权限"对话框，如图 9-16 所示。

（2）在"权限"对话框中，依次单击"添加"→"高级"→"立即查找"。然后在查找的结果中选择 Everyone 组，根据需要给 Everyone 用户组设置操作权限，如图 9-17 所示，单击"确定"按钮完成设置。

图 9-16 文件夹权限

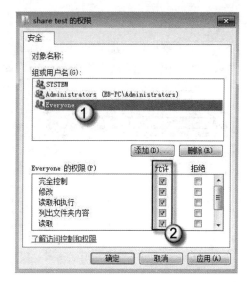

图 9-17 设置权限

如果不出意外，单击桌面上的"网络"图标，打开"网络"窗口应该可以看到同一工作组中的所有计算机了。如果在"网络"窗口里只有本机名，看不到同一工作组的其他计算机名，首先使用 ping 命令检查网络是否连通，然后检查计算机的工作组名是否和其他计算机一致。如果桌面没有"网络"图标，可以在桌面右击，在快捷菜单中选择"个性化"命令，然后更改桌面图标，将"网络"的图标显示在计算机的桌面。

任务 8：共享打印机的设置和使用

在网络中不仅可以共享文件资源，还可以共享硬件资源，例如共享打印机。对等网上设置为共享的打印机可被网络上的任意计算机使用，如同使用本地打印机一样方便。在本地计算机上安装打印机并将其设置为共享打印机，可执行下列操作：

（1）单击"开始"→"设备和打印机"，打开"设备和打印机"窗口。

（2）单击"添加打印机"→"添加本地打印机"，如图 9-18 所示，进入到"选择打印机端口"界面，如图 9-19 所示，选择本地打印机端口类型后单击"下一步"按钮。

图 9-18 添加本地打印机

图 9-19 选择本地打印机端口

（3）选择打印机的厂商和打印机型号，如图 9-20 所示，单击"下一步"按钮，安装打印机驱动程序。如果在列表中没有要安装的打印机型号，可以选择从磁盘安装打印机驱动。

（4）系统会显示出选择的打印机名称，单击"下一步"按钮进行驱动安装。

（5）打印机驱动程序加载完成后，系统会出现是否共享打印机的界面，如图 9-21 所示。选择"共享此打印机以便网络中的其他用户可以找到并使用它"单选按钮，输入打印机的共享名称。

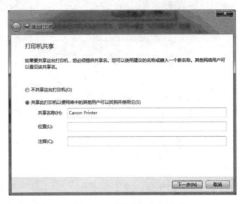

图 9-20　安装打印机驱动程序　　　　　　　　　图 9-21　设置共享打印机

（6）单击"下一步"按钮，添加打印机完成，"设备和打印机"界面会显示出所添加的打印机。可以通过"打印测试页"检测打印机是否可以正常使用。

将打印机设置为共享打印机后，网络中其他计算机上要使用该共享打印机，需要进行添加共享打印机设置。在网络中其他计算机上添加共享打印机，进行下列操作：

（1）单击"开始"→"设备和打印机"，打开"设备和打印机"窗口。

（2）单击"添加打印机"→"添加网络、无线或 Bluetooth 打印机"，如图 9-22 所示。单击"下一步"按钮之后，系统会自动搜索可用的打印机，一般系统都能找到，接下来只需跟着提示一步步操作即可。如果系统找不到所需要的打印机，单击"我需要的打印机不在列表中"，然后单击"下一步"按钮，打开"按名称或 TCP/IP 地址查找打印机"对话框，如图 9-23 所示。

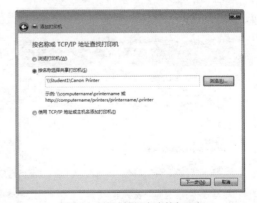

图 9-22　添加网络打印机　　　　　　　　　　图 9-23　按计算机名查找打印机

（3）选择"按名称选择共享打印机"单选按钮，并且使用访问网络资源的通用命名规范格式输入共享打印机的网络路径"\\ 计算机名 \ 打印机共享名"，例如 \\Student1\Canon Printer（Student1 是计算机名，Canon Printer 是打印机的共享名），如图 9-23 所示。此步骤也可以单击"浏览"按钮，在工作组中查找已经安装了打印机的计算机，再选择打印机。

（4）单击"下一步"按钮。如果此步操作中系统没有找到目标打印机，此时可以把"计算机名"用目标计算机的 IP 地址来替换。如果找到目标打印机，系统会给出提示，显示打印机已成功添加。可单击"打印测试页"测试打印机是否能正常工作，也可以单击"完成"按钮退出。

9.3 无线局域网的组建与配置

9.3.1 实验目的

（1）了解非独立无线局域网的组建方法。

（2）掌握无线路由器的基本配置。

9.3.2 基础知识

无线局域网（WLAN）由无线网卡和无线接入点（AP）构成。简单地说，WLAN 就是可以通过无线方式发送和接收数据的局域网，通过安装无线路由或无线 AP，在终端安装无线网卡就可以实现无线连接。

非独立无线局域网是一种整合有线与无线局域网的应用模式。在这种模式中，安装有无线网卡的计算机与无线 AP 进行无线连接，再通过无线 AP 与有线网络建立连接，无线局域网作为有线局域网的补充。目前组建无线局域网时常使用无线路由器＋无线网卡的方式，此时无线路由器相当于一个无线 AP。无线路由器不仅集成了无线 AP 和路由功能，同时还集成了4 个有线局域网接口，可以实现无线网络与有线网络的混合连接，如图 9-24 所示。

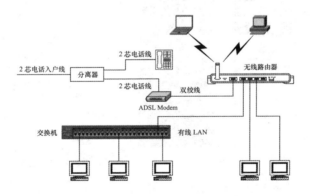

图 9-24 非独立无线局域网

9.3.3 实验设备

硬件：Windows 7 操作系统的计算机、无线路由器、外置无线网卡、ADSL Modem。

软件：无线网卡驱动程序。

9.3.4 实验内容及步骤

任务 1：连接无线路由器

参见图 9-24，连接无线路由器的步骤如下：

（1）将连接至外网（ADSL）的网络线接到无线路由器的广域网（WAN）端口。

（2）将一台计算机使用 UTP 网线连接到无线路由器的局域网（LAN）端口。

（3）接通无线路由器的电源，待无线路由器完全激活后，开始进行路由器的配置。

任务 2：配置无线路由器

配置路由器时是无法使用无线方式的，只能使用有线方式进行配置。下面以 TP-Link TL-WR340G 无线路由器为例来介绍配置方法，操作步骤如下：

（1）选择一台有线连接到路由器局域网（LAN）端口的计算机，将计算机的 IP 地址设为 192.168.1.2，这个 IP 地址只要与无线路由器的默认 IP 地址在同一个网段即可，子网掩码为 255.255.255.0，网关和 DNS 设置成路由器的 IP 地址，即 192.168.1.1。参阅无线路由器产品说明书，其默认的 IP 地址为 192.168.1.1。

（2）在计算机上打开浏览器，在地址栏中输入路由器的 IP 地址 192.168.1.1。打开登录对话框，如图 9-25 所示。

（3）输入用户名和密码，然后单击"确定"按钮，进入控制界面首页。默认用户名和密码参考具体产品的说明书。

（4）单击"无线参数"→"基本设置"命令，打开"无线网络基本设置"对话框，如图 9-26 所示。

图 9-25　登录界面

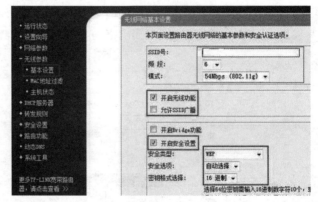

图 9-26　基本设置

（5）在对话框中设置 SSID、频段。

SSID（Service Set Identifier），又称服务集标识符，实质是无线局域网的名称，用来区分不同的网络。当只有一个无线 AP 时，可以选择任意频段；当拥有两个或两个以上 AP，且无线信号的覆盖范围重叠时，则应当为每个 AP 设置不同的频段。

（6）设置外网口（WAN 口）。在主窗口中，执行"网络参数"→"WAN 口设置"命令，出现如图 9-27 所示的"WAN 口设置"对话框。根据需要选择 WAN 口连接类型。

（7）设置内网口（LAN 口）。在主窗口中，执行"网络参数"→"LAN 口设置"命令，出现如图 9-28 所示的"LAN 口设置"对话框。在此可以更改路由器的默认 IP 地址。

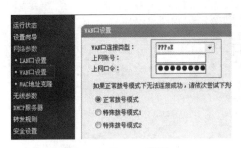
图 9-27 WAN 口设置

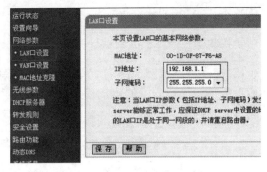
图 9-28 LAN 口设置

以上设置完成以后，如果通过有线方式可正常浏览网页了，说明无线路由器就基本配置好了。如要提高无线网络安全保障，可进行下面的安全设置。

任务 3：无线局域网的安全设置

（1）修改无线路由器的默认用户名和口令。

不同品牌型号的路由器出厂时提供的默认用户名和密码均相同，如果碰到被别人修改了用户名和密码，无法管理路由器时，可以通过按路由器面板上的 Reset（复位）键，恢复出厂设置。

（2）关闭 SSID 广播。

在无线路由器的管理界面的左侧菜单执行"无线参数"→"基本设置"命令，去掉"允许 SSID 广播"前复选框内的小勾，关闭 SSID 广播，当其他用户想自动连接到该无线路由器时，需手动输入正确的 SSID，这在一定程度上防止非法用户占用网络。

（3）设置密码。

在无线路由器的管理界面的左侧菜单执行"无线参数"→"基本设置"命令，在无线网络基本设置对话框中选择"开启安全设置"，选择相应的安全类型，选择的是 WPA-PSK/WPA2-PSK，并设置相应的密码，最短为 8 个字符，最长为 63 个字符。完成以上设置，单击"保存"按钮，出现提示要重新启动无线路由器才能生效。

（4）禁用 DHCP，有效限制非法用户接入。

在无线路由器的管理界面的左侧菜单执行"DHCP 服务器"→"DHCP 服务"命令，打开"DHCP 服务"对话框，将 DHCP 服务器设置为"不启用"。

（5）采用 MAC 过滤来保证无线网络的安全。

在无线路由器的管理界面的左侧菜单执行"无线参数"→"MAC 地址过滤"命令，打开"无线网络 MAC 地址过滤"设置对话框；单击"添加新条目"按钮，添加允许登录该无线网络的计算机 MAC 地址。列表中未添加的 MAC 地址，其计算机将无法登录到该无线网络。最后，单击"启用过滤"按钮，使该设置生效。

（6）开启无线路由器的防火墙功能。

在无线路由器的管理界面的左侧菜单执行"安全设置"→"防火墙设置"命令，选择开启防火墙功能。

任务 4：将计算机无线连接到无线网络

若要将便携式计算机或台式计算机连接到无线网络，进行如下操作：

（1）把外置无线网卡插到计算机的 USB 接口，然后在操作系统中安装相应无线网卡的设备驱动程序。无线网卡的驱动程序安装完成后，系统就会自动检测到无线网络，在桌面的右下角通知区域中可看到无线网络图标（▄▄或▄▄▄）。

（2）右击无线网络图标，在快捷菜单中选择"连接到网络"命令。

（3）在网络列表中，单击要连接到的网络，然后单击"连接"按钮。系统会提示输入密码，输入先前设置的密码，单击"确定"按钮，系统将与无线网络连接，连接成功后显示已连接。

9.4 交换机的基本配置

9.4.1 实验目的

（1）学会搭建交换机配置环境。

（2）掌握通过 Console 端口配置交换机的方法。

（3）掌握交换机的主要配置模式及基本配置命令。

9.4.2 基础知识

交换机的连接分为两个步骤：一是物理连接，即设备、线路的连接；二是软件连接，即通过软件实现对交换机的配置与管理。

交换机的管理方式基本上有两种：带外管理和带内管理。带外管理是通过交换机的 Console 口进行管理，不占用交换机的网络接口，其特点是需要使用专用的配置线缆，近距离配置。第一次配置交换机时必须利用 Console 端口进行配置，配置交换机支持带内管理后，才可以使用带内方式管理交换机。带内管理的主要方式有 TELNET、Web 和 SNMP。TELNET 管理方式是指交换机的某个网络接口连接到计算机的网卡上，通过网络登录到交换机上，然后对交换机进行远程管理和配置，这种方法首先要保证交换机设置了 IP 地址，并且与客户端的计算机能连通。

交换机的命令行操作模式主要包括用户模式、特权模式、全局模式、端口模式和 VLAN 配置等多种级别的配置模式，以允许用户对交换机的资源进行配置和管理。各种主要操作模式的功能及提示符列举如下：

※ 用户模式。进入交换机后的第一个操作模式，该模式下可以简单查看交换机的软、硬件版本信息，并进行简单的测试。提示符为">"。

※ 特权模式。由用户模式进入的下一级模式，该模式下允许用户使用所有设备命令，可以对交换机的配置文件进行管理，查看交换机的配置信息，进行网络的测试和调试等。特权模式可采用密码加以保护，提示符为"#"。

※　全局模式。由特权模式进入的下一级模式，该模式下可以配置交换机的全局性参数（如交换机主机名、IP 地址、登录信息等）。提示符为"(config)#"。

※　端口模式。由全局模式进入的下一级模式，该模式下可以对交换机的端口进行参数配置。提示符为"(config-if)#"。

※　VLAN 配置模式。由全局模式进入的下一级模式，该模式主要用于对 VLAN 的相关配置。提示符为"(config-vlan)#"。

9.4.3　实验设备

硬件：Cisco 二层交换机、计算机、配置线、直通双绞线。

软件：交换机、路由器配置仿真软件 Boson NetSim 或 Packet Tracer。

9.4.4　实验内容及步骤

任务 1：搭建交换机配置环境

（1）带外管理。计算机通过串口（COM）连接到交换机的控制端口（Console），用于通过 Console 口配置交换机。使用专用配置线，连接步骤如下：

① 将配置线的 DB-9 孔式插头接到要对交换机进行配置的计算机的串口上。

② 将配置线的另一端 RJ-45 接头连到交换机的配置口（Console）上。如图 9-29 所示。

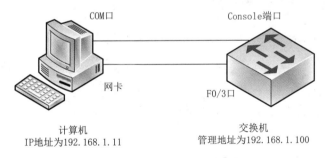

图 9-29　交换机和计算机的连接

（2）带内管理。计算机通过网卡使用直通 UTP 连接到交换机的以太网口，用于使用 TELNET 方式配置交换机。

任务 2：使用"超级终端"，通过 Console 口登录到交换机

现在 Windows 7、Windows 8 操作系统上都删除了以前 Windows XP 里面自带的超级终端，要用超级终端配置交换机和路由器，需要自己下载超级终端应用软件。

超级终端是一款通用的串行交互软件，很多嵌入式应用系统有与之交换的相应程序，可以通过超级终端与嵌入式系统交互，使超级终端成为嵌入式系统的"显示器"。使用超级终端软件，通过 Console 口登录到交换机的操作步骤如下：

（1）运行超级终端，新建连接，在"连接描述"对话框中输入连接名称，如"交换机"，并选取一个图标，单击"确定"按钮，如图 9-30 所示。

（2）在"连接时使用"下拉列表中，选取计算机连接交换机的通信端口，需要与配置线连接的端口一致，本实验选择 COM3 口，单击"确定"按钮，如图 9-31 所示。系统弹出串口参数设置界面"COM3 属性"对话框。

图 9-30　"连接描述"对话框　　　　　　　图 9-31　选择计算机的通信串口

（3）在"COM3 属性"对话框中，对端口的各项参数进行设置。每秒位数：9600；数据位：8；奇偶校验：无；停止位：1；数据流控制：无。如图 9-32 所示。

（4）串口参数设置完成后，单击"确定"按钮，系统进入超级终端窗口界面。

（5）在超级终端窗口中选择"文件"菜单中的"属性"项，进入"新建连接属性"窗口。单击"设置"选项卡，选择终端仿真为 VT100，如图 9-33 所示。

图 9-32　"COM3 属性"对话框　　　　　　图 9-33　"连接属性"对话框

（6）设置好后，单击"确定"按钮，开始连接登录交换机，登录成功后，在超级终端窗口中可以看到交换机的命令提示符"Switch>"。

对于新购或首次配置的交换机，没有设置登录密码，因此不用输入登录密码就可连接成功，从而进入交换机的命令行状态，此时即可通过命令来配置交换机了。

任务 3：使用 TELNET 远程登录到交换机

对交换机设置管理 IP 地址后，即可采用 TELNET 登录方式配置交换机。操作步骤如下：

（1）依次单击"开始"→"所有程序"→"附件"→"命令提示符"，打开 DOS 窗口。

（2）在 DOS 窗口下，输入 telnet 192.168.1.100 命令，会出现登录窗口，在 password: 提示符后面输入 TELNET 登录密码。TELNET 登录密码是在交换机首次配置时设置的。在随后出现的"switch>"提示符表明已经进入交换机的命令行状态，用户即可使用命令行方式对交换机进行远程配置和管理了。

任务 4：交换机的主要操作模式练习

使用超级终端或 TELNET 登录到交换机后会看到交换机的提示符是"switch>"，表明现在是交换机配置的用户模式。主要模式转换的操作如下：

```
switch>enable
```

命令 enable 从用户模式进入特权模式，提示符则变成 switch#。

```
switch#configure terminal
```

从特权模式进入全局模式，命令可简写为 conf t，交换机的提示符则变成 switch(config)#。

```
switch(config)#interface fastEthernet 0/1
```

从全局模式进入接口配置模式，命令可简写为 int f0/1，提示符变成 switch(config-if)#,0/1 代表交换机的 0 号模块 1 号端口。

```
switch(config-if)# end
```

end 命令从当前模式退回到特权模式。

```
switch#vlan database
```

进入 VLAN 配置模式，提示符变成 Switch(vlan)#。

注意事项：

※ 命令行操作进行命令缩写或命令自动补齐时，要求简写的字母能唯一地代表该命令。如 conf 能代表 configure，但 co 不能代表 configure，因为 co 开头的命令有 copy 和 configure。

※ 注意区别每个操作模式下可执行命令的种类，交换机不能跨模式执行命令。

※ 交换机设备名称的有效字符是 22 个。

※ 提示信息中不能有结束符 &。

※ 从各种配置模式都可以输入 end 命令直接退回到特权模式。

任务 5：常用配置命令综合练习

要求设置交换机的主机名为 switch2900，进入特权模式的密码为 123456；管理 IP 地址为 192.168.168.100，默认网关为 192.168.168.1。在超级终端中，输入如下配置命令：

```
switch> ?                       （显示当前模式下所有可执行的命令）
switch>enable                   （由用户模式进入特权模式）
switch#show run                 （显示交换机当前配置情况）
switch#config terminal          （由特权模式进入全局模式）
```

```
switch(config)#hostname switch2900                    （设置交换机的主机名）
switch2900(config)#enable secret 123456               （设置加密保存的密码）
switch2900(config)#interface vlan 1                   （进入端口配置模式）
switch2900(config-if)#ip address 192.168.168.100 255.255.255.0
                                                      （设置管理 IP 地址）
switch2900(config-if)#ip default-gateway 192.168.168.1
                                                      （设置网关 IP 地址）
switch2900(config-if)#end                             （直接退回到特权模式）
switch2900#write memory                               （保存配置信息）
switch2900#exit                                       （退回到上一级操作模式）
```

任务 6：单交换机按端口划分 VLAN

要求在单台 Cisco 交换机中按端口号划分两个 VLAN，各 VLAN 组所对应的 VLAN 号、VLAN 名、成员端口号如下：

VLAN 号	VLAN 名	成员端口号
2	VLAN20	3，5
3	VLAN 30	7-9

注意：之所以交换机的 VLAN 号从 2 号开始，是因为交换机有一个默认的 VLAN，那就是 1 号 VLAN，它包括连在该交换机上的所有用户。

在超级终端或模拟软件中，输入如下配置命令：

```
switch>enable                                   （由用户模式进入特权模式）
switch#vlan database                            （进入 VLAN 配置模式）
switch(vlan)#vlan 2 name VLAN20                 （设置 2 号 VLAN 名字为 VLAN20）
switch(vlan)#vlan 3 name VLAN30                 （设置 3 号 VLAN 名字为 VLAN30）
switch(vlan)#exit                               （退出 VLAN 配置模式）
switch#write                                    （保存已做的配置）
switch#config t                                 （由特权模式进入全局模式）
switch(config)#interface f0/3                    （进入端口 3 配置模式）
switch(config-if)#switchport mode access         （设置端口为静态访问模式）
switch(config-if)#switchport access vlan 2        （把端口 3 分配给相应的 VLAN20）
switch(config-if)#exit
switch(config)#interface f0/5                    （进入端口 5 配置模式）
switch(config-if)#switchport mode access         （设置端口为静态访问模式）
switch(config-if)#switchport access vlan 2        （把端口 5 分配给相应的 VLAN20）
switch(config-if)#exit
switch(config)#interface range fastethernet 0/7 - 9  （对端口 7-9 进行配置）
switch(config-if)#switchport mode access         （设置端口为静态访问模式）
switch(config-if)#switchport access vlan 3        （把 7-9 端口分配给相应的 VLAN30）
switch(config-if)#exit                           （回到特权模式）
```

```
switch(config)#show vlan                    （显示刚才所做的配置）
```

9.5　网络通信协议分析

9.5.1　实验目的

（1）学习网络协议分析工具 Wireshark 的安装和使用。

（2）学会使用 Wireshark 捕获通过网卡的数据包。

（3）分析数据包中各层协议的语法和语义，加深对网络通信协议的理解。

9.5.2　基础知识

通信协议是为了在计算机网络中进行数据通信而制定的通信双方共同遵守的规则、标准或约定的集合。协议本质上是一系列规则和约定的规范性描述，它不仅定义了通信时信息必须采用的格式和这些格式的意义，而且还要对事件发生的次序做出说明。所以，任何一种网络协议都应包括如下三要素：语法、语义和时序。

数据包（packet）是按 TCP/IP 通信协议传输数据过程中的协议数据单元（PDU），不同的协议层对数据包有不同的称谓，在传输层的协议数据单元称为段（segment），在网络层的协议数据单元称为数据报（datagram），在链路层的协议数据单元称为帧（frame）。两台计算机通过 TCP/IP 协议进行数据传输时，上一层的协议数据单元由下一层的协议数据单元来传输，帧封装了应用层、传输层、网络层传下来的数据，以帧的形式通过网卡放到局域网的物理介质上传输。

通过一定技术手段，可以感知到数据包的存在。例如在局域网中的一台 Windows 系统的计算机中，在本地连接状态中，就可以看到"发送：××包，收到：××包"的提示。另外，利用数据包捕获软件也可以捕获到数据包并分析，可查看这些协议数据包的格式（语法）与各字段内容（语义），如 MAC 地址、IP 地址、协议类型、端口号等细节。

Wireshark 是一款小巧、开源且能在几乎所有流行操作系统下使用的网络协议分析软件，这个强大的工具可以捕捉网络中的数据包，并提供上层协议的各种信息，很适合一般人员学习网络协议使用，也是协议开发人员验证协议的好工具。

9.5.3　实验设备

硬件：局域网内计算机，局域网可接入 Internet。

软件：网络协议分析软件 Wireshark。

9.5.4　实验内容及步骤

任务 1：安装并运行 Wireshark

（1）安装。在网上下载 Wireshark 软件后，直接运行安装程序，中间会提示安装 WinPcap，一切都是默认的。如果没有安装 WinPcap，则在 Wireshark 中执行 Capture/Start 时可能会出现错误。

（2）运行。在 Windows 桌面双击 Wireshark 图标 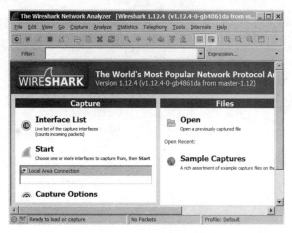，打开如图 9-34 所示的操作界面。

图 9-34　Wireshark 的操作界面

任务 2：捕获数据包并理解捕获结果显示界面

（1）Wireshark 捕获机器上的某一网卡的网络包，当计算机上有多块网卡时，需要选择一个网卡。选择菜单栏 Capture → Interfaces 命令，出现如图 9-35 所示的对话框，选择正确的网卡。然后单击 Start 按钮，开始抓取通过网卡的数据包。

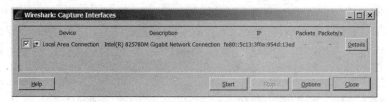

图 9-35　选择网卡

（2）在操作界面工具栏中单击 Stop 按钮停止抓取包，显示捕获结果，如图 9-36 所示。

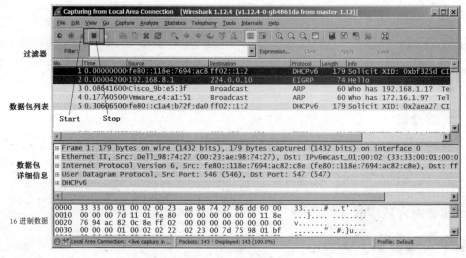

图 9-36　捕获结果界面

捕获结果主要分为以下几个区：

（1）过滤器区。用于过滤协议，滤掉无用的数据包。

（2）数据包列表区。显示截获的每个包，具体包括包编号、源地址和目标地址、长度。列表中每行的不同颜色表示不同类型的协议。

（3）数据包详细信息区。显示的是在数据包列表中被选中的包的详细信息。信息按照不同的 OSI/RM 中的层进行了分组，可以展开每个项目查看各层协议的详细信息，如图 9-37 所示。

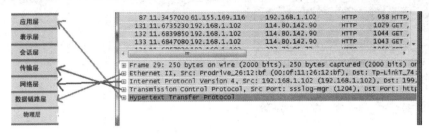

图 9-37　各层协议的详细信息

这个界面是最重要的，从该界面可以看出显示了 5 行信息，各行信息的含义如下：

※　Frame。数据帧概况，包括帧的编号、长度、捕获时间、距离前一个帧的捕获时间差和帧中装载的协议等。

※　Ethernet II。数据链路层以太网协议头部信息。

※　Internet Protocol Version 4。网络层 IP 协议头部信息。

※　Transmission Control Protocol。传输层 TCP 协议头部信息。

※　Hypertext Transfer Protocol。应用层 HTTP 协议头部信息。

（4）十六进制数据区。以十六进制形式表示数据包在物理层上传输时的最终形式。

任务 3：捕获数据包并分析 Ethernet II 和 IP 协议的语法格式

（1）设置过滤条件。运行 Wireshark，在操作界面菜单栏中选择 Capture → Option 命令，打开 Capture Option 对话框，如图 9-38(a) 所示。输入抓取过滤条件 icmp，如图 9-38(b) 所示。单击 Start 按钮，启动捕获网络数据包。启动抓包以后，发现抓取不到任何包。

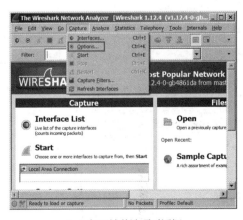

（a）打开捕获选项对话框　　　　　　　　　　　（b）输入过滤条件

图 9-38　设置过滤条件

（2）捕获数据包。在本机打开"命令提示符"窗口，执行 ping 命令，ping 局域网中另一台计算机的 IP 地址，如图 9-39 所示。

（3）等 ping 命令执行完毕后，单击 Wireshark 工具栏上的停止按钮，在数据包列表区可以看到捕获到了共 8 个数据包（发送 4 个，接收 4 个），与命令提示符窗口显示的已发送和已接受的包的数量一致，如图 9-40 所示。

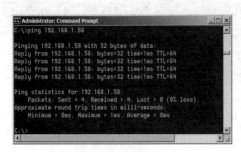

图 9-39　命令提示符窗口　　　　　　　　　　图 9-40　捕获 8 个数据包显示界面

（4）认识捕获的数据包。在 TCP/IP 协议簇中，IP 协议是网络层的协议，协议数据单元是数据报，数据链路层的协议数据单元是帧。在数据传输过程中，上一层的协议数据单元由下一层的协议数据单元来传输，所以数据报必须封装在帧内才能通过网卡放到物理介质上传输，如图 9-41 所示。Wireshark 抓到的数据包就是数据链路层的一帧。

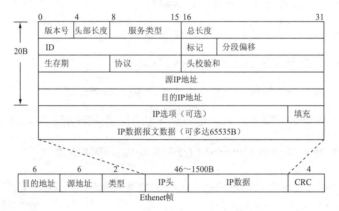

图 9-41　数据帧的形成

（5）在数据包列表中选择一个捕获的数据包，对数据包进行分析。

① 在数据包详细信息区展开 Frame，可以看到数据包信息概况，如图 9-42 所示。观察每个数据包的大小。

图 9-42　数据包信息概况

② 在详细信息区展开 Ethernet II，如图 9-43 所示。对 Ethernet II 协议帧做如下分析：

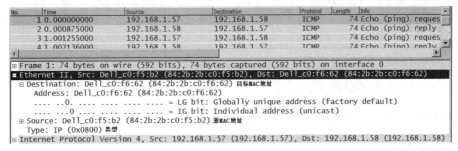

图 9-43　Ethernet II 协议信息

※ 对比图 9-41 中的 Ethernet 帧头部的格式，查看 Ethernet II 帧详细信息是否符合 Ethernet II 协议的格式要求。

※ 查看每个 Ethernet II 帧的头部各字段的值并进行记录。

※ 根据每个 Ethernet II 帧头部字段的 MAC 地址信息，判断帧的方向。

※ 对于链路层而言，Ethernet II 帧头部中有不同帧类型，用于表示 Ethernet II 帧内的数据。捕获到的以太网数据帧的类型字段的值是什么？对应什么协议？

③ 在详细信息区展开 Internet Protocol Version 4，如图 9-44 所示。对 IP 数据报做如下分析：

No.	Time	Source	Destination	Protocol	Length	Info
1	0.000000000	192.168.1.57	192.168.1.58	ICMP	74	Echo (ping) reques
2	0.000875000	192.168.1.58	192.168.1.57	ICMP	74	Echo (ping) reply
3	1.001255000	192.168.1.57	192.168.1.58	ICMP	74	Echo (ping) reques
4	1.002136000	192.168.1.58	192.168.1.57	ICMP	74	Echo (ping) reply

```
⊞ Frame 1: 74 bytes on wire (592 bits), 74 bytes captured (592 bits) on interface 0
⊞ Ethernet II, Src: Dell_c0:f5:b2 (84:2b:2b:c0:f5:b2), Dst: Dell_c0:f6:62 (84:2b:2b:c0:f6:62)
■ Internet Protocol Version 4, Src: 192.168.1.57 (192.168.1.57), Dst: 192.168.1.58 (192.168.1.58)
    Version: 4    版本号
    Header Length: 20 bytes   IP数据报头部长度
  ⊞ Differentiated Services Field: 0x00 (DSCP 0x00: Default; ECN: 0x00: Not-ECT (Not ECN-Capable T
    Total Length: 60   IP数据报总长度
    Identification: 0x3778 (14200)    标识符
  ⊞ Flags: 0x00    标志
    Fragment offset: 0    分段的偏移量
    Time to live: 64      生存期TTL
    Protocol: ICMP (1)    封装的上层协议类型
  ⊞ Header checksum: 0xbf85 [validation disabled]  头部数据的校验和
    Source: 192.168.1.57 (192.168.1.57)     源IP地址
    Destination: 192.168.1.58 (192.168.1.58)   目标IP地址
    [Source GeoIP: Unknown]
    [Destination GeoIP: Unknown]
⊞ Internet Control Message Protocol
```

图 9-44　IP 协议信息

※ 对比图 9-41 中的 IP 数据报头部的格式，查看 IP 协议头部详细信息是否符合 IP 协议的格式要求。

※ 对照 IP 报数据报头部格式，分别写出对应各字段的实际值并理解含义。

※ 在 IP 数据报的头部，也有专门的 8 位协议类型，用于表示 IP 数据报中的上层协议类型，IETF 规定了详细的协议类型号，其中 TCP 是 6，UDP 是 17，ICMP 是 1。捕获到的 IP 数据报的类型字段的值是什么？对应什么协议？

9.6 DNS 服务器的配置

9.6.1 实验目的

（1）理解 DNS 域名解析原理。

（2）熟悉 DNS 服务器的安装过程。

（3）掌握 DNS 服务器的配置方法。

9.6.2 基础知识

DNS（Domain Name System）是域名系统的英文缩写，是一种分层的分布式数据库，适用于 TCP/IP 网络。用户使用域名地址访问时，该系统就会自动把域名地址映射为 IP 地址。几乎所有的网络应用程序在网络通信中都用到 DNS 服务，例如 Web、FTP、TELNET 等。

DNS 有正向查找和反向查找两种功能，正向查找是根据主机域名查找 IP 地址，反向查找是根据 IP 地址查找主机域名。这两种功能使 DNS 具有两个命名空间：正向映射空间和反向映射空间。在正向映射空间，首先分为 com、edu 等顶级域，然后又可以划分成各个不同的子域，子域又可以继续划分下一层子域，它们负责从域名到 IP 地址的映射；在反向映射空间，所有的 IP 组成一个叫作 arpa.in-addr 的顶级域，然后再层层细分。要注意的是，负责正向映射和反向映射的机器不一定是同一台，域名和 IP 地址也不是一一对应的，一个 IP 地址可以对应多个域名。

查询本域名之内的主机名称的时候，DNS 服务器会直接做出回答，此答案称为权威回答（authoritative answer）。如果所查询的主机名属于其他域，本地的 DNS 服务器先检查缓存，看看有没有相关资料；如果没有，则通过转发器连接根域服务器查询，然后根域服务器返回该主机的授权服务器的地址，本地 DNS 服务器将主机名和对应的 IP 地址记录到高速缓存中，同时给出查询结果。

※ 域名服务器。运行 DNS 服务程序（一个服务器软件）的计算机，完成域名到 IP 地址映射。一个域名服务器保存着它所管辖区域内的域名与 IP 地址对照表。

※ 区域。是 DNS 名字空间的连续部分。创建一个 DNS 服务器，除了必须运行 DNS 服务的计算机外，还需要建立一个新的区域（数据库），才能正常运作。该数据库中存储了本区域内所有的域名与对应 IP 地址的信息。网络客户机正是通过该数据库的信息来完成从计算机名到 IP 地址的转换的。

※ 区域文件。是一个 ASCII 码文件，保存着本区域的信息。默认情况下保存在 windows/system32/dns 文件中。

※ 资源记录。记录着主机的 IP 地址和域名对应关系。在 DNS 的区域中，每个主机域名与其 IP 地址的对应关系都以资源记录的方式存放。

※ DNS 客户端：也称为域名解析器，是请求域名解析服务的客户软件。

※　nslookup 实用程序。是 DNS 服务的主要诊断工具，使用 nslookup 可以诊断和解决名字解析问题，检查资源记录是否在区域中正确添加或更新，以及排除其他服务器相关问题。nslookup 无须另外安装，TCP/IP 协议自动支持。

9.6.3　实验设备

（1）硬件：局域网内安装了 Windows 2008 Server 操作系统的服务器，安装了 Window 7 操作系统的客户机。

（2）软件：Windows 2008 Server 安装光盘。

9.6.4　实验内容及步骤

任务 1：安装 DNS 服务器

安装 DNS 服务器的操作步骤如下：

（1）以管理员账户登录到 Windows Server 2008 系统，依次单击"开始"→"程序"→"管理工具"→"服务器管理器"，打开"服务器管理器"窗口。

（2）在"服务器管理器"窗口中选择左上角的"角色"，在菜单中选择"操作"→"添加角色"命令，进入"添加角色向导"页，如图 9-45 所示。

（3）在"选择服务器角色"页面中的"角色"列表框中选中"DNS 服务器"复选框，单击"下一步"按钮，打开"DNS 服务器"页面，如图 9-46 所示。

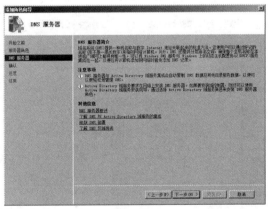

图 9-45　"选择服务器角色向导"页面　　　　　图 9-46　"DNS 服务器"页面

（4）单击"下一步"按钮，进入"确认安装选择"页面，单击"安装"按钮，完成 DNS 服务器的安装。

任务 2：DNS 服务器的配置

（1）创建正向查找区域。设置操作步骤如下：

① 单击"开始"→"程序"→"管理工具"→ DNS，打开"DNS 管理器"窗口。

② 在"DNS 管理器"窗口中，右击"正向查找区域"，在弹出的快捷菜单中选择"新建区域"命令，进入新建区域向导，选择"主要区域"单选按钮，如图 9-47 所示。

③ 单击"下一步"按钮，输入区域名称ustbjsj.com，单击"下一步"按钮，如图9-48所示。

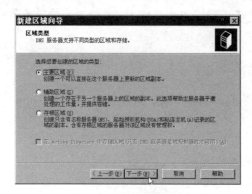 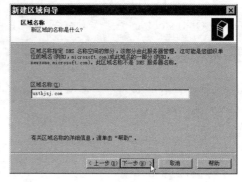

图9-47 "区域类型"页面　　　　　　　　　　　图9-48 "区域名称"页面

④ 在"区域文件"页面中，系统会自动填入一个默认的文件名，即"区域名+.dns"，一般不需要修改，单击"下一步"和"完成"按钮。

（2）在已创建的正向查找区域中添加主机资源。设置操作步骤如下：

① 选中ustbjsj.com区域，右击该区域，在快捷菜单中选择"新建主机"命令，如图9-49所示。

② 在"新建主机"对话框中输入主机名称和IP地址，单击"添加主机"按钮，如图9-50所示。系统会弹出成功创建主机记录的提示信息。返回"DNS管理器"窗口，刚创建的域名和其对应的IP地址出现在右边的窗口中，如图9-51所示，表示成功增加了www.ustb.edu.cn主机记录。按照同样步骤，可以添加多个主机记录。

 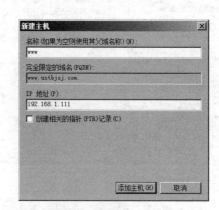

图9-49 新建主机　　　　　　　　　　　图9-50 "新建主机"对话框

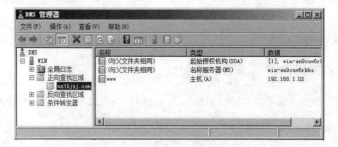

图9-51 "DNS管理器"窗口

（3）创建反向查找区域，并添加反向查找区域的指针记录。设置操作步骤如下：

① 单击"开始"→"程序"→"管理工具"→DNS，打开 DNS 管理窗口。

② 在"DNS 管理器"窗口中，右击"反向查找区域"，如图 9-52 所示，在快捷菜单中选择"新建区域"命令，在"新建区域向导"对话框中单击"下一步"按钮，选中"主要区域"，单击"下一步"按钮，选择"IPv4 反向查找区域"，单击"下一步"按钮，设置反向查找区域的网络 ID，单击"下一步"按钮，如图 9-53 所示。系统自动填充反向查找区域的名称，单击"下一步"按钮，选择"不允许动态更新"，单击"下一步"按钮完成操作。

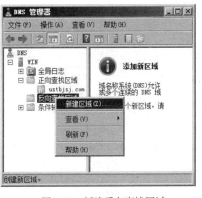

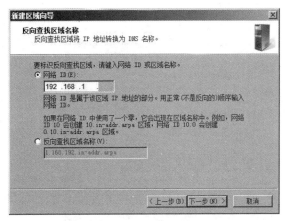

图 9-52　新建反向查找区域　　　　　　　　　　图 9-53　设置反向查找区域名称

③ 右击新建好的反向区域，选中 1.168.192.in-addr.arpa，在弹出的快捷菜单中选择"新建指针"命令，如图 9-54 所示。

④ 在弹出的"新建资源记录"对话框中，单击"浏览"按钮，选择主机，单击"确定"按钮，选择"正向查找区域"，单击"确定"按钮，选择 ustbjsj.com，单击"确定"按钮，选择 www，单击"确定"按钮之后，该窗口信息会自动添加，如图 9-55 所示。刚创建的 IP 地址和其对应域名出现在"DNS 管理器"右边的窗口中。

图 9-54　新建指针　　　　　　　　　　图 9-55　"新建资源记录"对话框

任务 3：配置 DNS 客户端

客户机需要设置 DNS 服务器的地址，才能使用 DNS 的解析服务。设置步骤如下：

（1）在 Windows 7 操作系统的客户机上，在桌面的右下角找到网络连接的图标，单击选择进入"打开网络和共享中心"，也可以通过"开始"→"控制面板"进入。单击"本地连接"→"属性"命令，打开"本地连接 属性"对话框，如图 9-56 所示。

（2）在项目列表中选中"Internet 协议版本 4（TCP/IPv4）"，单击"属性"按钮，打开"Internet 协议版本 4（TCP/IPv4）属性"对话框。在"IP 地址栏"中输入本机地址，在"首选 DNS 服务器"栏中输入 192.168.1.111，即提供域名解析的 DNS 服务器地址，如图 9-57 所示。

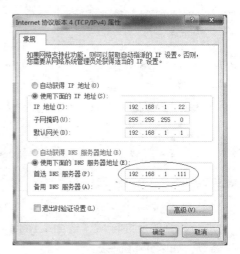

图 9-56　客户端的"本地连接属性"对话框　　　　图 9-57　客户端的 DNS 服务器地址

任务 4：DNS 测试

（1）用 ping 命令测试 DNS 服务器是否连通。

① 在客户机上，依次单击"开始"→"所有程序"→"附件"→"命令提示符"，打开 DOS 命令窗口。

② 在 DOS 命令状态下，输入命令 ping server1.ustbjsj.com，观察显示结果。

（2）用 nslookup 命令测试主机名是否被正确解析。

在客户端的 DOS 窗口下测试，输入命令 nslookup www.ustbjsj.com，结果返回主机名称和地址，如图 9-58 所示，前两行显示的是提供解析服务的 DNS 服务器的名称和地址，后两行为所查主机的名称和地址。

图 9-58　测试 DNS 服务器

（3）测试反向解析。

在客户端的 DOS 窗口下测试，输入命令 nslookup 192.168.1.111，结果返回主机名称和地址。

9.7　使用 IIS 构建 Web 和 FTP 服务器

9.7.1　实验目的

（1）了解 Internet 信息服务（IIS）的作用与安装。

（2）掌握 Web、FTP 服务器的建立与配置。

9.7.2　基础知识

Internet 信息服务（Internet Information Services，IIS）是 Windows Server 操作系统集成的服务，通过该服务可以帮助用户创建和管理 Web 和 FTP 服务器。在 Windows Server 2008 企业版中的版本是 IIS7.0，默认安装的情况下，Windows Server 2008 不安装 IIS。

万维网（World Wide Web 或 Web，WWW）是一个基于超文本的、方便用户在 Internet 上搜索和浏览信息的分布式超媒体信息服务系统。在这个信息服务系统中，所有资源用超文本标记语言（HTML）标记成超文本文件，通过超文本传输协议（HTTP）传送给使用者，而后者通过单击链接来获得资源。整个系统由 Web 服务器、浏览器（browser）及通信协议 3 部分组成。WWW 采用客户 / 服务器方式工作，客户通过浏览器向服务器发出请求，服务器向客户返回所要的超文本文件。

用户通过 Internet 将远程主机上的文件下载到自己的磁盘中并将本机上的文件上传到特定的远程主机上，这个过程称为文件传输。文件传输服务提供交互式的访问，在本地主机与远程主机之间传输文件，实现文件传输服务依据 TCP/IP 协议簇中的文件传输协议（FTP），把文件从一台计算机上传输到另一台计算机上，并保证其传输的可靠性。几乎所有类型的文件，包括文本文件、二进制文件、声音文件、图像文件、压缩文件等，都可以使用 FTP 传送。使用 FTP 时必须首先登录，在远程主机上获得相应的权限以后，方可上传或下载文件。FTP 服务器可以以两种方式登录，一种是匿名登录，另一种是使用授权账号与密码登录，可以通过 DOS 命令、浏览器、FTP 客户端软件（如 CuteFTP 等）登录 FTP 站点进行文件的上传和下载。

9.7.3　实验设备

（1）硬件：局域网内安装了 Windows 2008 Server 操作系统的服务器，安装了 Window 7 操作系统的客户机。

（2）软件：Windows 2008 Server 安装光盘。

9.7.4　实验内容及步骤

任务 1：安装 Internet 信息服务（IIS）

（1）以管理员账户登录到 Windows Server 2008 系统，依次单击"开始"→"程序"

→"管理工具"→"服务器管理器",打开"服务器管理器"窗口,选择左上角的"角色";单击右侧的"添加角色",如图 9-59 所示,进入"添加角色向导"页。

(2)在弹出的"添加角色向导"窗口中选择"下一步",在"选择服务器角色"页面的"角色"列表中选中"Web 服务器(IIS)"复选框,如图 9-60 所示,单击"下一步"按钮。

图 9-59 "服务器管理器"对话框   图 9-60 "选择角色"对话框

(3)在"选择角色服务"页面中,根据需要安装相应的功能模块,如图 9-61 所示。单击"下一步"按钮,等待安装完成,在"安装结果"页面单击"关闭"按钮完成安装,如图 9-62 所示。Web 服务器(IIS)安装完成后,默认会创建一个名字为 Default Web Site 的站点。

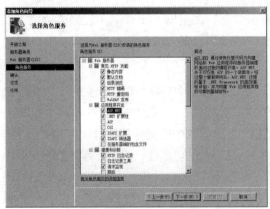

图 9-61 "选择角色服务"对话框   图 9-62 "安装结果"界面

(4)测试 Web 服务器(IIS)是否安装成功。打开浏览器,在地址栏输入 http://localhost,可以看到默认网页,表明 Web 服务器(IIS)安装成功。

任务 2:Web 站点的配置

(1)设置 Web 站点的 IP 地址和端口号。

一般情况下,一个站点只能对应一个 IP 地址,因此,需要为 Web 站点指定唯一的 IP 地址和端口,操作步骤如下:

① 依次单击"开始"→"程序"→"管理工具"→"Internet 信息服务(IIS)管理器",打开"Internet 信息服务(IIS)管理器"窗口,展开"网站"选项,右击目标网站 Default Web Site,在弹出的快捷菜单中,选择"编辑绑定"命令,如图 9-63 所示,打开"网站绑定"界面。

② 在"网站绑定"界面，单击"编辑"，打开"编辑网站绑定"对话框。

③ 在"编辑网站绑定"对话框中，选择 IP 地址和设置端口号，然后单击"确定"按钮，如图 9-64 所示。端口号是 80，客户端使用 http://192.168.1.1 即可访问默认网站，如果端口号改为 8080，只有使用 http://192.168.1.1:8080 才能访问。

图 9-63　"Internet 信息服务管理器"窗口　　　　图 9-64　"编辑网站绑定"对话框

（2）设置 Web 站点的主目录。

主目录是 Web 站点所有网页文件所在的根目录，默认主目录是 c:\inetpub\wwwroot 文件夹。如果不想使用默认路径，可以更改网站的主目录。设置主目录操作步骤如下：

① 依次单击"开始"→"程序"→"管理工具"→"Internet 信息服务（IIS）管理器"，打开"Internet 信息服务（IIS）管理器"窗口，选择目标网站 Default Web Site，单击右侧"操作"栏中的"基本设置"超级链接，如图 9-65 所示，打开"编辑网站"对话框。

② 在"编辑网站"对话框中，在"物理路径"下方的文本框中显示的就是网站的主目录，如图 9-66 所示。此处 %SystemDrive%\ 代表系统盘的意思。在"物理路径"文本框中输入 Web 站点的目录的路径，如 d:\webpages，或者单击"浏览"按钮选择相应的目录。单击"确定"按钮保存。这样，选择的目录就成为了默认站点 Default Web Site 的主目录了。

图 9-65　"Internet 信息服务管理器"窗口　　　　图 9-66　"编辑网站"对话框

（3）设置 Web 站点的默认文档。

默认文档就是指在只输入路径不输入具体网页文件名时浏览器显示的默认网页名称，例如，如果设定了默认文档为 index.html 且该文件在主目录中存在，那么在浏览器地址栏中输入 http://192.168.1.1 进行访问的时候，就会打开默认文档指定的 index.html 页面。设置默认文档的操作步骤如下：

① 打开"Internet 信息服务（IIS）管理器"窗口，选中目标网站 Default Web Site，在中间窗口双击"默认文档"，如图 9-67 所示。在中间窗口显示的文件全部是系统默认文档，服务器会从上至下搜索默认文档作为浏览器默认调用的首页文档，如图 9-68 所示。

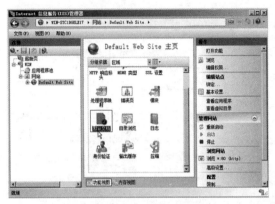

图 9-67　设置"默认文档"　　　　　　　图 9-68　编辑"默认文档"

② 通过右侧的"操作"窗口中的"添加、删除、上移、下移"来编辑默认文档，如图 9-68 所示。如果网站的默认首页在已添加的文档中，利用"上移"或"下移"放到首行位置；如果没有，单击右侧的"添加"，输入默认文档名称后单击"确定"按钮添加默认文档。

（4）创建虚拟目录。

Web 站点的所有网页文件都可以存放在主目录中，还可以把网页文件存放在本地计算机的其他文件夹中或者其他计算机的共享文件夹中，然后再把这个文件夹映射到网站主目录中的一个文件夹上，这个文件夹被称为虚拟目录。用户可以像访问 Web 站点一样访问虚拟目录中的内容。一个 Web 站点可以拥有多个虚拟目录，这样就可以实现一台服务器发布多个网站的目的。例如，如果使用 http://192.168.1.1/exam 地址，实际文件夹位于其他地方，名字也不一定是 exam。创建虚拟目录的步骤如下：

① 在"Internet 信息服务（IIS）管理器"窗口，右击网站 Default Web Site，在弹出的快捷菜单中选择"添加虚拟目录"命令，如图 9-69 所示，打开"添加虚拟目录"对话框。

② 在"添加虚拟目录"对话框中，设置别名并选择实际目录所在的位置 d:\book 文件夹，如图 9-70 所示。单击"确定"按钮完成虚拟目录的创建。

图 9-69　添加虚拟目录　　　　　　　　　　图 9-70　"添加虚拟目录"对话框

（5）配置虚拟目录。

选中虚拟目录名exam，可以和配置默认网站Default Web Site一样设置虚拟目录的主目录、默认文档等，并且操作方法和配置默认网站的操作完全一样，唯一不同的是，不能为虚拟目录指定 IP 地址和端口号。

任务 3：FTP 服务器的安装

（1）以管理员账户登录到 Windows Server 2008 系统，依次单击"开始"→"程序"→"管理工具"→"服务器管理器"，在"服务器管理器"窗口中，展开"角色"，选中"Web 服务器（IIS）"，单击右下角的"添加角色服务"，如图 9-71 所示。

（2）在"添加角色服务"对话框中，选中"FTP 服务器"选项，单击"下一步"按钮，如图 9-72 所示。等待安装完成后，单击"关闭"按钮，至此 FTP 服务器安装完成。

图 9-71　"服务器管理器"窗口　　　　　　　图 9-72　"添加角色服务"对话框

任务 4：FTP 站点的创建

（1）依次单击"开始"→"程序"→"管理工具"→"Internet 信息服务（IIS）管理器"，在计算机名称上右击，在快捷菜单中选择"添加 FTP 站点"命令，如图 9-73 所示。

（2）输入站点名称和物理路径，或单击"物理路径"右侧的按钮，在"浏览文件夹"对话框中选择 FTP 内容目录，单击"下一步"按钮，如图 9-74 所示。

图 9-73　"添加 FTP 站点"窗口

图 9-74　"站点信息"页面

（3）选择 IP 地址 192.168.1.1，端口用默认的 21，如果一台服务器上有多个 FTP 站点，则需要设置不同的端口号，否则会发生冲突，SSL 选择"无"，其他使用默认设置，单击"下一步"按钮，如图 9-75 所示。

（4）"身份验证"选择"匿名"，"授权"选择"匿名用户"，"权限"选择"读取"和"写入"，如图 9-76 所示，表示可以允许匿名登录此 FTP 站点，对主目录"D:\FTP 下载"有读和写的权限，单击"完成"按钮结束创建。

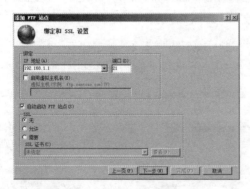

图 9-75　"绑定和 SSL 设置"页面

图 9-76　"身份验证和授权信息"页面

（5）测试 FTP 站点。在客户机上打开 DOS 命令窗口，输入命令 192.168.1.1，回车，输入用户名 anonymous，回车，无须输入口令，直接回车。如显示 User logged in，表示 FTP 站点创建成功并允许匿名登录，如图 9-77 所示。

图 9-77　测试 FTP 站点

任务 5：FTP 站点的配置

（1）设置 FTP 站点的 IP 地址和端口号。

一台服务器上可以建立多个 FTP 站点，区分站点可以使用 IP 地址和 TCP 端口号。设置 IP 地址和端口号的操作步骤如下：

① 依次单击"开始"→"程序"→"管理工具"→"Internet 信息服务（IIS）管理器"，打开"Internet 信息服务（IIS）管理器"窗口，展开"网站"选项，右击目标 FTP 站点，在弹出的快捷菜单中，选择"编辑绑定"命令，如图 9-78 所示。

② 在打开的"网站绑定"对话框中，如图 9-79 所示，单击"编辑"按钮，可以在"编辑网站绑定"对话框中设置 IP 地址和端口号。TCP 端口号默认为 21，如果一台服务器上有多个 FTP 站点，则需要设置不同的 TCP 端口号，否则会发生冲突。

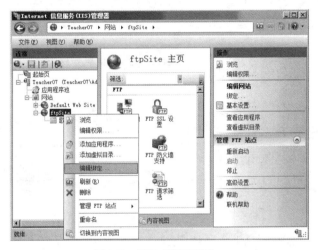

图 9-78　选择"编辑绑定"

图 9-79　"网站绑定"对话框

（2）设置主目录。

FTP 站点的主目录默认是 c:\inetpub\ftproot，可以通过设置进行修改，设置主目录的操作步骤如下：

① 打开"Internet 信息服务（IIS）管理器"窗口，展开"网站"选项，选中目标 FTP 站点，单击右侧"操作"栏中的"基本设置"超级链接，如图 9-80 所示，打开"编辑网站"对话框，如图 9-81 所示。

图 9-80　选择"基本设置"界面

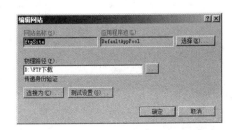

图 9-81　"编辑网站"对话框

② 在"编辑网站"对话框中，在"物理路径"文本框中输入 Web 站点的目录的路径，或者单击浏览按钮选择相应的目录。单击"确定"按钮保存。这样，选择的目录就作为 FTP 站点的主目录了。

（3）登录用户验证和权限设置。

授权允许访问 FTP 站点的账户和设置存取目录的权限，操作步骤如下：

① 打开"Internet 信息服务（IIS）管理器"窗口，展开"网站"选项，选中目标 FTP 站点，双击中间"主页"中的"FTP 身份验证"图标，如图 9-82 所示。

② 在中间的"FTP 身份验证"区域中，选择"基本身份验证"，如图 9-83 所示，在右侧"操作"区单击"启用"超级链接，这样就开启了基本身份验证，可以验证基本账户。

图 9-82　选择"FTP 身份验证"

图 9-83　FTP 身份验证设置

③ 返回到"Internet 信息服务（IIS）管理器"窗口，展开"网站"选项，选中目标 FTP 站点，双击中间"主页"中的"FTP 授权规则"图标，如图 9-84 所示。

④ 在打开的"FTP 授权规则"界面中，单击右侧"操作"区内的"添加允许规则"超级链接，打开"添加允许授权规则"对话框，如图 9-85 所示。

图 9-84　选择"FTP 授权规则"

图 9-85　"添加允许授权规则"对话框

⑤ 在"添加允许授权规则"对话框中，选择"指定的用户"单选按钮，输入指定的用户名，该用户名是由系统管理员在本服务器上已经创建的用户账户名；"权限"选择"读取"，表示该用户对主目录只有读取的权限。单击"确定"按钮完成设置。

（4）设置显示消息。

可以编辑"横幅""欢迎使用""退出"和"最大连接数"的信息，显示给用户看，这些消息只有通过 DOS 命令窗口模式登录到 FTP 站点才能看到。

"横幅"消息是指当用户连接 FTP 站点时显示的文字；"欢迎使用"消息是指当用户使用登录账户和密码成功登录 FTP 站点后显示的文字；"退出"消息是指当用户使用 quit 命令退出 FTP 时显示的文字；"最大连接数"消息不是限制站点的连接数目，而是给因超出连接数目而无法连接的用户的提示信息。设置显示消息的操作步骤如下：

① 打开"Internet 信息服务（IIS）管理器"窗口，展开"网站"选项，选中目标 FTP 站点，双击中间"主页"中的"FTP 消息"图标，如图 9-86 所示。

图 9-86　选择"FTP 消息"

② 在"FTP 消息"界面中，在中间区输入"横幅""欢迎使用""退出"和"最大连接数"的显示信息，输入完毕后在右侧"操作"区单击"应用"完成设置，如图 9-87 所示。

图 9-87　FTP 消息设置

（5）设置站点安全性。

可以允许或者禁止某些 IP 地址对 FTP 站点的访问，设置操作步骤如下：

① 打开"Internet信息服务（IIS）管理器"窗口，展开"网站"选项，选中目标FTP站点，双击中间"主页"中的"FTP IPv4地址和域限制"图标，如图9-88所示。

② 在打开的"FTP IPv4地址和域限制"界面中，单击右侧"操作"区内的"添加允许条目"超级链接，打开"添加允许限制规则"对话框，如图9-89所示。

图9-88 选择"FTP IPv4地址和域限制"

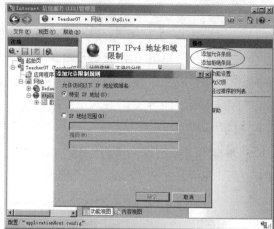

图9-89 "添加允许限制规则"对话框

③ 在"添加允许限制规则"对话框中，输入允许访问此FTP站点的IP地址或IP地址范围，单击"确定"按钮完成设置。在第②步时，如单击"添加拒绝条目"超级链接，可以设置禁止访问此FTP站点的IP地址或IP地址范围。

任务6：结果验证，通过浏览器访问FTP站点

（1）在客户机上打开浏览器，在地址栏中输入 ftp://192.168.1.1，则会弹出窗口，用户需要输入Windows账户的用户名和口令。

（2）成功登录到FTP站点后，可以看到FTP站点下的文件和文件夹，如图9-90所示。利用剪贴板的"复制"和"粘贴"功能完成文件的上传和下载。

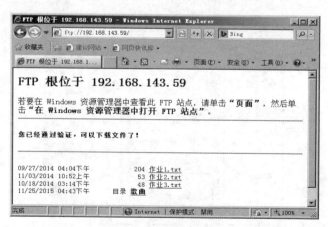

图9-90 访问FTP站点

任务7：FTP站点的启动与停止

依次单击"开始"→"程序"→"管理工具"→"Internet信息服务（IIS）管理器"，打开"Internet

信息服务（IIS）管理器"窗口，展开"网站"，选择目标 FTP 站点，单击右侧的"重新启动"或"停止"，即可完成操作。

9.8　常用网络检测命令

9.8.1　实验目的

学会使用常用网络测试命令检测网络连通、查看网络的配置状态、跟踪路由等网络管理的基本方法。

9.8.2　基础知识

在组建和使用局域网的过程中，可能会出现问题，为了尽快分析和找出问题的原因，常常需要借助 Windows 操作系统中内置的一些常用的网络测试命令。

※　ipconfig 命令。获得主机配置信息，包括 IP 地址、子网掩码和默认网关等。此外，还可查看是否使用了 DHCP、DNS、WINS 等。

※　ping 命令。确定本地主机是否能与另一台主机交换数据报。根据返回的信息，可以推断网络的连通性、TCP/IP 参数是否设置正确并运行正常。按照默认设置，ping 发送 4 个 ICMP 数据包，每个 32B。如果网络正常，应该得到 4 个回送应答。

※　tracert 命令。判定数据包到达目的主机所经过的路径，显示数据包经过的中继结点清单及到达时间。

※　arp 命令。用于查看当前高速缓存中 IP 地址与物理地址的映射。

9.8.3　实验设备

（1）局域网内运行 Windows 7 操作系统的计算机。

（2）局域网能连接 Internet。

9.8.4　实验内容及步骤

依次单击"开始"→"所有程序"→"附件"→"命令提示符"，打开 DOS 命令窗口。在命令窗口输入命令运行，记录结果并做分析。

任务 1：ipconfig 命令的使用

（1）显示适配器的基本 TCP/IP 配置，使用不带参数的命令。

```
C:\>ipconfig
```

（2）显示适配器的完整 TCP/IP 配置，使用参数 /all。

```
C:\>ipconfig /all
```

（3）显示 DNS 客户解析器缓存的内容，使用参数 /displaydns。

```
C:\>ipconfig /displaydns
```

（4）清理并重设 DNS 客户解析器缓存的内容，使用参数 /flushdns。

```
C:\>ipconfig /flushdns
```

（5）更新所有适配器或特定适配器的 DHCP 配置，使用参数 /renew。该参数仅在具有配置为自动获取 IP 地址的网卡的计算机上可用。

```
C:\>ipconfig /renew
```

任务 2：ping 命令的使用

（1）回环测试，测试本机 TCP/IP 是否正常工作，如无应答，表示 TCP/IP 的安装或运行存在问题。

```
C:\>ping 127.0.0.1
```

（2）测试本机是否够将名称 localhost 转换成地址 127.0.0.1。如果做不到这一点，则表示主机文件（host.txt）中存在问题。

```
C:\>ping localhost
```

（3）ping 本机 IP，若无应答，说明本地计算机的 TCP/IP 安装或配置存在问题。参数 -t 表示本地计算机应该始终对 ping 命令做出应答，使用快捷键 Ctrl+C 终止操作。

```
C:\>ping -t 192.168.1.10;
```

（4）ping 局域网内其他计算机的 IP 地址，如果能够收到对方计算机的回送应答信息，表明本地网络中的网卡和传输媒体运行正常。

```
C:\>ping 192.168.1.20
```

（5）ping 网关 IP 地址，如果能够收到应答信息，则表明网络中的网关路由器运行正常。

```
C:\>ping 192.168.1.1
```

（6）ping 域名服务器的 IP 地址，如果能够收到应答信息，表明域名服务器运行正常。

```
C:\>ping 202.117.128.2
```

（7）ping 域名，如果不能收到应答信息，可能是因为 DNS 服务器有故障。

```
C:\>ping www.sdju.edu.cn
```

（8）ping 相邻主机 IP，并添加参数 -a，用来解析目的主机的名称。

```
C:\>ping -a 192.168.1.20
```

任务 3：tracert 命令的使用

（1）跟踪到达外部服务器路径，如 www.baidu.com。

```
C:\>tracert www.baidu.com
```

（2）在跟踪过程中，为了防止将每个 IP 地址解析为它的名称，可以使用参数 -d。

```
C:\>tracert -d www.baidu.com
```

任务 4：netstat 命令的使用

（1）显示所有 TCP 和 UDP 的有效连接信息，使用参数 -a。包括建立的连接（Established）、监听连接请求（Listening），以及计算机侦听的 TCP 和 UDP 端口。

```
C:\>netstat -a
```

（2）显示关于以太网的统计数据，使用参数 -e。

```
C:\>netstat -e
```

（3）显示已建立的有效 TCP 连接，使用参数 -n。

```
C:\>netstat -n
```

（4）显示 TCP 和 UDP 的统计信息，可以使用如下命令：

```
C:\>netstat -s -p tcp
C:\>netstat -s -p udp
```

（5）显示关于路由表的信息，使用参数 -r。

```
C:\>netstat -r
```

任务 5：arp 命令的使用

（1）查看计算机高速缓存中 ARP 映射表的所有项目，使用参数 -a。

```
C:\>arp -a
```

（2）向高速缓存中添加一个静态项目，使用参数 -s。

```
C:\>arp -s 192.168.1.1 00-02-b3-3c-16-95
```

其中 192.168.1.1 是 IP 地址，00-02-b3-3c-16-95 是 MAC 地址。

（3）删除一个静态项目，使用参数 -d。

```
C:\>arp -d IP 地址
```

本章小结

本章给出了 8 个网络实验，包括网线制作、对等网的组建与配置、无线局域网的组建与配置、交换机的基本配置、网络通信协议分析、DNS 服务器的配置、构建 Web 和 FTP 服务器和常用的网络测试命令。

参考文献

［1］李志球.计算机网络基础.4版.北京：清华大学出版社，2014.

［2］周昕.数据通信与网络技术.北京：清华大学出版社，2014.

［3］甘刚.网络设备配置与管理.北京：人民邮电出版社，2011.

［4］彭澎，吴震瑞.计算机网络教程.3版.北京：机械工业出版社，2008.

［5］网络文章，IPv4向IPv6过渡技术的研究，中国论文网，2013.09

［6］网络文章，Wireshark抓包教程之认识捕获分析数据包，开源中国网，2015.07

［7］王群.计算机网络安全管理.北京：人民邮电出版社，2015.

［8］刘永华，赵艳杰.计算机组网技术.北京：中国水利电力出版社，2008.

［9］刘四清，田力.计算机网络实用教程.北京：清华大学出版社，2005.

［10］刘钢.计算机网络基础与实训.北京：高等教育出版社，2004.

［11］马立云，马皓，孙辩华.计算机网络基础教程.北京：清华大学出版社，2003.

［12］中国互联网信息中心CNNIC．http://www.cnnic.com.cn.